ÁLGEBRA LINEAR

Blucher

Maurício Zahn

ÁLGEBRA LINEAR

Lisiane Ramires Meneses
Revisora técnica

Álgebra linear

Editora Edgard Blücher Ltda.

Publisher Edgard Blücher

Editor Eduardo Blücher

Coordenação editorial Jonatas Eliakim

Produção editorial Isabel Silva

Diagramação Autor

Revisão de texto Maurício Katayama

Revisão técnica Lisiane Ramires Meneses

Capa Leandro Cunha

Imagem da capa iStockphoto

Editora Blucher
Rua Pedroso Alvarenga, 1245, 4º andar
CEP 04531-934 – São Paulo – SP – Brasil
Tel.: 55 11 3078-5366
contato@blucher.com.br
www.blucher.com.br

Dados Internacionais de Catalogação na Publicação (CIP)
Angélica Ilacqua CRB-8/7057

Zahn, Maurício

Álgebra linear / Maurício Zahn ; revisão técnica de Lisiane Ramires Meneses. – 1. ed. – São Paulo: Blucher, 2021. 290 p., il.

ISBN 978-65-5506-264-9 (impresso)

ISBN 978-65-5506-259-5 (eletrônico)

1. Álgebra linear 2. Matrizes (Matemática) I. Título II. Meneses, Lisiane Ramires

21-0960 CDD 512.5

Índices para catálogo sistemático: 1. Álgebra linear

Prefácio

Este livro é fruto das notas de aula da disciplina de Álgebra linear I que ministrei para os cursos de Física e Matemática da UFPel, no primeiro semestre letivo de 2016, as quais foram reformuladas e ampliadas quando a ministrei novamente em 2017/1 e 2017/2.

A obra abrange o conteúdo clássico de um primeiro curso de Álgebra linear, ou seja, contempla os conteúdos de matrizes, sistemas lineares, determinantes, espaços e subespaços vetoriais, transformações lineares, autovalores e autovetores, diagonalização e espaços com produto interno.

O pré-requisito para a leitura deste livro é um estudo preliminar de Geometria analítica tridimensional, que normalmente é uma disciplina anterior à Álgebra linear. Também é interessante o leitor ter feito um primeiro curso de Cálculo, que irá ajudá-lo a enriquecer o seu aprendizado através de exemplos que costumam fugir de livros tradicionais de Álgebra linear e que estão presentes nesta obra.

Apresentamos ao longo do livro uma rica coleção de exercícios para o leitor exercitar o que aprendeu. Alguns destes, devidamente identificados, correspondem a questões de processos seletivos para ingresso em alguns programas de Pós-graduação em Mestrado em Matemática de diversas universidades: UFRGS, UFBA, UFSM, USP, UFRJ, UFV e UFAL (essas 4 últimas pelo exame EXTRAMURO). Ao final da obra inserimos um anexo onde apresentamos respostas e resoluções de alguns exercícios presentes no livro – aqueles indicados com um asterisco.

Desejo a todos bons estudos e aprendizados!

Prof. Maurício Zahn

Dedico esta obra a Lisiane Ramires Meneses e Luísa Meneses Zahn,
minhas vidas, meus amores!

Conteúdo

Capítulo 1

Matrizes e sistemas lineares

O estudo de matrizes e sistemas lineares é de vital importância para um curso de Álgebra linear pois constituem ferramentas essenciais para desenvolver a teoria dos espaços vetoriais e transformações lineares, os principais objetos de estudo deste livro.

1.1 Matrizes

Definição 1.1 Chama-se *matriz* a uma tabela com m linhas e n colunas, constituída por números, chamados de elementos da matriz.

Uma matriz será identificada por uma letra maiúscula e um elemento dessa matriz será indicado pela letra minúscula correspondente, acompanhada de dois índices i e j, onde o primeiro índice indica a linha em que tal elemento se encontra e o segundo índice a coluna onde ele se encontra. Dessa forma, uma matriz A com m linhas e n colunas costuma ser representada, simbolicamente, por

$$A = (a_{ij})_{m \times n}.$$

Assim, abrindo a notação matricial acima, escrevemos

$$A = \begin{pmatrix} a_{11} & a_{12} & a_{13} & \dots & a_{1n} \\ a_{21} & a_{22} & a_{23} & \dots & a_{2n} \\ ..... & ..... & ..... & ..... & ..... \\ a_{m1} & a_{m2} & a_{m3} & \dots & a_{mn} \end{pmatrix}$$

Por exemplo, considerando a matriz $B_{3\times 2}$ abaixo

$$B = \begin{pmatrix} 2 & -1 \\ 4 & 0 \\ 3 & 7 \end{pmatrix},$$

temos que

- b_{11}, o elemento da linha 1 e coluna 1, vale 2;
- b_{12}, o elemento da linha 1, coluna 2, vale -1;
- etc.

Observe que a matriz B dada acima possui três linhas e duas colunas, por isso escrevemos $B_{3\times 2}$. Dada uma matriz $A_{m\times n}$, dizemos que $m \times n$ é o *tamanho* ou a *ordem* da matriz em questão.

Quando $m = n$, ou seja, quando o número de linhas é igual ao número de colunas, dizemos que a matriz é *quadrada*, e nesse caso os elementos a_{ii} formam a *diagonal da matriz*, também chamada de diagonal principal. Quando $m \neq n$, dizemos que a matriz é *retangular*.

1.1.1 Tipos especiais de matrizes

Nesta seção vamos apresentar os principais tipos de matrizes.

(a) **Matriz nula.** É uma matriz quadrada ou retangular, onde todas as entradas são nulas. Por exemplo,

$$0_{2\times 2} = \begin{pmatrix} 0 & 0 \\ 0 & 0 \end{pmatrix} \quad \text{e} \quad 0_{2\times 4} = \begin{pmatrix} 0 & 0 & 0 & 0 \\ 0 & 0 & 0 & 0 \end{pmatrix}$$

Quando definirmos a soma de matrizes veremos que a matriz nula corresponde ao neutro aditivo.

(b) **Matriz diagonal.** É uma matriz quadrada onde $a_{ij} = 0$ se $i \neq j$. Exemplo:

$$D = \begin{pmatrix} 2 & 0 & 0 \\ 0 & -1 & 0 \\ 0 & 0 & 8 \end{pmatrix} \quad \text{e} \quad E = \begin{pmatrix} 3 & 0 & 0 \\ 0 & 0 & 0 \\ 0 & 0 & -5 \end{pmatrix}$$

são matrizes diagonais.

Uma outra forma de denotar tais matrizes é

$$D = \text{diag}\,(2, -1, 8) \;\; \text{e} \;\; E = \text{diag}\,(3, 0, -5).$$

(c) **Matriz identidade.** É uma matriz diagonal (e, portanto, quadrada) $I_n = I_{n \times n}$ definida por

$$I_n = \text{diag}\,(\underbrace{1, 1, 1, ..., 1}_{n}) = \begin{pmatrix} 1 & 0 & 0 & ... & 0 \\ 0 & 1 & 0 & ... & 0 \\ .... & .... & .... & .... & .... \\ 0 & 0 & 0 & ... & 1 \end{pmatrix}.$$

Uma outra maneira de denotar a matriz identidade de ordem n é escrever $I = (\delta_{ij})_{n \times n}$, onde

$$\delta_{ij} = \begin{cases} 1, \text{ se } & i = j \\ 0, \text{ se } & i \neq j \end{cases},$$

onde δ_{ij} é chamado de *delta de kronecker.*

No caso em que $n = 3$, temos

$$I_3 = \text{diag}\,(1, 1, 1) = \begin{pmatrix} 1 & 0 & 0 \\ 0 & 1 & 0 \\ 0 & 0 & 1 \end{pmatrix}.$$

Quando definirmos os produto de matrizes, veremos que essa matriz corresponde à unidade multiplicativa, i.e., é o neutro multiplicativo.

(d) **Matriz triangular inferior.** É a matriz quadrada $A = (a_{ij})$ tal que $a_{ij} = 0$, se $i < j$. Ou seja, é uma matriz onde acima da diagonal as entradas são todas iguais a zero. Por exemplo, a matriz

$$T = \begin{pmatrix} 2 & 0 & 0 \\ -1 & 3 & 0 \\ 0 & 2 & 8 \end{pmatrix}$$

é uma matriz triangular inferior.

(e) **Matriz triangular superior.** É a matriz quadrada $A = (a_{ij})$ tal que $a_{ij} = 0$, se $i > j$. Ou seja, é uma matriz onde abaixo da diagonal as entradas são todas iguais a zero. Por exemplo, a matriz

$$T = \begin{pmatrix} 1 & 2 & 3 \\ 0 & 5 & 1 \\ 0 & 0 & 0 \end{pmatrix}$$

é uma matriz triangular superior. Note também que a matriz identidade I_n é ao mesmo tempo triangular inferior e superior.

(f) **Matriz linha.** É a matriz $A_{1\times n}$ formada por uma linha e n colunas.

Por exemplo, a matriz

$$A = \begin{pmatrix} 1 & 3 & 0 & 7 \end{pmatrix}_{1\times 4}$$

é uma matriz linha.

(g) **Matriz coluna.** É a mariz $A_{n\times 1}$ formada por n linhas e 1 coluna.

Por exemplo, $C = \begin{pmatrix} 3 \\ -1 \\ 2 \end{pmatrix}_{3\times 1}$.

1.1.2 Operações com matrizes

No que segue, vamos definir a adição de matrizes, o produto de uma constante por uma matriz e o produto de matrizes. Tendo em vista que precisaremos recorrer à notação de somatório, por ser mais compacta, vamos definir inicialmente esse conceito.

Definição 1.2 Seja $F(n)$ uma expressão qualquer que depende de $n \in \mathbb{N}$. Definimos o *somatório* com k de 1 até um índice n fixado, dos $F(k)$ por

$$\sum_{k=1}^{n} F(k) = F(1) + F(2) + F(3) + ... + F(n).$$

Assim, se $F(n) = n^2$, temos, por exemplo, que

$$\sum_{k=1}^{5} F(k) = \sum_{k=1}^{5} k^2 = 1^2 + 2^2 + 3^2 + 4^2 + 5^2 = 1 + 4 + 9 + 16 + 25 = 55.$$

O somatório goza das seguintes propriedades: dadas $F(n)$ e $G(n)$ duas expressões que dependem de n e $\alpha \in \mathbb{R}$, temos

(a) $\displaystyle\sum_{k=1}^{n} \alpha = \alpha \cdot n.$

(b) $\displaystyle\sum_{k=1}^{n} \alpha \cdot F(k) = \alpha \sum_{k=1}^{n} F(k).$

(c) $\displaystyle\sum_{k=1}^{n}(F(k) + G(k)) = \sum_{k=1}^{n} F(k) + \sum_{k=1}^{n} G(k).$

Todas essas propriedades são muito simples de provar, bastando abrir a definição de somatório. Faremos apenas a prova de (c) e deixaremos as demais a encargo do leitor.

Prova de (c). Basta abrir a notação de somatório e notar que para somas finitas vale a comutatividade e a associatividade:

$$\sum_{k=1}^{n}(F(k)+G(k)) = (F(1)+G(1)) + (F(2)+G(2)) + ... + (F(n)+G(n)) =$$

$$= (F(1)+F(2)+...+F(n))+(G(1)+G(2)+...+G(n)) = \sum_{k=1}^{n} F(k)+\sum_{k=1}^{n} G(k).$$

Definição 1.3 Dadas duas matrizes $A = (a_{ij})_{m\times n}$ e $B = (b_{ij})_{m\times n}$ de mesmo tamanho, e $k \in \mathbb{R}$, definimos a soma de matrizes e o produto de um escalar por uma matriz, respectivamente, por

$$A + B = (a_{ij})_{m\times n} + (b_{ij})_{m\times n} = (a_{ij} + b_{ij})_{m\times n},$$

e

$$k \cdot A = (k \cdot a_{ij})_{m\times n},$$

para $i \in \{1, ..., m\}$ e $j \in \{1, ..., n\}$.

Ou seja, somar duas matrizes de mesmo tamanho é o mesmo que somar dois vetores e multiplicar uma matriz por um número real é o mesmo que multiplicar um vetor por um escalar.

Assim, por exemplo, dadas as matrizes $A = \begin{pmatrix} 2 & 0 \\ -3 & 1 \end{pmatrix}$ e $B = \begin{pmatrix} 1 & -4 \\ 2 & 2 \end{pmatrix}$, temos que

$$A + B = \begin{pmatrix} 2 & 0 \\ -3 & 1 \end{pmatrix} + \begin{pmatrix} 1 & -4 \\ 2 & 2 \end{pmatrix} = \begin{pmatrix} 3 & -4 \\ -1 & 3 \end{pmatrix},$$

e

$$-7A = -7\begin{pmatrix} 2 & 0 \\ -3 & 1 \end{pmatrix} = \begin{pmatrix} -14 & 0 \\ 21 & -7 \end{pmatrix}.$$

Definição 1.4 Dadas duas matrizes $A = (a_{ij})_{m\times n}$ e $B = (b_{ij})_{n\times p}$, definimos o produto entre A e B, e escrevemos $A \cdot B$, à matriz $C = (c_{ij})_{m\times p}$, onde

$$c_{ij} = \sum_{k=1}^{n} a_{ik} \cdot b_{kj}.$$

Repare que para o produto $A \cdot B$ estar bem definido o número de colunas da primeira matriz deve ser igual ao número de linhas da segunda. Isto permite efetuar um produto entre linha e coluna.

Vamos ser mais claros na definição acima: abrindo as matrizes, teremos

$$A \cdot B = \begin{pmatrix} a_{11} & a_{12} & a_{13} & \ldots & a_{1n} \\ a_{21} & a_{22} & a_{23} & \ldots & a_{2n} \\ \ldots\ldots & \ldots\ldots & \ldots\ldots & \ldots\ldots & \ldots\ldots \\ a_{m1} & a_{m2} & a_{m3} & \ldots & a_{mn} \end{pmatrix} \begin{pmatrix} b_{11} & b_{12} & b_{13} & \ldots & b_{1p} \\ b_{21} & b_{22} & b_{23} & \ldots & b_{2p} \\ \ldots\ldots & \ldots\ldots & \ldots\ldots & \ldots\ldots & \ldots\ldots \\ b_{n1} & b_{n2} & b_{n3} & \ldots & b_{np} \end{pmatrix} =$$

$$= \begin{pmatrix} c_{11} & c_{12} & c_{13} & \ldots & c_{1p} \\ c_{21} & c_{22} & c_{23} & \ldots & c_{2p} \\ \ldots\ldots & \ldots\ldots & \ldots\ldots & \ldots\ldots & \ldots\ldots \\ c_{m1} & c_{m2} & c_{m3} & \ldots & c_{mp} \end{pmatrix},$$

onde

- $c_{11} = a_{11} \cdot b_{11} + a_{12} \cdot b_{21} + \ldots + a_{1n} \cdot b_{n1} = \sum_{k=1}^{n} a_{1k} \cdot b_{k1};$
- $c_{12} = a_{11} \cdot b_{12} + a_{12} \cdot b_{22} + \ldots + a_{1n} \cdot b_{n2} = \sum_{k=1}^{n} a_{1k} \cdot b_{k2};$
- etc.

De forma geral, para determinar o elemento c_{ij} do produto $C = A \cdot B$, olhamos para a linha i de A e a coluna j de B, e então efetuamos o produto do primeiro elemento da linha i com o primeiro elemento da coluna j, e somamos com o produto do segundo elemento da linha i com o segundo elemento da coluna j, e assim por diante, até somar com o produto do último elemento da linha i com o último elemento da coluna j, ou seja,

$$c_{ij} = \sum_{k=1}^{n} a_{ik} \cdot b_{kj}.$$

Por exemplo, dadas as matrizes $A_{2\times3} = \begin{pmatrix} 1 & 2 & 3 \\ 2 & -1 & 0 \end{pmatrix}$ e $B_{3\times2} = \begin{pmatrix} 2 & -1 \\ 0 & 4 \\ 1 & 1 \end{pmatrix}$, temos que

$$A \cdot B = \begin{pmatrix} 1 & 2 & 3 \\ 2 & -1 & 0 \end{pmatrix} \begin{pmatrix} 2 & -1 \\ 0 & 4 \\ 1 & 1 \end{pmatrix} =$$

$$= \begin{pmatrix} 1\cdot 2+2\cdot 0+3\cdot 1 & 1\cdot(-1)+2\cdot 4+3\cdot 1 \\ 2\cdot 2+(-1)\cdot 0+0\cdot 1 & 2\cdot(-1)+(-1)\cdot 4+0\cdot 1 \end{pmatrix} = \begin{pmatrix} 5 & 10 \\ 4 & -6 \end{pmatrix}$$

Convém observar que, neste caso, $A_{2\times 3}\cdot B_{3\times 2}$ resulta numa matriz 2×2. Já o produto $B_{3\times 2}\cdot A_{2\times 3}$ resultará numa matriz 3×3. Ou seja, em geral o produto de matrizes não comuta, e em geral temos que

$$A\cdot B \neq B\cdot A.$$

De fato, pode acontecer que o produto $A\cdot B$ esteja definido, mas o produto $B\times A$ não esteja sequer definido. Por exemplo, se $A_{2\times 3}$ e $B_{3\times 4}$, temos que $A\cdot B$ estará bem definido, mas $B\cdot A$ não tem sentido. Verifique!

Outro fato importante a ser observado é que, dada uma matriz $A_{m\times n}$, temos que I_n é neutro multiplicativo à direita de A e que I_m é neutro multiplicativo à esquerda de A, ou seja,

$$A_{m\times n}\cdot I_n = A \quad \text{e} \quad I_m\cdot A_{m\times n} = A.$$

Definição 1.5 Dizemos que duas matrizes $A=(a_{ij})_{m\times n}$ e $B=(b_{ij})_{m\times n}$, de mesmo tamanho, são *iguais* se, e somente se, $a_{ij}=b_{ij}$, $\forall i\in\{1,2,...,m\}$ e $\forall j\in\{1,2,...,n\}$.

Ou seja, da mesma forma que estabelecemos uma igualdade de vetores (dois vetores são iguais quando as componentes de mesma posição são iguais), temos que duas matrizes são iguais quando seus elementos de mesma posição forem iguais.

Para verificar uma série de propriedades envolvendo igualdade de matrizes, mostramos a igualdade entre seus elementos de mesma posição.

Teorema 1.6 *(Propriedades algébricas das matrizes) Sejam A, B, C matrizes e $\alpha, \beta\in\mathbb{R}$. Então, valem as seguintes propriedades (onde elas estiverem bem definidas):*

01) $A+(B+C)=(A+B)+C$.

02) $A + B = B + A$.

03) *Existe uma matriz* 0 *tal que* $A + 0 = 0 + A = A$ *(matriz nula).*

04) *Para toda matriz* A*, existe uma matriz* B *tal que* $A+B = 0$*. Denotamos* $B = -A$.

05) *Existe uma matriz* I *tal que* $A \cdot I = I \cdot A = A$*. (matriz identidade)*

06) $\alpha(A + B) = \alpha A + \alpha B$.

07) $(\alpha + \beta)A = \alpha A + \beta A$.

08) $A \cdot (B + C) = A \cdot B + A \cdot C$.

09) $A \cdot (B \cdot C) = (A \cdot B) \cdot C$.

10) $\alpha(A \cdot B) = (\alpha A) \cdot B = A \cdot (\alpha B)$.

Observação 1.7 Note que a propriedade 04) nos motiva o conceito de *diferença entre matrizes.* Ou seja, dadas duas matrizes A e B, de mesmo tamanho, podemos definir a diferença entre A e B pondo

$$A - B = A + (-B),$$

que não deixa de ser parecido com a maneira como definimos a diferença de dois vetores. Mas cuidado: a matriz $-A$ não recebe o nome de "simétrica"! Matriz simétrica é um conceito bem diferente e o veremos na Definição 1.11.

Demonstração da Proposição. Faremos a prova de algumas apenas e deixaremos as demais para o leitor.

01) $A + (B + C) = (A + B) + C$:
Escreva $B + C = S$, onde $S = (s_{ij})$ é tal que

$$s_{ij} = b_{ij} + c_{ij}.$$

Dessa forma, escrevemos

$$A + (B + C) = A + S = T = (t_{ij}),$$

onde

$$t_{ij} = a_{ij} + s_{ij}.$$

Por outro lado, escreva $A + B = Z$, onde $Z = (z_{ij})$, tal que

$$z_{ij} = a_{ij} + b_{ij},$$

Dessa forma, escrevendo

$$(A + B) + C = Z + C = W = (w_{ij}),$$

onde

$$w_{ij} = z_{ij} + c_{ij} = (a_{ij} + b_{ij}) + c_{ij} = a_{ij} + (b_{ij} + c_{ij}) = a_{ij} + s_{ij} = t_{ij}.$$

Assim, concluímos que $w_{ij} = t_{ij}$, $\forall i$, $\forall j$, ou seja, $W = T$, o que mostra que

$$(A + B) + C = Z + C = W = T = A + S = A + (B + C),$$

provando 01).

05) Existe uma matriz I tal que $A \cdot I = I \cdot A = A$ (matriz identidade):
De fato, tome $A = (a_{ij})_{n \times n}$ e considere $I = (\delta_{ij})_{n \times n}$. Então, escrevendo $A \cdot I = C$, temos que

$$c_{ij} = \sum_{k=1}^{n} a_{ik} \cdot \delta_{kj} = a_{i1} \cdot \delta_{1j} + a_{i2} \cdot \delta_{2j} + ... + a_{ij} \cdot \delta_{jj} + ... + a_{in} \cdot \delta_{n_j} = a_{ij},$$

pois $\delta_{ij} = 1$ se $i = j$ e $\delta_{ij} = 0$ se $i \neq j$. Ou seja, concluímos que

$$c_{ij} = a_{ij}, \forall i, j \in \{1, 2, ..., n\},$$

ou seja, mostramos que

$$A \cdot I = C = A.$$

Analogamente mostramos que $I \cdot A = A$. Isso prova 05).

08) $A \cdot (B + C) = A \cdot B + A \cdot C$:
Dadas as matrizes $A_{m\times n}$, $B_{n\times p}$ e $C_{n\times p}$, escreva

$$S = B + C,$$

e denotando $S = (s_{ij})_{n\times p}$, onde

$$s_{ij} = b_{ij} + c_{ij},$$

temos

$$A \cdot (B + C) = A_{m\times n} \cdot S_{n\times p} = T_{m\times p},$$

onde

$$t_{ij} = \sum_{k=1}^{n} a_{ik} \cdot s_{kj}. \tag{1.1}$$

Por outro lado, denote

$$A \cdot B = P_{m\times p} \quad \text{e} \quad A \cdot C = Q_{m\times p},$$

onde

$$p_{ij} = \sum_{\ell=1}^{n} a_{i\ell} \cdot b_{\ell j} \quad \text{e} \quad q_{ij} = \sum_{\ell=1}^{n} a_{i\ell} \cdot c_{\ell j}.$$

Dessa forma, temos que

$$A \cdot B + A \cdot C = P + Q = R,$$

onde cada elemento r_{ij} dessa matriz é dado por

$$r_{ij} = p_{ij} + q_{ij} = \sum_{\ell=1}^{n} a_{i\ell} \cdot b_{\ell j} + \sum_{\ell=1}^{n} a_{i\ell} \cdot c_{\ell j} = \sum_{\ell=1}^{n} (a_{i\ell} \cdot b_{\ell j} + a_{i\ell} \cdot c_{\ell j}) =$$

$$= \sum_{\ell=1}^{n} a_{i\ell}(b_{\ell j} + c_{\ell j}) = \sum_{\ell=1}^{n} a_{i\ell} \cdot s_{\ell j} = t_{ij},$$

ou seja, $r_{ij} = t_{ij}$, $\forall i \in \{1, 2, ..., m\}$, $\forall j \in \{1, 2, ..., p\}$, ou seja, mostramos que $R = T$, i.e.,

$$A \cdot B + A \cdot C = R = T = A(B + C).$$

09) $(A \cdot B) \cdot C = A \cdot (B \cdot C)$.

Dadas as matrizes $A = (a_{ij})_{m\times n}$, $B = (b_{ij})_{n\times p}$ e $C = (c_{ij})_{p\times q}$, mostraremos que

$$(A \cdot B) \cdot C = A \cdot (B \cdot C).$$

Escreva $M = (A \cdot B)_{m\times p}$ e $W = (B \cdot C)_{n\times q}$. Assim, temos que os elementos m_{ij} de M e w_{ij} de W são, respectivamente, dados por

$$m_{ij} = \sum_{k=1}^{n} a_{ik} \cdot b_{kj} \quad \text{e} \quad w_{ij} = \sum_{\ell=1}^{p} b_{i\ell} \cdot c_{\ell j}. \tag{1.2}$$

Note que, denotando

$$(A \cdot B) \cdot C = (M)_{m\times p} \cdot (C)_{p\times q} = (F)_{m\times q},$$

usando (1.2) temos que cada elemento f_{ij} de F é dado por

$$f_{ij} = \sum_{\ell=1}^{p} m_{i\ell} \cdot c_{\ell j} = \sum_{\ell=1}^{p} \left(\sum_{k=1}^{n} a_{ik} \cdot b_{k\ell} \right) \cdot c_{\ell j} = \sum_{\ell=1}^{p} \sum_{k=1}^{n} (a_{ik} \cdot b_{k\ell} \cdot c_{\ell j}) =$$

$$= \sum_{\ell=1}^{p} \sum_{k=1}^{n} a_{ik} \cdot (b_{k\ell} \cdot c_{\ell j}) = \sum_{k=1}^{n} \sum_{\ell=1}^{p} a_{ik} \cdot (b_{k\ell} \cdot c_{\ell j}) = \sum_{k=1}^{n} a_{ik} \left(\sum_{\ell=1}^{p} b_{k\ell} \cdot c_{\ell j} \right) =$$

$$= \sum_{k=1}^{n} a_{ik} \cdot w_{kj}.$$

Por outro lado, denotemos

$$A \cdot (B \cdot C) = A_{m\times n} \cdot W_{n\times q} = G_{m\times q},$$

onde $g_{ij} = \sum_{k=1}^{n} a_{ik} \cdot w_{kj} = f_{ij}$.

Como $g_{ij} = f_{ij}$, $\forall i \in \{1, 2, ..., m\}$ e $\forall j \in \{1, 2, ..., q\}$, concluímos que as matrizes F e G são iguais, ou seja, que

$$(A \cdot B) \cdot C = F = G = A \cdot (B \cdot C).$$

□

Obs. Na prova acima usamos uma propriedade "comutativa" para somatórios, ou seja, vale a propriedade

$$\sum_{i=1}^{n}\sum_{j=1}^{p} F(i,j) = \sum_{j=1}^{p}\sum_{i=1}^{n} F(i,j),$$

onde $F(i,j)$ é uma expressão qualquer que depende dos índices i e j.

Como um bom exercício, prove essa igualdade.

Exercícios

1. Sejam $A = \begin{pmatrix} 2 & -5 & 1 \\ 3 & 0 & -4 \end{pmatrix}$, $B = \begin{pmatrix} 1 & -2 & 3 \\ 0 & -1 & 5 \end{pmatrix}$ e $C = \begin{pmatrix} 0 & 1 & 2 \\ 1 & -1 & -1 \end{pmatrix}$, calcule $3A + 4B - 2C$.

2. Sejam as matrizes $A = (a_{ij})_{2\times 2}$ e $B = (b_{ij})_{2\times 2}$ definidas, respectivamente, por

$$a_{ij} = i - 2j \quad \text{e} \quad b_{ij} = \begin{cases} i - j, & \text{se} \quad i \geq j \\ 1, & \text{se} \quad i < j. \end{cases}$$

Determine $A + B$, $A - B$ e $A \cdot B$.

3. *Sejam as matrizes $A = \begin{pmatrix} x & 1 & 2 \\ 3 & y & 5 \\ 2 & 3 & z \end{pmatrix}$ e $D = (d_{ij})$ uma matriz diagonal de ordem 3. Determine os valores de x, y e z para os quais se verifique

$$AD = \begin{pmatrix} 2 & 3 & 10 \\ 6 & 12 & 25 \\ 4 & 9 & 20 \end{pmatrix}.$$

4. *Para cada número real α, considere a matriz

$$T_\alpha = \begin{pmatrix} \cos\alpha & -\operatorname{sen}\alpha \\ \operatorname{sen}\alpha & \cos\alpha \end{pmatrix}.$$

Mostre que $T_\alpha T_\beta = T_{\alpha+\beta}$.

5. *É verdade que se $A \cdot B = 0$, então $B \cdot A = 0$?

6. Dê um exemplo de duas matrizes A e B de mesmo tamanho tais que

$$(A + B)(A - B) \neq A^2 - B^2.$$

7. É verdade, de modo geral, que $(A + B)^2 = A^2 + 2A \cdot B + B^2$, onde A e B são matrizes?

8. Sejam $A = (a_{ij})_{n \times n}$ e $B = (b_{ij})_{n \times n}$ matrizes triangulares superiores. Mostre que AB é uma matriz triangular superior com diagonal $a_{11}b_{11}$, $a_{22}b_{22}$, ..., $a_{nn}b_{nn}$.

9. *Seja $A_{m \times m} = (a_{ij})_{m \times m}$ uma matriz quadrada. Definimos o *traço* de A, e escrevemos $tr(A)$, como a soma dos elementos da diagonal principal, ou seja,

$$tr(A) = a_{11} + a_{22} + ... + a_{mm}.$$

Mostre que $tr(A + B) = tr(A) + tr(B)$, onde A e B são matrizes $m \times m$.

10. ***(Sel. Mestrado UFRGS 2006/2)** Se M é uma matriz $n \times n$ com elementos $\{m_{ij}\}_{1 \leq i,j \leq n}$, definimos o seu *traço* por meio da expressão $tr(M) = \sum_{i=1}^{n} m_{ii}$.

    (a) Se A e B são matrizes $n \times n$, então prove que $tr(AB) = tr(BA)$.

    (b) Se I é a matriz identidade $n \times n$, então mostre que não existem matrizes A e B tais que $AB - BA = I$.

1.1.3 Matriz transposta

Definição 1.8 Dada uma matriz $A = (a_{ij})_{m \times n}$, definimos a *matriz transposta* de A, e denotamos por A^t, a matriz definida por

$$A^t = (a_{ji})_{n \times m}.$$

Em palavras, dada uma matriz A, a transposta de A, denotada por A^t, é a matriz na qual sua primeira linha corresponde à primeira coluna de A, e assim por diante, ou seja, linhas se transformam em colunas. Vejamos um exemplo.

Exemplo 1.9

$$A = \begin{pmatrix} 2 & -1 & 7 \\ 1 & 0 & 3 \end{pmatrix}_{2\times 3} \Rightarrow A^t = \begin{pmatrix} 2 & 1 \\ -1 & 0 \\ 7 & 3 \end{pmatrix}_{3\times 2}$$

Proposição 1.10 *A transposição de matrizes goza das seguintes propriedades (onde elas estejam bem definidas):*

01) $(A^t)^t = A$.

02) $(k \cdot A)^t = k \cdot A^t$, *onde* $k \in \mathbb{R}$.

03) $(A + B)^t = A^t + B^t$.

04) $(A \cdot B)^t = B^t \cdot A^t$.

Demonstração. Faremos a prova de 01), 03) e 04) e deixaremos a prova de 02) para o leitor.

01) $(A^t)^t = A$.

Seja $A = (a_{ij})_{m\times n}$. Então, temos que a_{ij} é o elemento da linha i e coluna j de A^t de A. Esse elemento estará na posição ji de A^t, por definição, ou seja,

$$a_{ji} = (a_{ij})^t$$

é o elemento da linha j e da coluna i de A^t. Então,

$$((a_{ij})^t)^t = (a_{ji})^t = a_{ij}$$

é o elemento da linha i e coluna j de $(A^t)^t$.

Portanto, segue que $(A^t)^t = A$, provando 01).

03) $(A+B)^t = A^t + B^t$.

Escreva $C = A + B$. Então, basta mostrar que

$$C^t = A^t + B^t.$$

Sendo $a_{ji} = (a_{ij})^t$ o elemento da linha j e coluna i de A^t, e $b_{ji} = (b_{ij})^t$ o elemento da linha j e coluna i de B^t, segue que

$$c_{ji} = a_{ji} + b_{ji} = (a_{ij})^t + (b_{ij})^t$$

é o elemento da linha j e coluna i de $A^t + B^t$, ou seja,

$$(c_{ij})^t = c_{ji} = (a_{ij})^t + (b_{ij})^t, \ \forall i, \forall j,$$

donde segue que

$$C^t = A^t + B^t.$$

04) $(A \cdot B)^t = B^t \cdot A^t$.

Tome $A_{m\times n}$ e $B_{n\times p}$ e escreva $C_{m\times p} = A \cdot B$. Então, o elemento c_{ij} de C é dado por

$$c_{ij} = \sum_{k=1}^{n} a_{ik} \cdot b_{kj}.$$

Vamos mostrar que $C^t = B^t \cdot A^t$.

Denotando por c^t_{ij} o elemento na linha i e coluna j de C^t, temos que

$$c^t_{ij} = c_{ji} = \sum_{k=1}^{n} a_{jk} \cdot b_{ki} = \sum_{k=1}^{n} a^t_{kj} \cdot b^t_{ik} = \sum_{k=1}^{n} b^t_{ik} \cdot a^t_{kj}, \tag{1.3}$$

onde a^t_{kj} é elemento da linha k e coluna j de A^t e b^t_{ik} é elemento da linha i e coluna k de B^t.

Por outro lado, definindo $M = B^t \cdot A^t$, com elemento

$$m_{ij} = \sum_{k=1}^{n} b^t_{ik} \cdot a^t_{kj},$$

segue de (1.3) que $c^t_{ij} = m_{ij}$, ou seja, concluímos que

$$C^t = M = B^t \cdot A^t,$$

e, como $C = A \cdot B$, segue o resultado.

$\square$

Definição 1.11 Dizemos que uma matriz A é *simétrica* quando $A^t = A$ e que A é *antissimétrica* quando $A^t = -A$.

Por exemplo, é fácil ver que a matriz identidade I é simétrica, e que a matriz $A = \begin{pmatrix} 2 & -1 & 3 \\ -1 & 4 & 0 \\ 3 & 0 & 5 \end{pmatrix}$ também é simétrica. Já a matriz $B = \begin{pmatrix} 0 & 2 & -1 \\ -2 & 0 & 3 \\ 1 & -3 & 0 \end{pmatrix}$ é antissimétrica.

Exercícios

1. *Seja $A = \begin{pmatrix} 1 & 2 & 0 \\ 3 & -1 & 4 \end{pmatrix}$, encontre as matrizes AA^t e A^tA, se existirem.

2. *Seja $A = \begin{pmatrix} 2 & x^2 \\ 2x-1 & 0 \end{pmatrix}$. Se A for simétrica, ou seja, se $A^t = A$, encontre o valor de x.

3. Para cada número real α, considere a matriz

$$T_\alpha = \begin{pmatrix} \cos\alpha & -\operatorname{sen}\alpha \\ \operatorname{sen}\alpha & \cos\alpha \end{pmatrix}.$$

   Mostre que $T_{-\alpha} = T^t_\alpha$.

4. *Dadas duas matrizes simétricas A e B de ordem n.

   (a) Prove que $A + B$ é simétrica.

   (b) Prove que se $AB = BA$, então AB é simétrica.

1.1.4 Matrizes invertíveis

No estudo de funções apresenta-se o importante conceito de função inversa. Dados X e Y dois conjuntos não vazios e uma função $f : X \to Y$, dizemos que f é inversível se existir uma função $g : Y \to X$ tal que

$$f \circ g = id_X \quad \text{e} \quad g \circ f = id_Y,$$

onde $id_X : X \to X$, $id_X(x) = x$ e $id_Y : Y \to Y$, $id_Y(y) = y$ são, respectivamente, as funções identidades de X e de Y.

Nesse caso, dizemos que g é a inversa de f e denotamos $g = f^{-1}$. (e também g será inversível e sua inversa, g^{-1}, será f).

Existe no estudo de matrizes um tipo de matriz que desempenha um papel análogo ao da função inversa, chamada de matriz inversa. Do mesmo modo que nem todas as funções são inversíveis (somente aquelas que obedecem à definição acima), temos que nem todas as matrizes possuirão inversas. No caso de matrizes, a composição da definição acima será substituída pelo produto de matrizes e as funções identidades, que fazem o papel da unidade da composição de funções, serão substituídas pela equivalente unidade do produto de matrizes, ou seja, a matriz identidade I. Isso nos inspira a definição que segue.

Definição 1.12 Dizemos que uma matriz quadrada A é *invertível* se existir uma matriz B de mesmo tamanho tal que

$$A \cdot B = I \quad \text{e} \quad B \cdot A = I.$$

Nesse caso dizemos que B é a inversa de A, e escrevemos $B = A^{-1}$.

É claro que, pela definição acima, temos que B também será invertível e sua inversa será $B^{-1} = A$.

Note também na definição que uma *conditio sine qua non* para que uma matriz tenha chance de possuir uma inversa é que ela deve ser quadrada.

Do mesmo modo que a inversa de uma função, quando existe, é única, vale também a unicidade da matriz inversa, quando esta existir. Ou seja, temos o resultado:

Proposição 1.13 *Se A for uma matriz invertível com inversas B e C, então $B = C$.*

Demonstração. Sejam B e C ambas inversas de A. Assim, como B é inversa de A, temos que

$$B \cdot A = I.$$

Multiplicando-se à direita por C, vem

$$(B \cdot A) \cdot C = I \cdot C = C,$$

e por associatividade, obtemos

$$B \cdot (A \cdot C) = C.$$

Mas, como C também é inversa de A, temos que $A \cdot C = I$ e, com isso, a igualdade acima fica

$$C = B \cdot (A \cdot C) = B \cdot I = B \Longrightarrow C = B,$$

e isso prova a unicidade de inversa, como queríamos.

$\square$

Proposição 1.14 *Valem as seguintes propriedades para uma matriz invertível A:*

(a) $(A^{-1})^{-1} = A$.

(b) $(k \cdot A)^{-1} = k^{-1} \cdot A^{-1}$, *onde* $k \in \mathbb{R} \setminus \{0\}$.

Demonstração.
(a) Como por hipótese A é invertível, temos que existe inversa A^{-1} tal que

$$A \cdot A^{-1} = I \text{ e } A^{-1} \cdot A = I.$$

Mas, então, temos que A^{-1} também é invertível, com inversa $(A^{-1})^{-1} = A$.

(b) Basta observar que

$$(kA)(k^{-1}A^{-1}) = k^{-1}(kA)A^{-1} = (k^{-1}k)(A \cdot A^{-1}) = 1 \cdot I = I,$$

e

$$(k^{-1}A^{-1})(kA) = k(k^{-1}A^{-1})A = (kk^{-1})(A^{-1} \cdot A) = 1 \cdot I = I,$$

e então temos que kA é invertível, com inversa $(kA)^{-1} = k^{-1}A^{-1}$.

□

Proposição 1.15 *Sejam A e B duas matrizes quadradas invertíveis de mesmo tamanho. Então, o produto $A \cdot B$ também é invertível, com inversa*

$$(A \cdot B)^{-1} = B^{-1} \cdot A^{-1}.$$

Demonstração. De fato, como A e B são invertíveis com inversas dadas, respectivamente, por A^{-1} e B^{-1}, basta efetuar os produtos, usando a associatividade:

$$(A \cdot B)(B^{-1} \cdot A^{-1}) = A(B \cdot B^{-1})A^{-1} = A \cdot I \cdot A^{-1} = A \cdot A^{-1} = I,$$

e

$$(B^{-1} \cdot A^{-1})(A \cdot B) = B^{-1}(A^{-1} \cdot A)B = B^{-1} \cdot I \cdot B = B^{-1} \cdot B = I,$$

o que mostra que $A \cdot B$ também é invertível, com inversa $(A \cdot B)^{-1} = B^{-1} \cdot A^{-1}$.

□

Nesta seção apresentamos apenas o conceito de matriz inversa e suas principais propriedades, sem nos preocuparmos em determinar um procedimento para obter a inversa de uma matriz quadrada, caso exista. Na Seção 1.2.4 apresentaremos uma técnica eficiente para encontrar a inversa.

1.1.5 Potências de matrizes

Motivados pelos conceitos de produto de matrizes e de matriz invertível, podemos definir:

Definição 1.16 Seja A uma matriz quadrada. Definimos as potências de A pondo

$$A^0 = I$$

e

$$A^n = \underbrace{A \cdot A \cdot ... \cdot A}_{n\,\text{fatores}}, \forall n \in \mathbb{N}.$$

Quando A for invertível, definimos as potências negativas de A conforme a proposição abaixo:

Proposição 1.17 *Seja A uma matriz invertível. Então, para $n \in \mathbb{N}$ fixado, A^n é invertível, e*

$$(A^n)^{-1} = (A^{-1})^n.$$

Demonstração. Note que, c.f. definição de potência de matriz, temos que

$$(A^{-1})^n = \underbrace{A^{-1} \cdot A^{-1} \cdot ... \cdot A^{-1}}_{n\,\text{fatores}}. \tag{1.4}$$

Multiplicando (1.4) à direita por n fatores iguais a A, obtemos

$$(A^{-1})^n \cdot \underbrace{A \cdot A \cdot ... \cdot A}_{n\,\text{fatores}} = \underbrace{A^{-1} \cdot A^{-1} \cdot ... \cdot A^{-1}}_{n\,\text{fatores}} \cdot \underbrace{A \cdot A \cdot ... \cdot A}_{n\,\text{fatores}},$$

e como $A^{-1} \cdot A = I_n$, associando adequadamente em pares à direita, e notando que $\underbrace{A \cdot A \cdot ... \cdot A}_{n\,\text{fatores}} = A^n$, obtemos

$$(A^{-1})^n \cdot A^n = I_n. \tag{1.5}$$

Do mesmo modo, multiplicando (1.4) à esquerda por n fatores iguais a A, obtemos

$$\underbrace{A \cdot A \cdot ... \cdot A}_{n\,\text{fatores}} \cdot (A^{-1})^n = \underbrace{A \cdot A \cdot ... \cdot A}_{n\,\text{fatores}} \cdot \underbrace{A^{-1} \cdot A^{-1} \cdot ... \cdot A^{-1}}_{n\,\text{fatores}}.$$

Notando que $\underbrace{A \cdot A \cdot ... \cdot A}_{n\,\text{fatores}} = A^n$ e associando adequadamente aos pares na direita da igualdade acima, como $A \cdot A^{-1} = I_n$, obtemos

$$A^n \cdot (A^{-1})^n = I_n. \tag{1.6}$$

Assim, temos que (1.5) e (1.6) nos mostram que A^n é invertível e sua inversa é dada por $(A^{-1})^n$.

Além disso, a inversa da matriz A^n, por notação, fica denotada por $(A^n)^{-1}$. Ou seja, acabamos de provar que

$$(A^n)^{-1} = (A^{-1})^n.$$

□

Exercícios

1. Mostre que, se A for uma matriz invertível, então A^t também é invertível, com $(A^t)^{-1} = (A^{-1})^t$.

2. *Suponha que A seja uma matriz invertível. Mostre que, se $AB = AC$, então $B = C$. Dê um exemplo de uma matriz não nula A tal que $AB = AC$, mas $B \neq C$.

3. *Se A e B são matrizes quadradas e A é invertível, verifique que

$$(A + B)A^{-1}(A - B) = (A - B)A^{-1}(A + B).$$

4. **(Sel. Mestrado UFSM 2009/1)** Nos itens abaixo, considere A, B, K e I matrizes $n \times n$, onde I é a matriz identidade.

   (a) Seja K uma matriz antissimétrica, isto é, $K^t = -K$. Suponha que $I - K$ é não singular.[1] Mostre que $(I + K)$ é não singular. Se $B = (I + K)(I - K)^{-1}$, mostre que $B^tB = BB^t = I$.

[1]Matriz não singular é um sinônimo para matriz invertível.

(b) Mostre que se A, B e $A+B$ possuem inversas, então o mesmo acontece com $(A^{-1}+B^{-1})$ e $(A^{-1}+B^{-1})^{-1} = A(A+B)^{-1}B = B(A+B)^{-1}A$.

5. Seja A uma matriz quadrada. Prove que, se A^2 for invertível, então A também o é.

1.1.6 Matriz na forma escalonada reduzida por linhas

Definição 1.18 Dizemos que uma matriz A está na *forma escalonada reduzida por linhas* se:

(i) numa linha não totalmente constituída por zeros, o primeiro elemento não nulo, chamado de *pivô*, vale 1;

(ii) caso existam linhas totalmente nulas, elas estão localizadas na base da matriz;

(iii) em duas linhas quaisquer não nulas, o pivô da linha superior localiza-se mais à esquerda do pivô da linha inferior;

(iv) em cada coluna onde há um pivô, os demais elementos dessa coluna são zeros.

Por exemplo, a matriz $A = \begin{pmatrix} 1 & 0 & 0 & 2 \\ 0 & 1 & 0 & -1 \\ 0 & 0 & 1 & 4 \\ 0 & 0 & 0 & 0 \end{pmatrix}$ está na forma escalonada reduzida por linhas.

Já a matriz $B = \begin{pmatrix} 1 & 0 & 0 \\ 0 & 1 & 3 \\ 0 & 0 & 1 \end{pmatrix}$ não está na forma escalonada reduzida por linhas. Por quê?

A representação de matrizes na forma escalonada reduzida por linhas será bastante útil na resolução de sistemas lineares.

Observação 1.19 Note que, da definição acima, se uma matriz quadrada está na forma escalonada reduzida por linhas, então obrigatoriamente ela possui linhas nulas na base ou é a matriz identidade.

1.2 Sistemas lineares

Nesta seção vamos apresentar o conceito de sistema linear, bem como uma importante técnica de resolução via matrizes.

1.2.1 Conceito e exemplos

Definição 1.20 Chama-se uma equação linear a n incógnitas $x_1, x_2, ..., x_n$ a equação dada por

$$a_{11}x_1 + a_{12}x_2 + ... + a_{1n}x_n = b_1,$$

onde $a_{11}, a_{12}, ..., a_{1n}, b_1 \in \mathbb{R}$ são constantes conhecidas. Quando $b_1 = 0$ tal equação chama-se homogênea.

No caso da equação homogênea, ela admite uma solução trivial: $x_1 = x_2 = ... = x_n = 0$. Outras soluções são chamadas de não triviais.

Definição 1.21 Chama-se um *sistema linear* um conjunto de equações lineares da forma

$$\begin{cases} a_{11}x_1 + a_{12}x_2 + ... + a_{1n}x_n = b_1 \\ a_{21}x_1 + a_{22}x_2 + ... + a_{2n}x_n = b_2 \\ .... \\ a_{m1}x_1 + a_{m_2}x_2 + ... + a_{mn}x_n = b_n \end{cases}. \tag{1.7}$$

Quando $b_i = 0$ para $i = 1, 2, ..., n$ o sistema chama-se *homogêneo*.

A definição acima é bem geral: trata-se de um sistema com m equações a n incógitas.

Por exemplo, os sistemas

$$\begin{cases} x_1 + x_2 + 2x_3 = 9 \\ 2x_1 + 4x_2 - 3x_3 = 1 \\ 3x_1 + 6x_2 - 5x_3 = 0 \end{cases} \quad \text{e} \quad \begin{cases} 2x + y = 2 \\ x - y - z = 3 \end{cases}$$

são sistemas lineares, o primeiro com três equações a três incógnitas e o segundo com duas equações a três incógnitas.

Definição 1.22 Chama-se *solução* do sistema linear (1.7) de m equações a n incógnitas a n-nupla ordenada $(a_1, a_2, ..., a_n)$ tal que, quando $x_1 = a_1$, ... $x_n = a_n$ em (1.7) , todas as m igualdades são satisfeitas.

Em outras palavras, uma solução de um determinado sistema linear são os valores que substituídos nas incógnitas das equações que definem o sistema verificarem a todas as equações.

Existem várias técnicas para resolver um sistema linear. A mais simples consiste em ir operando adequadamente as equações do sistema com o intuito de ir eliminando incógnitas até obtermos uma equação numa só variável. Depois, ir "retrocedendo" nas operações realizadas para determinar todas as demais incógnitas e, com isso, montar a solução. Vejamos alguns exemplos práticos.

Exemplo 1.23 Resolver o sistema linear

$$\begin{cases} 3x - y = 5 \\ x + y = 3 \end{cases}$$

Solução. Podemos eliminar y somando as duas equações. Assim, somando-as obtemos a equação

$$4x = 8 \Rightarrow x = 2.$$

Dessa forma, sendo $x = 2$, na equação $x + y = 3$ vamos obter $2 + y = 3$ e, portanto, $y = 1$. Assim, a solução do sistema dado é $(x, y) = (2, 1)$. Repare que, geometricamente, cada equação no plano cartesiano $\mathbb{R}^2$ corresponde à equação de uma reta. Então a solução do sistema acima nos diz que essas retas são concorrentes, ou seja, se interceptam num ponto do plano cartesiano, exatamente no ponto de coordenadas $(2, 1)$.

No entanto, sabemos que duas retas no plano podem ser também coincidentes ou paralelas. No primeiro caso, o sistema assumiria infinitas soluções e seria chamado de *indeterminado*; já no segundo caso, o sistema não teria soluções e seria chamado de *impossível* ou *incompartível.*

Como exercício, observe que o sistema

$$\begin{cases} x + y = 1, \\ 2x + 2y = 2 \end{cases}$$

possui infinitas soluções, e podemos escrever isso, por exemplo, $x = t$, $y = 1 - t$, $\forall t \in \mathbb{R}$; e que o sistema

$$\begin{cases} x + y = 1 \\ 2x + 2y = -3 \end{cases}$$

não tem solução.

1.2.2 Resolução de sistemas via operações sobre linhas

Dado um sistema linear

$$\begin{cases} a_{11}x_1 + a_{12}x_2 + ... + a_{1n}x_n = b_1 \\ a_{21}x_1 + a_{22}x_2 + ... + a_{2n}x_n = b_2 \\ .... \\ a_{m1}x_1 + a_{m_2}x_2 + ... + a_{mn}x_n = b_n \end{cases},$$

podemos associá-lo a uma matriz da forma

$$\begin{pmatrix} a_{11} & a_{12} & \ldots\ldots & a_{1n} & b_1 \\ a_{21} & a_{22} & \ldots\ldots & a_{2n} & b_2 \\ \ldots\ldots & \ldots\ldots & \ldots\ldots & \ldots\ldots & \ldots\ldots \\ a_{m1} & a_{m2} & \ldots\ldots & a_{mn} & b_n \end{pmatrix},$$

chamada de *matriz aumentada* do sistema.

Um dos principais objetivos do estudo de matrizes é resolver sistemas lineares. Uma maneira bastante útil de se resolver um sistema linear consiste em efetuar certas operações entre suas equações, com o intuito de obter outras equações equivalentes às originais (duas equações ou dois sistemas lineares são *equivalentes* quando possuírem a mesma solução). Tais operações são chamadas de operações elementares e consistem em:

(a) multiplicar uma equação por uma constante não nula;

(b) trocar de posição duas equações do sistema;

(c) substituir uma equação pela soma dela com um múltiplo de outra equação do sistema dado.

Tais operações podem ser feitas sobre a matriz aumentada do sistema, ou seja, elas nos motivam definir:

Definição 1.24 Dada uma matriz A, definimos as *operações elementares sobre linhas* de A por:

(i) trocar duas linhas de posição;

(ii) multiplicar uma linha por uma constante não nula;

(iii) somar um múltiplo de uma linha a uma outra linha.

Simbolicamente, chamando ℓ_i e ℓ_j as linhas i e j, $i \neq j$, de uma matriz A, temos que as três operações elementares sobre linhas, respectivamente, são

(i) $\ell_i \leftrightarrow \ell_j$;

(ii) $\ell_i \hookrightarrow k \cdot \ell_i$;

(iii) $\ell_i \hookrightarrow \ell_i + k \cdot \ell_j$.

Isto posto, podemos resolver um exercício, utilizando as ideias acima.

Exemplo 1.25 Resolver o sistema linear $\begin{cases} x + 2y - 4z = -4 \\ 2x + 5y - 9z = -10 \\ 3x - 2y + 3z = 11 \end{cases}$.

Solução. A matriz aumentada do sistema é dada por

$$\begin{pmatrix} 1 & 2 & -4 & -4 \\ 2 & 5 & -9 & -10 \\ 3 & -2 & 3 & 11 \end{pmatrix}$$

Efetuando as operações elementares sobre linhas como nos esquemas a seguir, vamos obter (repare que vamos procurar construir uma "escada" onde os degraus serão pivôs, ou seja, faremos o primeiro elemento não nulo de cada linha da matriz ser igual a 1):

$$\begin{pmatrix} 1 & 2 & -4 & -4 \\ 2 & 5 & -9 & -10 \\ 3 & -2 & 3 & 11 \end{pmatrix} \xrightarrow{\ell_2 \hookrightarrow \ell_2 - 2\ell_1} \begin{pmatrix} 1 & 2 & -4 & -4 \\ 0 & 1 & -1 & -2 \\ 3 & -2 & 3 & 11 \end{pmatrix} \xrightarrow{\ell_3 \hookrightarrow \ell_3 - 3\ell_1}$$

$$\begin{pmatrix} 1 & 2 & -4 & -4 \\ 0 & 1 & -1 & -2 \\ 0 & -8 & 15 & 23 \end{pmatrix} \xrightarrow{\ell_3 \hookrightarrow \ell_3 + 8\ell_2} \begin{pmatrix} 1 & 2 & -4 & -4 \\ 0 & 1 & -1 & -2 \\ 0 & 0 & 7 & 7 \end{pmatrix} \xrightarrow{\ell_3 \hookrightarrow \frac{1}{7}\ell_3}$$

$$\begin{pmatrix} 1 & 2 & -4 & -4 \\ 0 & 1 & -1 & -2 \\ 0 & 0 & 1 & 1 \end{pmatrix},$$

que corresponde ao sistema

$$\begin{cases} x + 2y - 4z = -4 \\ \qquad\; y - z = -2 \\ \qquad\qquad z = 1 \end{cases},$$

o qual facilmente verificamos que $z = 1$, $y = -1$ e $x = 2$. Logo, a solução do sistema dado é $(x, y, z) = (-2, -1, 1)$.

Observação 1.26 Poderíamos continuar o procedimento, anulando-se agora os termos acima dos pivôs, ou seja, continuar como segue:

$$\begin{pmatrix} 1 & 2 & -4 & -4 \\ 0 & 1 & -1 & -2 \\ 0 & 0 & 1 & 1 \end{pmatrix} \xrightarrow{\ell_2 \hookrightarrow \ell_2 + \ell_3} \begin{pmatrix} 1 & 2 & -4 & -4 \\ 0 & 1 & 0 & -1 \\ 0 & 0 & 1 & 1 \end{pmatrix} \xrightarrow{\ell_1 \hookrightarrow \ell_1 - 2\ell_2}$$

$$\begin{pmatrix} 1 & 0 & -4 & -2 \\ 0 & 1 & 0 & -1 \\ 0 & 0 & 1 & 1 \end{pmatrix} \xrightarrow{\ell_1 \hookrightarrow \ell_1 + 4\ell_3} \begin{pmatrix} 1 & 0 & 0 & 2 \\ 0 & 1 & 0 & -1 \\ 0 & 0 & 1 & 1 \end{pmatrix},$$

ou seja, deixamos a matriz na forma escalonada reduzida por linhas, o que corresponde a

$$\begin{cases} x = 2 \\ y = -1 \\ z = 1 \end{cases}$$

Convém definir:

Definição 1.27 Chama-se *método de Gauss-Jordan* o algoritmo efetuado em um sistema linear de forma a reduzi-lo para a forma de escada, ou seja, quando a matriz aumentada do referido sistema fica sob a forma de uma matriz triangular superior com o primeiro elemento não nulo (pivô) igual a 1.

Se continuarmos o procedimento com o intuito de zerar também acima dos pivôs, deixando a matriz na forma escalonada reduzida por linhas, o método chama-se *eliminação gaussiana.*

Exemplo 1.28 Resolver o sistema

$$\begin{cases} 2x + 5y - 8z = 4 \\ x + 2y - 3z = 1 \\ 3x + 8y - 13z = 7 \end{cases}$$

pelo método de eliminação gaussiana.

Solução. A matriz aumentada do sistema dado é

$$\begin{pmatrix} 2 & 5 & -8 & 4 \\ 1 & 2 & -3 & 1 \\ 3 & 8 & -13 & 7 \end{pmatrix}$$

Vamos efetuar as operações elementares sobre linhas como segue. Observe que, como queremos pivôs iguais a 1, a primeira operação elementar a fazer será permutar as linhas 1 e 2 da matriz aumentada. Assim,

$$\begin{pmatrix} 2 & 5 & -8 & 4 \\ 1 & 2 & -3 & 1 \\ 3 & 8 & -13 & 7 \end{pmatrix} \xrightarrow{\ell_1 \leftrightarrow \ell_2} \begin{pmatrix} 1 & 2 & -3 & 1 \\ 2 & 5 & -8 & 4 \\ 3 & 8 & -13 & 7 \end{pmatrix} \xrightarrow{\ell_2 \hookrightarrow \ell_2 - 2\ell_1} \begin{pmatrix} 1 & 2 & -3 & 1 \\ 0 & 1 & -2 & 2 \\ 3 & 8 & -13 & 7 \end{pmatrix}$$

$$\begin{pmatrix} 1 & 2 & -3 & 1 \\ 0 & 1 & -2 & 2 \\ 3 & 8 & -13 & 7 \end{pmatrix} \xrightarrow{\ell_3 \hookrightarrow \ell_3 - 3\ell_1} \begin{pmatrix} 1 & 2 & -3 & 1 \\ 0 & 1 & -2 & 2 \\ 0 & 2 & -4 & 4 \end{pmatrix} \xrightarrow{\ell_3 \hookrightarrow \ell_3 - 2\ell_2} \begin{pmatrix} 1 & 2 & -3 & 1 \\ 0 & 1 & -2 & 2 \\ 0 & 0 & 0 & 0 \end{pmatrix}$$

Note que uma linha da matriz zerou. Isso indica que o sistema dado é indeterminado, ou seja, possui infinitas soluções. Continuando o processo para deixar a matriz aumentada na forma escalonada reduzida por linhas, obtemos

$$\begin{pmatrix} 1 & 2 & -3 & 1 \\ 0 & 1 & -2 & 2 \\ 0 & 0 & 0 & 0 \end{pmatrix} \xrightarrow{\ell_1 \hookrightarrow \ell_1 - 2\ell_2} \begin{pmatrix} 1 & 0 & 1 & -3 \\ 0 & 1 & -2 & 2 \\ 0 & 0 & 0 & 0 \end{pmatrix},$$

que corresponde ao sistema

$$\begin{cases} x \quad\quad + z = -3 \\ \quad\quad y - 2z = 2 \end{cases},$$

e chamando $z = t$, obtemos $y = 2 + 2t$ e $x = -3 - t$, ou seja, a solução do sistema dado, numa forma *parametrizada*, pode ser dada por

$$S = \{(x, y, z) = (-3 - t, 2 + 2t, t),\ t \in \mathbb{R}\}.$$

Obs.: Se durante o processo de eliminação Gaussiana obtivéssemos uma linha da matriz aumentada formada por zeros, exceto o termo b_n, então o sistema dado seria incompatível. Por exemplo, um sistema linear cuja matriz na forma escalonada reduzida por linhas obtida pela eliminação Gaussiana seja

$$\begin{pmatrix} 1 & 0 & -1 & 2 \\ 0 & 1 & 0 & -1 \\ 0 & 0 & 0 & 2 \end{pmatrix},$$

temos que a primeira linha representa a equação $x - z = 2$, a segunda linha representa a equação $y = -1$ e a terceira linha a equação $0 \cdot z = 2$, ou seja, $0 = 2$, o que é um absurdo, indicando que o sistema não tem solução.

Exercícios

1. Considere os sistemas lineares

$$\begin{cases} x + y + z = 1 \\ 2x + 2y + 2z = 4 \end{cases} \quad \text{e} \quad \begin{cases} x + y + z = 0 \\ 2x + 2y + 2z = 0 \end{cases}$$

   (a) Mostre que o primeiro sistema não possui soluções e escreva o que isso significa quanto aos planos representados por essas equações.

   (b) Mostre que o segundo sistema tem uma infinidade de soluções e escreva o que isso significa quanto aos planos representados por essas equações.

2. *Resolva cada sistema linear abaixo pelo método de eliminação de Gauss-Jordan:

(a) $\begin{cases} x_1 + x_2 + 2x_3 = 8 \\ -x_1 - 2x_2 + 3x_3 = 1 \\ 3x_1 - 7x_2 + 4x_3 = 10 \end{cases}$ (b) $\begin{cases} 2x_1 + 2x_2 + 2x_3 = 0 \\ -2x_1 + 5x_2 + 2x_3 = 1 \\ 8x_1 + x_2 + 4x_3 = -1 \end{cases}$

3. Verifique se o sistema homogêneo abaixo possui uma solução não nula:

$$\begin{cases} x + y - z = 0 \\ 2x + 4y - z = 0 \\ 3x + 2y + 2z = 0 \end{cases}$$

4. *Resolva cada sistema linear abaixo:

(a) $\begin{cases} x + 2y - 4z = -4 \\ 2x + 5y - 9z = -10 \\ 3x - 2y + 3z = 11 \end{cases}$ (b) $\begin{cases} x + 2y - 3z = -1 \\ -3x + y - 2z = -7 \\ 5x + 3y - 4z = 2 \end{cases}$

(c) $\begin{cases} x + 2y - 3z = 1 \\ 2x + 5y - 8z = 4 \\ 3x + 8y - 13z = 7 \end{cases}$

1.2.3 Matrizes elementares

Definição 1.29 Dizemos que uma matriz quadrada de ordem n é *elementar* quando ela resulta de apenas uma operação elementar sobre linhas da matriz identidade I_n.

Por exemplo, as matrizes

$$\begin{pmatrix} 0 & 1 \\ 1 & 0 \end{pmatrix} \quad \text{e} \quad \begin{pmatrix} 1 & 0 & -2 \\ 0 & 1 & 0 \\ 0 & 0 & 1 \end{pmatrix}$$

são matrizes elementares. Por quê?

A importância das matrizes elementares consiste no fato de que elas são usadas para efetuar operações elementares sobre linhas de uma matriz via multiplicação de matrizes. Ou seja, temos o seguinte resultado:

Proposição 1.30 *Sejam $A_{m\times n}$ uma matriz e denote por $E_{m\times m}$ a matriz elementar obtida por uma operação elementar sobre linhas da matriz I_m. Então, o produto $E \cdot A$ é a matriz que resulta em efetuarmos a mesma operação elementar sobre linhas em A.*

Demonstração. Seja $I = (\delta_{ij})_{m\times m}$ a matriz identidade e denotemos por $P = EA$. Como existem três tipos diferentes de operações elementares sobre linhas que podem produzir uma matriz elementar E, vamos dividir a demonstração em três casos, como segue:

1. *A matriz elementar E é obtida trocando-se duas linhas k e ℓ de I_m de posição, onde $k \neq \ell$, $k, \ell \in \{1, 2, ..., m\}$.*

   Neste caso, tem-se que os elementos e_{ij} da matriz elementar E serão:

   (i) $\forall i \neq k$ e $\forall i \neq \ell$, $e_{ii} = 1$ e $e_{ij} = 0$, $i \neq j$;

   (ii) $e_{kk} = 0$, $e_{k\ell} = 1$ e $e_{kj} = 0$, se $j \neq \ell$;

   (iii) $e_{\ell\ell} = 0$, $e_{\ell k} = 1$ e $e_{\ell j} = 0$, se $j \neq k$.

   Vamos mostrar neste caso que $P = EA$ corresponde a efetuar a troca das linhas k e ℓ na matriz A.

   Os elementos p_{ij} de P, com $i \in \{1, 2, ..., m\} \setminus \{k, \ell\}$ e $j \in \{1, 2, ..., n\}$, serão da forma

   $$p_{ij} = \sum_{t=1}^{m} e_{it} \cdot a_{tj} = e_{ii} \cdot a_{ij} = a_{ij},$$

   pois por (i) temos que somente para $t = i$ tem-se que $e_{ii} = 1$ e os demais aditivos do somatório acima se anulam. Dessa forma, as linhas distintas de k e de ℓ da mariz P serão as mesmas correspondentes de A.

Já os elementos da linha k de P serão da forma

$$p_{kj} = \sum_{t=1}^{m} e_{kt} \cdot a_{tj} = e_{k\ell} \cdot a_{\ell j} = a_{\ell j},$$

pois por (ii) tem-se que $e_{k\ell} = 1$ se, e somente se, $k = \ell$ e os demais aditivos do somatório acima se anulam. Dessa forma, a linha k de P será igual à linha ℓ de A.

Por fim, os elementos da linha ℓ de P serão da forma

$$p_{\ell j} = \sum_{t=1}^{m} e_{\ell t} \cdot a_{tj} = e_{\ell k} \cdot a_{kj} = a_{kj},$$

pois por (iii) tem-se que $e_{\ell k} = 1$ se, e somente se, $t = k$ e os demais aditivos do somatório acima se anulam.

Assim, mostramos que a matriz $P = EA$ corresponde à matriz A com as linhas k e ℓ trocadas.

2. *A matriz E é obtida ao multiplicar a linha k por $\alpha \neq 0$.*
Neste caso, para a matriz elementar E temos que, $\forall i \neq k$, valem

$$e_{ii} \quad \text{e} \quad e_{ij} = 0, \quad \text{se} \quad i \neq j;$$

e para a linha k temos

$$e_{kk} = \alpha \neq 0 e_{kj} = 0, \quad \text{se} \quad j \neq j.$$

Vamos mostrar que $P = EA$ corresponde a multiplicar por α e a linha k da matriz A.

Os elementos p_{ij} de P, com $i \neq k$ (i.e., todos os elementos p_{ij} de P, exceto os elementos da linha k), serão da forma

$$p_{ij} = \sum_{t=1}^{m} e_{it} \cdot a_{tj} = e_{ii} \cdot a_{ij} = a_{ij},$$

pois $e_{ii} = 1$ e $e_{it} = 0$ para $t \neq i$. Assim, as linhas diferentes da linha k da matriz P serão iguais às correspondentes linhas da matriz A. Já os elementos da linha k da matriz P serão da forma

$$p_{kj} = \sum_{t=1}^{m} e_{kt} \cdot a_{tj} = e_{kk} \cdot a_{kj} = \alpha \cdot a_{kj},$$

pois $e_{kk} = \alpha$ e $e_{kj} = 0$ se $k \neq j$. Assim, a linha k da matriz P corresponde à linha k da matriz A, multiplicada pela constante $\alpha \neq 0$.

3. *A matriz E representa a operação elementar de substituir a linha k por ela mesma mais a linha ℓ multiplicada por $\alpha \neq 0$.*

Neste caso, as linhas da matriz E, exceto a linha k, são as linhas correspondentes de I_m, i.e., $\forall i \neq k$, $i \in \{1, 2, ..., m\}$, tem-se:

$$e_{ii} = 1 \quad \text{e} \quad e_{ij} = 0, \quad \text{se} \quad i \neq j,$$

e

$$e_{k\ell} = \alpha;\ e_{kk} = 1 \quad \text{e} \quad e_{kj} = 0, \quad \text{para } j \neq k \text{ e } j \neq \ell.$$

Vamos mostrar que $P = EA$ corresponde à matriz A com sua linha k possuindo seus próprios elementos adicionados por α vezes os elementos correspondentes da linha ℓ.

Os elementos p_{ij} da matriz P, com $i \neq k$ (i.e., todos os elementos de P, exceto os elementos da linha k), serão da forma

$$p_{ij} = \sum_{t=1}^{m} e_{it} \cdot a_{tj} = e_{ii} \cdot a_{ij} = a_{ij},$$

pois $e_{ii=1}$ e $e_{it} = 0$, se $t \neq i$.

Portanto, linhas distintas da linha k em P serão iguais às linhas correspondentes da matriz A. Já os elementos da linha k da matriz P serão da forma:

$$p_{kj} = \sum_{t=1}^{m} e_{kt} \cdot a_{tj} = e_{kk} \cdot a_{kj} + e_{k\ell} \cdot a_{\ell j} = a_{kj} + \alpha \cdot a_{\ell j},$$

pois $e_{kk} = 1$, $e_{k\ell} = \alpha$ e os demais aditivos do somatório acima se anulam.

Portanto, a linha k da matriz $P = EA$ corresponde à linha k da matriz A, adicionada com a linha ℓ multiplicada por $\alpha \neq 0$.

Isso conclui a prova da Proposição.

□

Esta Proposição não será usada na prática; será apenas uma ferramenta para fins teóricos. Isto porque podemos, na prática, efetuar as operações elementares sobre linhas diretamente na matriz desejada, sem precisar recorrer a produtos de matrizes elementares.

Por exemplo, dada a matriz

$$A = \begin{pmatrix} 1 & 2 & -1 \\ 3 & 4 & 2 \\ -1 & 0 & -3 \end{pmatrix},$$

e considere a matriz elementar

$$E = \begin{pmatrix} 1 & 0 & 0 \\ 4 & 1 & 0 \\ 0 & 0 & 1 \end{pmatrix},$$

que provém da matriz identidade I_3 a partir da operação elementar $\ell_2 \hookrightarrow \ell_2 + 4\ell_1$.

Então, por um lado tem-se que

$$EA = \begin{pmatrix} 1 & 0 & 0 \\ 4 & 1 & 0 \\ 0 & 0 & 1 \end{pmatrix} \begin{pmatrix} 1 & 2 & -1 \\ 3 & 4 & 2 \\ -1 & 0 & -3 \end{pmatrix} = \begin{pmatrix} 1 & 2 & -1 \\ 7 & 12 & -2 \\ -1 & 0 & -3 \end{pmatrix},$$

e, por outro lado, se tomarmos diretamente a matriz A e efetuarmos a operação elementar $\ell_2 \hookrightarrow \ell_2 + 4\ell_1$ que produziu a matriz elementar E a partir de I_3, vamos obter

$$A = \begin{pmatrix} 1 & 2 & -1 \\ 3 & 4 & 2 \\ -1 & 0 & -3 \end{pmatrix} \xrightarrow{\ell_2 \hookrightarrow \ell_2 + 4\ell_1} \begin{pmatrix} 1 & 2 & -1 \\ 7 & 12 & -2 \\ -1 & 0 & -3 \end{pmatrix},$$

o mesmo resultado acima obtido.

Operações elementares inversas. Observe que ao efetuar uma operação elementar sobre linhas em uma matriz identidade I, determinando assim uma matriz elementar E, podemos aplicar em cima de E uma operação elementar "inversa" à anterior a fim de recuperar a matriz identidade. Por exemplo, se temos I_3 e multiplicamos a linha 3 por 5, vamos obter a matriz elementar

$$E = \begin{pmatrix} 1 & 0 & 0 \\ 0 & 1 & 0 \\ 0 & 0 & 5 \end{pmatrix}.$$

Agora, se multiplicarmos a linha 3 de tal matriz por $\frac{1}{5}$, vamos recuperar I_3.

Em geral, para cada operação elementar sobre linhas existe uma operação elementar inversa, conforme a tabela:

Op. sobre linhas de I que produzem E	Op. sobre linhas de E que produzem I
$\ell_i \hookrightarrow k \cdot \ell_i$	$\ell_i \hookrightarrow \frac{1}{k} \cdot \ell_i$
$\ell_i \leftrightarrow \ell_j$	$\ell_i \leftrightarrow \ell_j$
$\ell_i \hookrightarrow \ell_i + k \cdot \ell_j$	$\ell_i \hookrightarrow \ell_i - k \cdot \ell_j$

Proposição 1.31 *Uma matriz elementar é invertível e a sua inversa é uma matriz elementar.*

Demonstração. Seja E uma matriz elementar, que é obtida por uma única operação elementar sobre linhas em I. Seja E_0 a matriz elementar obtida de I ao se aplicar a operação elementar inversa àquela que produziu E. Pela Proposição 1.30, e observando que operações elementares inversas se cancelam entre si, determinamos que

$$E_0 \cdot E = I \quad \text{e} \quad E \cdot E_0 = I,$$

o que mostra que a matriz elementar E é invertível e, além disso, que sua inversa também é uma matriz elementar.

□

Teorema 1.32 *Seja A_n uma matriz quadrada. São equivalentes as afirmações:*

(a) *A forma escalonada reduzida por linhas de A_n é I_n.*

(b) *A_n pode ser expressa como o produto de matrizes elementares.*

(c) *A_n é invertível.*

Demonstração.
(a) $\Rightarrow$ (b): Suponha que a forma escalonada reduzida por linhas de A_n seja I_n. Logo, segue que existe uma sequência de operações elementares sobre linhas que reduz A a I_n. Pela Proposição 1.30 segue que cada operação elementar sobre linhas pode ser efetuada multiplicando-se à esquerda da matriz A uma matriz elementar. Dessa forma, temos que existem $E_1, E_2, ..., E_k$ matrizes elementares tais que

$$E_k \cdot ... \cdot E_2 \cdot E_1 \cdot A = I_n.$$

Como pela Proposição 1.31 cada uma das matrizes elementares é invertível, denotando por E_j^{-1} a inversa de cada E_j, $j = 1, 2, ..., k$, multiplicando a igualdade acima, à esquerda, sucessivamente por $E_k{-}1$, E_{k-1}^{-1}, ..., E_2^{-1}, E_1^{-1}, obtemos

$$(E_1^{-1} \cdot E_2{-}1 \cdot ... \cdot E_k^{-1})(E_k \cdot ... \cdot E_2 \cdot E_1 \cdot A) = (E_1^{-1} \cdot E_2{-}1 \cdot ... \cdot E_k^{-1})I_n,$$

e, associando dois a dois adequadamente, obtemos

$$A = E_1^{-1} \cdot E_2{-}1 \cdot ... \cdot E_k^{-1},$$

e, como pela mesma Proposição 1.31 as matrizes da direita são todas matrizes elementares, segue que A é expressa como um produto de matrizes elementares, ou seja, vale (b).

(b) $\Rightarrow$ (c): Suponha que A_n pode ser expressa como o produto de matrizes elementares. Dessa forma, seja

$$A = E_1 \cdot E_2 \cdot ... \cdot E_k,$$

onde E_j é matriz elementar, para todo $j \in \{1, 2, ..., k\}$. Como toda matriz elementar é invertível (Proposição 1.31), e o produto de matrizes invertíveis é invertível, segue que A é invertível, provando (c).

(c) $\Rightarrow$ (a): Suponha A invertível. Seja M a matriz na forma escalonada reduzida por linhas de A. Precisamos mostrar que $M = I$. Sejam E_1,..., E_k matrizes elementares tais que

$$E_k \cdot ... \cdot E_2 \cdot E_1 \cdot A = M.$$

Como A e todos E_j's são invertíveis, segue que M, o seu produto, também é invertível.

Como M também é a forma escalonada reduzida por linhas e é uma matriz quadrada, M não pode ter uma linha nula, por ser invertível. Logo, somos obrigados a concluir que $M = I_n$. Logo, vale (a).

□

Definição 1.33 Dizemos que duas matrizes A e B são *equivalentes*, e escrevemos $A \sim B$, se existir uma sequência de operações elementares que reduz A a B.

Como cada operação elementar sobre linhas está associada a uma matriz elementar, pela Proposição 1.30 segue que

$$A \sim B \Leftrightarrow \exists \text{ matrizes elementares } E_1, ..., E_k \text{ tais que } B = E_k \cdot ... \cdot E_1 \cdot A.$$

Assim, conforme o Teorema 1.32, dizemos que uma matriz A é invertível se, e somente se, $A \sim I$.

De posse da Definição 1.33 e do Teorema 1.32, escrevemos

Teorema 1.34 *Sejam A e B duas matrizes quadradas de mesmo tamanho. São equivalentes:*

(a) $A \sim B$.

(b) *Existe uma matriz U invertível tal que $B = U \cdot A$.*

(c) *Existe uma matriz V invertível tal que $A = V \cdot B$.*

1.2.4 Algoritmo para inversão de matrizes

O Teorema 1.32 discutido na seção anterior, bem como os demais resultados, nos fornece um método eficaz para obtermos a inversa de uma matriz quadrada A, quando esta existir.

De fato, suponha que $A \sim I$. Então existe uma sequência finita de matrizes elementares E_1, E_2,..., E_k tal que

$$E_k \cdot ... \cdot E_2 \cdot E_1 \cdot A = I. \tag{1.8}$$

Como cada matriz elementar E_j possui inversa E_j^{-1}, que também é elementar, segue da igualdade acima que

$$A = E_1^{-1} \cdot E_2^{-1} \cdot ... \cdot E_k^{-1}.$$

Como $A \sim I$, i.e., A é invertível, tomando a inversa da igualdade acima, obtemos

$$A^{-1} = (E_1^{-1} \cdot E_2^{-1} \cdot ... \cdot E_k^{-1})^{-1} = (E_k^{-1})^{-1} \cdot ... \cdot (E_2^{-1})^{-1} \cdot (E_1^{-1})^{-1} = E_k \cdot ... \cdot E_2 \cdot E_1 \cdot I,$$

ou seja,

$$A^{-1} = E_k \cdot ... \cdot E_2 \cdot E_1 \cdot I. \tag{1.9}$$

Observando (1.8) e (1.9) notamos que, ao efetuar uma sequência de operações elementares sobre linhas em A para reduzi-la a I, segue que efetuando a mesma sequência de operações elementares sobre linhas em I, na mesma ordem, obteremos A^{-1}. Ou seja, provamos o seguinte algoritmo de obtenção da inversa de uma matriz quadrada A:

Teorema 1.35 *(Algoritmo para obtenção de inversa) Dada uma matriz quadrada A. Se efetuarmos uma sequência de operações elementares sobre linhas que reduza A à matriz identidade I, então essa mesma sequência de operações elementares sobre linhas, na mesma ordem, reduz I a A^{-1}.*

Na prática, para determinar A^{-1}, costuma-se escrever uma matriz aumentada $(A|I)$, formada por dois grandes "blocos" A e I, e com isso, quando efetuarmos operações elementares sobre linhas para reduzir o primeiro bloco A em I, automaticamente o segundo bloco I será transformado em A^{-1}, ou seja, simbolicamente, temos

$$(A|I) \underbrace{------\rightarrow}_{E_k \cdot ... \cdot E_2 \cdot E_1} (I|A^{-1})$$

Para ilustrar esse algoritmo, vejamos um exemplo prático:

Exemplo 1.36 Obtenha a inversa da matriz

$$A = \begin{pmatrix} 2 & 0 & 1 \\ 1 & -1 & 2 \\ 0 & 2 & 0 \end{pmatrix},$$

se existir.

Solução. A matriz aumentada é dada por

$$(A \mid I) = \begin{pmatrix} 2 & 0 & 1 & 1 & 0 & 0 \\ 1 & -1 & 2 & 0 & 1 & 0 \\ 0 & 2 & 0 & 0 & 0 & 1 \end{pmatrix}$$

Efetuaremos operações elementares sobre linhas nessa matriz até conseguirmos obter I no primeiro bloco, daí teremos A^{-1} no segundo bloco. Assim,

$$\begin{pmatrix} 2 & 0 & 1 & 1 & 0 & 0 \\ 1 & -1 & 2 & 0 & 1 & 0 \\ 0 & 2 & 0 & 0 & 0 & 1 \end{pmatrix} \xrightarrow{\ell_1 \leftrightarrow \ell_2} \begin{pmatrix} 1 & -1 & 2 & 0 & 1 & 0 \\ 2 & 0 & 1 & 1 & 0 & 0 \\ 0 & 2 & 0 & 0 & 0 & 1 \end{pmatrix} \xrightarrow{\ell_2 \hookrightarrow \ell_2 - 2\ell_1}$$

$$\begin{pmatrix} 1 & -1 & 2 & 0 & 1 & 0 \\ 0 & 2 & -3 & 1 & -2 & 0 \\ 0 & 2 & 0 & 0 & 0 & 1 \end{pmatrix} \xrightarrow{\ell_3 \leftrightarrow \ell_2} \begin{pmatrix} 1 & -1 & 2 & 0 & 1 & 0 \\ 0 & 2 & 0 & 0 & 0 & 1 \\ 0 & 2 & -3 & 1 & -2 & 0 \end{pmatrix} \xrightarrow{\ell_2 \hookrightarrow \frac{1}{2}\ell_2}$$

$$\begin{pmatrix} 1 & -1 & 2 & 0 & 1 & 0 \\ 0 & 1 & 0 & 0 & 0 & \frac{1}{2} \\ 0 & 2 & -3 & 1 & -2 & 0 \end{pmatrix} \xrightarrow{\ell_3 \hookrightarrow \ell_3 - 2\ell_2} \begin{pmatrix} 1 & -1 & 2 & 0 & 1 & 0 \\ 0 & 1 & 0 & 0 & 0 & \frac{1}{2} \\ 0 & 0 & -3 & 1 & -2 & -1 \end{pmatrix} \xrightarrow{\ell_3 \hookrightarrow -\frac{1}{3}\ell_3}$$

$$\begin{pmatrix} 1 & -1 & 2 & 0 & 1 & 0 \\ 0 & 1 & 0 & 0 & 0 & \frac{1}{2} \\ 0 & 0 & 1 & -\frac{1}{3} & \frac{2}{3} & \frac{1}{3} \end{pmatrix} \xrightarrow{\ell_1 \hookrightarrow \ell_1 + \ell_2} \begin{pmatrix} 1 & 0 & 2 & 0 & 1 & \frac{1}{2} \\ 0 & 1 & 0 & 0 & 0 & \frac{1}{2} \\ 0 & 0 & 1 & -\frac{1}{3} & \frac{2}{3} & \frac{1}{3} \end{pmatrix} \xrightarrow{\ell_1 \hookrightarrow \ell_1 - 2\ell_3}$$

$$\begin{pmatrix} 1 & 0 & 1 & \frac{2}{3} & -\frac{1}{3} & -\frac{1}{6} \\ 0 & 1 & 0 & 0 & 0 & \frac{1}{2} \\ 0 & 0 & 1 & -\frac{1}{3} & \frac{2}{3} & \frac{1}{3} \end{pmatrix}$$

logo, concluímos que

$$A^{-1} = \begin{pmatrix} \frac{2}{3} & -\frac{1}{3} & -\frac{1}{6} \\ 0 & 0 & \frac{1}{2} \\ -\frac{1}{3} & \frac{2}{3} & \frac{1}{3} \end{pmatrix}.$$

Como um exercício, o leitor pode verificar que

$$A \cdot A^{-1} = I_3 \;\text{ e }\; A^{-1} \cdot A = I_3.$$

Observação 1.37 Se durante o processo acima, no primeiro bloco, onde a matriz A deve ser transformada em I_3, alguma linha se tornasse nula, isso indicaria que a forma escalonada reduzida por linhas de A não é a identidade, ou seja, que A não seria invertível. Por exemplo, na tentativa de encontrar uma inversa para

$$B = \begin{pmatrix} 2 & 2 & 1 \\ 1 & 0 & 3 \\ 3 & 2 & 4 \end{pmatrix},$$

veremos que em uma linha do bloco onde deve aparecer I_3 obteremos uma linha nula, o que indica que B não é invertível.

Exercícios

1. *Seja A uma matriz 3×3. Encontre uma matriz B para a qual BA é a matriz que resulta de A permutando as duas primeiras linhas e depois multiplicando a terceira linha por seis.

2. Considere a matriz $A = \begin{pmatrix} 1 & 0 \\ -5 & 2 \end{pmatrix}$

   (a) Encontre matrizes elementares E_1 e E_2 tais que $E_2E_1A = I$.

   (b) Escreva A^{-1} como um produto de matrizes elementares.

3. Sejam e_1, e_2 e e_3, respectivamente, as operações sobre linhas: *"Trocar as linhas ℓ_1 e ℓ_2"; "Substituir ℓ_3 por $7\ell_3$"*; e *"Substituir ℓ_2 por $-3\ell_1 + \ell_2$".*
   Determine as matrizes quadradas elementares de ordem 3 correspondentes E_1, E_2 e E_3.

4. Reduza cada uma das matrizes abaixo à forma canônica escalonada reduzida por linhas.

   (a) $A = \begin{pmatrix} 2 & 2 & -1 & 6 & 4 \\ 4 & 4 & 1 & 10 & 13 \\ 8 & 8 & -1 & 26 & 19 \end{pmatrix}$ (b) $B = \begin{pmatrix} 5 & -9 & 6 \\ 0 & 2 & 3 \\ 0 & 0 & 7 \end{pmatrix}$

5. *Mostre que se $A = \begin{pmatrix} 1 & 0 & 0 \\ 0 & 1 & 0 \\ a & b & 1 \end{pmatrix}$ é uma matriz elementar, então $ab = 0$.

6. *Sejam A, B e C matrizes $n \times n$ tais que $A = BC$. Prove que, se B é invertível, então qualquer sequência de operações elementares sobre as linhas que reduz B a I_n também reduz A a C.

7. Utilizando-se do algoritmo para obter inversas de matrizes, encontre a inversa A^{-1} de A em cada caso, se A for invertível.

   (a) $A = \begin{pmatrix} 3 & 4 & 1 \\ 2 & -7 & -1 \\ 8 & 1 & 5 \end{pmatrix}$ (b) $A = \begin{pmatrix} 3 & 4 & -1 \\ 1 & 0 & 3 \\ 2 & 5 & 4 \end{pmatrix}$

   (c) $A = \begin{pmatrix} 1 & 2 & 3 \\ 0 & 2 & 3 \\ 0 & 0 & 3 \end{pmatrix}$ (d) $A = \begin{pmatrix} -1 & 3 & -4 \\ 2 & 4 & 1 \\ -4 & 2 & 9 \end{pmatrix}$

8. *Em que condições a matriz diagonal $A = \begin{pmatrix} a_1 & 0 & ... & 0 \\ 0 & a_2 & ... & 0 \\ ... & ... & ... & ... \\ 0 & 0 & ... & a_n \end{pmatrix}$ é invertível e qual é sua inversa?

9. *Considere o sistema linear a seguir:

$$\begin{cases} x + y + z = 6 \\ x - y + 2z = 2 \\ 2x + y - z = 3 \end{cases}$$

   (a) Resolva-o aplicando operações elementares sobre linhas.

   (b) Reescrevendo o sistema acima na notação matricial $Ax = b$, podemos encontrar o valor da matriz-solução x, multiplicando a igualdade acima à esquerda por A^{-1}, se esta inversa existir. Encontre A^{-1} e obtenha o valor de x dessa forma. Compare sua resposta com a obtida no item anterior.

Capítulo 2

Determinantes

Neste capítulo vamos definir o importante conceito de determinante de uma matriz quadrada, que será muito útil para estabelecer um outro critério para analisar se uma dada matriz quadrada é invertível ou não. O estudo de determinantes também é importante para resolver sistemas lineares, além de outras aplicações que são estudadas num curso de Cálculo.

2.1 Conceito

Dada uma matriz quadrada A, vamos associá-la a um número real, o qual chamaremos de *determinante* da matriz.

Para motivar esse novo conceito, o qual servirá para nos dizer se tal matriz é invertível ou não, vamos considerar vários casos, do mais simples ao mais geral.

Caso 1. *Quando A tem tamanho* 1×1. Nesse caso, uma matriz $A = (a_{11})$ é formada apenas por um elemento, ou seja, é apenas um número real. Como um número real possui um inverso multiplicativo se ele for diferente de zero, essa matriz A será inversível se, e somente se, $a_{11} \neq 0$, ou seja, existirá uma matriz $A^{-1} = (\frac{1}{a_{11}})$ tal que

$$A \cdot A^{-1} = A^{-1} \cdot A = I = (1).$$

Dessa forma, podemos definir o determinante de A, denotado por $\det A$, pondo

$$\det A = a_{11},$$

e nesse caso temos que a matriz A será invertível se, e somente se, $\det A \neq 0$.

Vamos mostrar que essa propriedade também valerá para matrizes $n \times n$.

Caso 2. *Quando A tem tamanho* 2×2. Nesse caso, a forma geral da matriz A é

$$A = \begin{pmatrix} a_{11} & a_{12} \\ a_{21} & a_{22} \end{pmatrix}.$$

Pelo estudo do capítulo anterior, temos que A será invertível se, e somente se, ela for equivalente à matriz identidade I_2, ou seja, se, e só se, a forma escalonada reduzida por linhas de A resultar em I_2. Isso posto, para que A seja invertível devemos impor que $a_{11} \neq 0$ ou $a_{21} \neq 0$. Vamos supor que $a_{11} \neq 0$.

Dessa forma, como estamos supondo $a_{11} \neq 0$, podemos efetuar a seguinte operação elementar sobre linhas em A: (se $a_{11} = 0$ então teríamos $a_{21} \neq 0$ e então trocaríamos as linhas)

$$\begin{pmatrix} a_{11} & a_{12} \\ a_{21} & a_{22} \end{pmatrix} \xrightarrow{\ell_2 \hookrightarrow \ell_2 - \frac{a_{21}}{a_{11}}\ell_1} \begin{pmatrix} a_{11} & a_{12} \\ 0 & a_{22} - \frac{a_{21}}{a_{11}} \cdot a_{12} \end{pmatrix} = \begin{pmatrix} a_{11} & a_{12} \\ 0 & \frac{a_{11} \cdot a_{22} - a_{21} \cdot a_{12}}{a_{11}} \end{pmatrix},$$

e disso temos que, para a matriz A ser equivalente à matriz identidade I_2, obrigatoriamente devemos impor que

$$a_{11} \cdot a_{22} - a_{21} \cdot a_{12} \neq 0.$$

Assim, definimos o determinante da matriz $A_{2\times 2}$ por

$$\det A = a_{11} \cdot a_{22} - a_{21} \cdot a_{12}.$$

Uma maneira simbólica de representar o determinante de uma matriz

$$A = \begin{pmatrix} a_{11} & a_{12} \\ a_{21} & a_{22} \end{pmatrix},$$

de ordem 2, é escrever

$$\det A = \begin{vmatrix} a_{11} & a_{12} \\ a_{21} & a_{22} \end{vmatrix} = a_{11} \cdot a_{22} - a_{21} \cdot a_{12}.$$

Dessa forma, uma matriz $A_{2\times 2}$ será invertível se, e somente se, for equivalente à I_2 , o que é equivalente a dizer que $\det A \neq 0$.

Caso 3. *Quando A tem tamanho* 3×3. Novamente, A será invertível se, e somente se, $A \sim I_3$, onde

$$A = \begin{pmatrix} a_{11} & a_{12} & a_{13} \\ a_{21} & a_{22} & a_{23} \\ a_{31} & a_{32} & a_{33} \end{pmatrix}.$$

Vamos considerar que $a_{11} \neq 0$ (se for igual a zero trocamos por uma linha onde o primeiro elemento seja diferente de zero), assim, efetuando as operações elementares sobre linhas

$$\ell_2 \hookrightarrow \ell_2 - \frac{a_{21}}{a_{11}} \cdot \ell_1 \ \text{ e } \ \ell_3 \hookrightarrow \ell_3 - \frac{a_{31}}{a_{11}} \cdot \ell_1,$$

vamos obter de A a matriz

$$\begin{pmatrix} a_{11} & a_{12} & a_{13} \\ 0 & \frac{a_{11}\cdot a_{22} - a_{21}\cdot a_{12}}{a_{11}} & \frac{a_{11}\cdot a_{23} - a_{21}\cdot a_{13}}{a_{11}} \\ 0 & \frac{a_{11}\cdot a_{32} - a_{31}\cdot a_{12}}{a_{11}} & \frac{a_{11}\cdot a_{33} - a_{31}\cdot a_{13}}{a_{11}} \end{pmatrix}$$

Observe que A será invertível se, e somente se, nenhuma das linhas da matriz acima for nula, ou seja, se, e só se,

$$a_{11} \cdot \begin{vmatrix} \frac{a_{11}\cdot a_{22} - a_{21}\cdot a_{12}}{a_{11}} & \frac{a_{11}\cdot a_{23} - a_{21}\cdot a_{13}}{a_{11}} \\ \frac{a_{11}\cdot a_{32} - a_{31}\cdot a_{12}}{a_{11}} & \frac{a_{11}\cdot a_{33} - a_{31}\cdot a_{13}}{a_{11}} \end{vmatrix} \neq 0,$$

ou seja, se, e só se,

$$(a_{22} \cdot a_{11} - a_{21} \cdot a_{12})(a_{11} \cdot a_{33} - a_{31} \cdot a_{13}) -$$
$$- (a_{11} \cdot a_{23} - a_{21} \cdot a_{13})(a_{11} \cdot a_{32} - a_{31} \cdot a_{12}) \neq 0,$$

que equivale a

$$a_{11}^2 \cdot a_{22} \cdot a_{33} - a_{11} \cdot a_{13} \cdot a_{22} \cdot a_{31} - a_{11} \cdot a_{12} \cdot a_{21} \cdot a_{33} + a_{12} \cdot a_{13} \cdot a_{21} \cdot a_{31} -$$
$$-a_{11}^2 \cdot a_{23} \cdot a_{32} + a_{11} \cdot a_{12} \cdot a_{23} \cdot a_{31} + a_{11} \cdot a_{13} \cdot a_{21} \cdot a_{32} - a_{12} \cdot a_{13} \cdot a_{21} \cdot a_{31} \neq 0,$$

isto é,

$$a_{11}\,(a_{11} \cdot a_{22} \cdot a_{33} - a_{13} \cdot a_{22} \cdot a_{31} - a_{12} \cdot a_{21} \cdot a_{33} - a_{11} \cdot a_{23} \cdot a_{32} +$$
$$+ a_{12} \cdot a_{23} \cdot a_{31} + a_{13} \cdot a_{21} \cdot a_{32}) \neq 0,$$

e, como $a_{11} \neq 0$, segue do produto acima que

$$a_{11} \cdot a_{22} \cdot a_{33} - a_{13} \cdot a_{22} \cdot a_{31} - a_{12} \cdot a_{21} \cdot a_{33} - a_{11} \cdot a_{23} \cdot a_{32} + a_{12} \cdot a_{23} \cdot a_{31} + a_{13} \cdot a_{21} \cdot a_{32} \neq 0.$$

Dessa maneira, para uma matriz $A_{3\times 3}$, definimos

$$\det A = a_{11} \cdot a_{22} \cdot a_{33} + a_{12} \cdot a_{23} \cdot a_{31} + a_{13} \cdot a_{21} \cdot a_{32} - a_{13} \cdot a_{22} \cdot a_{31} - a_{12} \cdot a_{21} \cdot a_{33} - a_{11} \cdot a_{23} \cdot a_{32},$$

e temos que A será invertível se, e somente se, $\det A \neq 0$. Uma maneira simbólica de denotar o determinante de $A_{3\times 3}$ é escrever

$$\det A = \begin{vmatrix} a_{11} & a_{12} & a_{13} \\ a_{21} & a_{22} & a_{23} \\ a_{31} & a_{32} & a_{33} \end{vmatrix} \tag{2.1}$$

Assim, para facilitar o cálculo de $\det A$, onde $A = (a_{ij})_{3\times 3}$, costuma-se repetir as duas primeiras colunas de (2.1), obtendo

$$\left|\begin{array}{ccc|cc} a_{11} & a_{12} & a_{13} & a_{11} & a_{12} \\ a_{21} & a_{22} & a_{23} & a_{21} & a_{22} \\ a_{31} & a_{32} & a_{33} & a_{31} & a_{32} \end{array}\right.$$

Considere inicialmente três diagonais: a diagonal principal formada pelos elementos a_{11}, a_{22} e a_{33}, e as outras duas paralelas a ela – uma formada pelos elementos a_{12}, a_{23} e a_{31}, e a outra formada pelos elementos a_{13}, a_{21} e a_{32}. Multiplicando os elementos de cada uma dessas diagonais entre si e somando tais produtos obteremos os três primeiros aditivos da expressão obtida para o cálculo de $\det A$. Tomando agora a diagonal secundária formada pelos elementos a_{13}, a_{22} e a_{31}, mais as outras duas paralelas a ela, multiplicando entre si os elementos de cada diagonal, trocando seus sinais e somando com os três primeiros aditivos, obtemos a expressão para $\det A$.

O procedimento acima descrito é uma regra simbólica para lembrarmos do cálculo do determinante de uma matriz 3×3, e é amplamente usado a partir do Ensino Médio.

Caso geral. Para poder encontrar um caso geral para definir o determinante de uma matriz $A_{n\times n}$, vamos retomar os casos anteriores e fazer algumas considerações. Seja $A_{2\times 2}$ dada por

$$A = \begin{pmatrix} a_{11} & a_{12} \\ a_{21} & a_{22} \end{pmatrix}.$$

Neste caso, podemos definir matrizes menores M_{11} e M_{12} por

$$M_{11} = (a_{22}) \quad \text{e} \quad M_{12} = (a_{21}),$$

onde M_{11} denota a matriz que se obtém de A eliminando-se a linha 1 e a coluna 1 de A e M_{12} é a matriz que se obtém de A eliminando-se a primeira linha e a segunda coluna.

Dessa forma, o determinante de A pode ser escrito como

$$\det A = \begin{vmatrix} a_{11} & a_{12} \\ a_{21} & a_{22} \end{vmatrix} = a_{11} \cdot a_{22} - a_{12} \cdot a_{21} = a_{11} \cdot \det M_{11} - a_{12} \cdot \det M_{12}.$$

Já no caso de uma matriz

$$A_{3\times 3} = \begin{pmatrix} a_{11} & a_{12} & a_{13} \\ a_{21} & a_{22} & a_{23} \\ a_{31} & a_{32} & a_{33} \end{pmatrix},$$

vamos definir

$$M_{11} = \begin{pmatrix} a_{22} & a_{23} \\ a_{32} & a_{33} \end{pmatrix}, \; M_{12} = \begin{pmatrix} a_{21} & a_{23} \\ a_{31} & a_{33} \end{pmatrix} \; \text{e} \; M_{13} = \begin{pmatrix} a_{21} & a_{22} \\ a_{31} & a_{32} \end{pmatrix},$$

onde

$$\det M_{11} = a_{22} \cdot a_{33} - a_{23} \cdot a_{32}, \quad \det M_{12} = a_{21} \cdot a_{33} - a_{23} \cdot a_{31} \; \text{ e}$$

$$\det M_{13} = a_{21} \cdot a_{32} - a_{22} \cdot a_{31}.$$

Assim,

$$\det A = a_{11}{\cdot}a_{22}{\cdot}a_{33} + a_{12}{\cdot}a_{23}{\cdot}a_{31} + a_{13}{\cdot}a_{21}{\cdot}a_{32} - a_{13}{\cdot}a_{22}{\cdot}a_{31} - a_{12}{\cdot}a_{21}{\cdot}a_{33} - a_{11}{\cdot}a_{23}{\cdot}a_{32}$$

$$= a_{11}(a_{22} \cdot a_{33} - a_{23} \cdot a_{32}) - a_{12}(a_{21} \cdot a_{33} - a_{23} \cdot a_{31}) + a_{13}(a_{21} \cdot a_{32} - a_{22} \cdot a_{31}) =$$

$$= a_{11} \cdot \det M_{11} - a_{12} \cdot \det M_{12} + a_{13} \cdot \det M_{13},$$

ou seja, um determinante de uma matriz de ordem 3 pode ser reduzido a uma combinação de três determinantes de ordem 2. Isso motiva o seguinte conceito:

Definição 2.1 Seja $A = (a_{ij})_{n\times n}$ uma matriz e M_{ij} uma matriz $(n-1) \times (n-1)$ obtida de A eliminando-se a linha i e a coluna j de A que contém o elemento a_{ij}. O determinante $\det M_{ij}$ é chamado de *menor* de a_{ij}. Definimos também o *cofator* A_{ij} de a_{ij} por

$$A_{ij} = (-1)^{i+j} \cdot \det M_{ij}.$$

Com essa definição, podemos finalmente generalizar a definição de determinante para uma matriz $n \times n$ na seguinte:

Definição 2.2 Dada uma matriz $A_{n\times n}$, definimos o *determinante* de A ao número real

$$\det A = \begin{cases} a_{11} & \text{se } n = 1 \\ a_{11}\cdot A_{11} + a_{12}\cdot A_{12} + ... + A_{1n}\cdot A_{1n} & \text{se } n > 1, \end{cases}$$

onde

$$A_{1j} = (-1)^{1+j}\cdot \det(M_{1j}),\ j = 1, 2, ..., n.$$

Vejamos um exemplo de cálculo de determinante. Considere a matriz

$$A = \begin{pmatrix} 1 & 2 & -1 \\ 1 & 3 & 2 \\ 2 & 1 & 3 \end{pmatrix}.$$

Vamos calcular o seu determinante de duas formas: usando o conceito de $\det A$ para matriz 3×3 e usando a definição geral com cofatores A_{1j}. Assim, usando direto a regra para cálculo de determinante de uma matriz 3×3, obtemos

$$\det A = 1\cdot 3\cdot 3 + 2\cdot 2\cdot 2 + (-1)\cdot 1\cdot 1 - (-1)\cdot 3\cdot 2 - 2\cdot 1\cdot 1 - 2\cdot 1\cdot 3 =$$
$$= 9 + 8 - 1 + 6 - 2 - 6 = 14.$$

E, usando a definição geral envolvendo cofatores, obtemos

$$\det A = 1\cdot A_{11} + 2\cdot A_{12} - 1\cdot A_{13} =$$
$$= 1\cdot(-1)^{1+1}\begin{vmatrix} 3 & 2 \\ 1 & 3 \end{vmatrix} + 2\cdot(-1)^{1+2}\begin{vmatrix} 1 & 2 \\ 2 & 3 \end{vmatrix} - 1\cdot(-1)^{1+3}\begin{vmatrix} 1 & 3 \\ 2 & 1 \end{vmatrix} =$$
$$= 1\cdot(3\cdot 3 - 2\cdot 1) - 2(1\cdot 3 - 2\cdot 2) - 1(1\cdot 1 - 3\cdot 2) = 9 - 2 + 2 + 5 = 14,$$

o mesmo resultado obtido na primeira forma de cálculo.

Observe que, neste exemplo, o cálculo do determinante de uma matriz de ordem 3, usando a definição geral, é mais trabalhoso do que o cálculo direto pela regra para cálculo de determinante de uma matriz 3×3. No entanto, essa regra passa a ser útil quando temos uma matriz quadrada maior, como 4×4, 5×5 etc., pois nesses casos não temos uma regra mais prática para o cálculo a não ser a definição geral.

Observação 2.3 Na definição acima de determinante de uma matriz quadrada usamos a primeira linha para efetuar a expansão dos menores. No entanto, poderíamos usar outra linha ou até mesmo uma coluna para efetuar o cálculo do determinante. Como ilustração, vamos calcular o determinante da matriz $A = \begin{pmatrix} 1 & 2 & -1 \\ 1 & 3 & 2 \\ 2 & 1 & 3 \end{pmatrix}$ dada como exemplo acima, expandindo os menores pela segunda coluna de A, e veremos que o determinante resultará também em 14:

$$\det A = 2 \cdot A_{12} + 3 \cdot A_{22} + 1 \cdot A_{32} =$$

$$= 2 \cdot (-1)^{1+2} \begin{vmatrix} 1 & 2 \\ 2 & 3 \end{vmatrix} + 3 \cdot (-1)^{2+2} \begin{vmatrix} 1 & -1 \\ 2 & 3 \end{vmatrix} + 1 \cdot (-1)^{2+3} \begin{vmatrix} 1 & -1 \\ 1 & 2 \end{vmatrix} =$$

$$= -2(1 \cdot 3 - 2 \cdot 2) + 3(1 \cdot 3 - (-1) \cdot 2) - 1(1 \cdot 2 - (-1) \cdot 1) = 2 + 15 - 3 = 14.$$

Exercícios

1. *Calcule os seguintes determinantes:

(a) $\begin{vmatrix} 2 & -1 \\ 3 & 5 \end{vmatrix}$ (b) $\begin{vmatrix} 3 & -1 & 2 \\ 4 & -2 & -3 \\ 0 & 1 & 6 \end{vmatrix}$ (c) $\begin{vmatrix} 1 & -1 & 2 & -2 \\ -3 & 2 & -3 & 1 \\ 0 & 1 & 6 & 0 \\ 2 & 1 & 2 & -1 \end{vmatrix}$

2. *Mostre que

$$\begin{vmatrix} 1 & x & x^2 \\ 1 & y & y^2 \\ 1 & z & z^2 \end{vmatrix} = (y - x)(z - x)(z - y).$$

3. Resolva as equações:

(a) $\begin{vmatrix} 1 & 2 & 3 \\ 3 & 6 & -4 \\ 2 & x & -6 \end{vmatrix} = 0$ (b) $\begin{vmatrix} 2 & x & 1 \\ x & 9 & x \\ 0 & x & 1 \end{vmatrix} = 0$

2.2 Propriedades dos determinantes

Nesta seção vamos apresentar as principais propriedades dos determinantes. A base da prova dessas propriedades consiste em um princípio fundamental da Matemática, conhecido por *Princípio da Indução Matemática*, apresentado no Anexo B, no final do livro.

Proposição 2.4 *Seja A uma matriz quadrada. Então*

$$\det(A^T) = \det(A).$$

Demonstração. Faremos a prova por indução sobre a ordem da matriz. Começamos com a base da indução $n = 2$:

(i) Quando $n = 2$, seja $A = \begin{pmatrix} a_{11} & a_{12} \\ a_{21} & a_{22} \end{pmatrix}$, então temos que

$$\det A = a_{11} \cdot a_{22} - a_{12} \cdot a_{21}.$$

Por outro lado, temos que $A^T = \begin{pmatrix} a_{11} & a_{21} \\ a_{12} & a_{22} \end{pmatrix}$, e disso segue que

$$\det A^T = a_{11} \cdot a_{22} - a_{12} \cdot a_{21} = \det A,$$

logo, vale a base da indução.

(ii) Suponha que a Proposição seja verdadeira para todas as matrizes de tamanho $k \times k$, ou seja, que

$$\det M_{k \times k} = \det M^T_{k \times k}, \; \forall M_{k \times k}.$$

Seja $A_{(k+1)\times(k+1)}$. Então, calculando o determinante de A pela expansão dos menores pela primeira linha de A, obtemos

$$\det A = \sum_{j=1}^{k+1} (-1)^{1+j} \cdot a_{1j} \cdot \det(M_{1j}),$$

e como M_{1j} é de tamanho $k \times k$, para $j = 1, 2, ..., (k + 1)$, segue pela hipótese de indução que

$$\det(M_{1j}) = \det(M^T_{1j}),$$

e daí temos

$$\det A = \sum_{j=1}^{k+1} (-1)^{1+j} \cdot a_{1j} \cdot \det(M_{1j}^T) = \det A^T,$$

pois o somando dessa igualdade corresponde à expansão por menores de $\det A^T$, usando a primeira coluna de A^T.

Logo, por (i) e (ii) a prova segue por indução matemática.

□

Proposição 2.5 *Se A for uma matriz triangular (superior ou inferior), então o determinante de A será simplesmente o produto dos elementos da diagonal principal de A.*

Demonstração. Observe que a transposta de uma matriz triangular inferior é uma matriz triangular superior, e vice-versa. Assim, vamos fazer a prova usando apenas matriz triangular inferior, pois a Proposição anterior garantirá o mesmo resultado para a triangular superior.

Assim, seja $A_{n\times n}$ uma matriz triangular inferior. Faremos a prova por indução sobre a ordem da matriz.

(i) Vejamos o caso $n = 2$ (base da indução). Ou seja, dada $A = \begin{pmatrix} a_{11} & 0 \\ a_{21} & a_{22} \end{pmatrix}$, temos que

$$\det A = a_{11} \cdot a_{22}.$$

Logo, vale a base da indução.

(ii) Suponha o resultado válido para toda matriz triangular inferior de ordem $k \times k$. Seja A uma matriz de ordem $(k+1) \times (k+1)$. Então, calculando o determinante de A via determinantes menores a partir da primeira linha de A, obtemos

$$\det A = \sum_{j=1}^{k+1} (-1)^{1+j} \cdot a_{1j} \cdot \det(M_{1j}) = a_{11} \cdot \det(M_{11}),$$

visto que os demais somandos são iguais a zero.

Como M_{11} é também uma matriz triangular inferior de ordem $k \times k$, pela hipótese da indução segue que

$$\det M_{11} = a_{22} \cdot a_{33} \cdot ... \cdot a_{(k+1),(k+1)},$$

e daí concluímos que

$$\det A = a_{11} \cdot \det(M_{11}) = a_{11} \cdot a_{22} \cdot ... \cdot a_{(k+1),(k+1)}.$$

Portanto, por (i) e (ii) o resultado segue por indução.

□

Proposição 2.6 *Seja A uma matriz quadrada de ordem n. Então:*

(i) *se uma linha ou coluna de A for nula, então* $\det A = 0$*;*

(ii) *se A possuir duas linhas ou duas colunas iguais, então* $\det A = 0$.

Demonstração. Faremos a prova de (i) e deixaremos a prova de (ii) como exercício para o leitor, observando apenas que (ii) deve ser resolvido usando a Proposição 2.8-(a).

(i) Seja A_m uma matriz quadrada. Sem perda de generalidade, assuma que a i_0- ésima linha de A seja nula, i.e., que $a_{i_0j} = 0$, $\forall j \in \{1, 2, ..., n\}$. Assim, calculando o determinante de A pela expansão dos menores pela i_0-ésima linha, vamos obter

$$\det A = \sum_{j=1}^{n} (-1)^{i_0+j} a_{i_0j} \det(M_{i_0j}) = 0,$$

pois $a_{i_0j} = 0$ para todo $j \in \{1, 2, ..., n\}$. Logo, vale (i).

□

No que segue, apresentaremos o que ocorre com o determinante de uma matriz quadrada A quando efetuarmos uma operação elementar sobre linhas em A. Antes, porém, enunciemos um lema básico.

Lema 2.7 *Seja $A_{n\times n}$ uma matriz quadrada. Se $A_{\ell k}$ for o cofator de $a_{\ell k}$, então*

$$a_{i1}\cdot A_{\ell 1}+a_{i2}\cdot A_{\ell 2}+...+a_{in}\cdot A_{\ell n}=\begin{cases}\det A & , \ se \ \ i=\ell\\ 0 & , \ se \ \ i\neq \ell\end{cases}.$$

Demonstração. Se $i=\ell$ temos exatamente a definição de determinante de A. Vamos então considerar o caso $i\neq\ell$. Neste caso, se na matriz $A_{n\times n}$ substituirmos a linha ℓ pela linha i, vamos obter uma matriz $\tilde{A}$ que possui duas linhas iguais, a saber, as linhas i e ℓ:

$$\tilde{A}=\begin{pmatrix} a_{11} & a_{12} & ..... & a_{1n}\\ ..... & ..... & ..... & .....\\ a_{i1} & a_{i2} & ..... & a_{in}\\ ..... & ..... & ..... & .....\\ a_{i1} & a_{i2} & ..... & a_{in}\\ ..... & ..... & ..... & .....\\ a_{n1} & a_{n2} & ..... & a_{nn}\end{pmatrix}$$

Assim, como $\tilde{A}$ possui duas linhas iguais, pela Proposição 2.6-(b) segue que $\det\tilde{A}=0$, e então, em particular, desenvolvendo o determinante pelos cofatores na linha ℓ, temos

$$0=\det\tilde{A}=a_{i1}\cdot\tilde{A}_{\ell 1}+...+a_{in}\cdot\tilde{A}_{\ell n},$$

e observando que $\tilde{A}_{\ell k}=A_{\ell k}$, para $k=1,2,...,n$, pois

$$\tilde{A}_{\ell k}=(-1)^{\ell+k}\det(\tilde{M}_{\ell k})=(-1)^{\ell+k}\det(M_{\ell k})=A_{\ell k},$$

onde $\tilde{M}_{\ell k}$ denota a matriz obtida de $\tilde{A}$ suprimindo-se a linha ℓ e a coluna k, e então $\tilde{A}_{\ell k}$ corresponde ao cofator do elemento da linha ℓ e a coluna k da referida matriz, e então concluímos que (lembre que $i\neq\ell$)

$$a_{i1}\cdot A_{\ell 1}+...+a_{in}\cdot A_{\ell n}=a_{i1}\cdot\tilde{A}_{\ell 1}+...+a_{in}\cdot\tilde{A}_{\ell n}=0,$$

como desejado.

□

Assim, podemos enunciar a Proposição que mostra a ação que as operações elementares sobre linhas fazem com o determinante de uma matriz.

Proposição 2.8 *Seja $A_{n\times n}$ uma matriz quadrada cujo determinante é* $\det A$. *Então, valem as propriedades:*

(a) *Se trocarmos duas linhas quaisquer de A, segue que o determinante de A muda de sinal. Simbolicamente, se $\ell_i \leftrightarrow \ell_j$, então o determinante dessa nova matriz será* $-\det A$.

(b) *Se multiplicarmos uma linha de A por uma constante $k \neq 0$, então o determinante dessa nova matriz será $k \cdot$* $\det A$.

(c) *Se substituirmos uma linha de A pela soma dela mesma mais um múltiplo de outra linha, o determinante dessa nova matriz continuará sendo* $\det A$. *Simbolicamente, se $\ell_i \hookrightarrow \ell_i + k \cdot \ell_j$, onde $k \neq 0$, então o determinante dessa nova matriz ainda será* $\det A$.

Observação. A propriedade (c) é chamada de *Teorema de Jacobi.*

Demonstração da Proposição.
(a) Faremos a prova por indução sobre a ordem da matriz.

(i) Quando $n = 2$, ou seja, $A = (a_{ij})_{2\times 2}$. Assim, a operação elementar $\ell_1 \leftrightarrow \ell_2$ associa-se à matriz elementar $E = \begin{pmatrix} 0 & 1 \\ 1 & 0 \end{pmatrix}$, e então, como $A = \begin{pmatrix} a_{11} & a_{12} \\ a_{21} & a_{22} \end{pmatrix}$, temos que $\det A = a_{11}\cdot a_{22} - a_{12}\cdot a_{21}$. Note que trocar de posição as linhas 1 e 2 corresponde a multiplicar A à esquerda por E, ou seja, teremos

$$EA = \begin{pmatrix} a_{21} & a_{22} \\ a_{11} & a_{12} \end{pmatrix},$$

donde segue que

$$\det(EA) = a_{12} \cdot a_{21} - a_{11} \cdot a_{22} = -\det(A).$$

Note também que $\det(E) = -1$, e então concluímos também que

$$\det(EA) = -1 \cdot \det(A) = \det(E) \cdot \det(A). \qquad (2.2)$$

(ii) Suponha que o resultado seja válido para todas as matrizes de ordem k, ou seja, que se trocarmos de ordem duas linhas quaisquer de uma matriz M_k, formando a matriz $\tilde{M}_k$, teremos

$$\det M_k = -\det \tilde{M}_k.$$

Vamos mostrar que vale para uma matriz A_{k+1}. De fato, troquemos duas linhas distintas p e q quaisquer de A_{k+1}, obtendo a matriz $\tilde{A}_{k+1}$. Então, desenvolvendo seus determinantes sobre uma mesma linha i diferente das linhas p e q permutadas, vamos obter

$$\det A = \sum_{j=1}^{k+1} (-1)^{i+j} a_{ij} \det(M_{ij}),$$

e

$$\det \tilde{A} = \sum_{j=1}^{k+1} (-1)^{i+j} a_{ij} \det(\tilde{M}_{ij}),$$

onde M_{ij} e $\tilde{M}_{ij}$ são os menores de A e $\tilde{A}$. E, como eles são de ordem k, pela hipótese de indução segue que $\det M_{ij} = -\det \tilde{M}_{ij}$, e então

$$\det A = \sum_{j=1}^{k+1} (-1)^{i+j} a_{ij} \det(M_{ij}) = \sum_{j=1}^{k+1} (-1)^{i+j} a_{ij} (-\det(\tilde{M}_{ij})) =$$

$$= -\sum_{j=1}^{k+1} (-1)^{i+j} a_{ij} \det(\tilde{M}_{ij}) = -\det \tilde{A}.$$

Note ainda que podemos escrever $\tilde{A} = EA$, onde E é a matriz elementar correspondente à troca das linhas p e q da matriz A. Então, mostramos acima que $\det(EA) = -\det A$.

Logo, por (i) e (ii) o resultado segue por indução.

(b) Dada $A = \begin{pmatrix} a_{11} & ... & a_{1n} \\ ... & ... & ... \\ a_{n1} & ... & a_{nn} \end{pmatrix}$.

Fixemos uma linha i_0 qualquer e a multipliquemos por $k \neq 0$, ou seja, faremos a seguinte operação elementar sobre linhas em A: $\ell_{i_o} \hookrightarrow k \cdot \ell_{i_0}$, que corresponde à matriz elementar

$$E = (e_{ij})_{n\times n}, \quad \text{onde} \quad e_{ij} = \begin{cases} k, & \text{se} \quad i = j = i_0 \\ 1, & \text{se} \quad i = j \text{ e } i \neq i_0 \\ 0, & \text{se} \quad i \neq j \end{cases} .$$

Note que E é uma matriz diagonal diag $(1, 1, ..., 1, k, 1, ...1)$, que assume o valor k na posição $i_0 i_0$, logo, é uma matriz triangular, donde segue pela Proposição 2.5 que $\det(E) = k$.

A ação dessa operação elementar na linha i_0 de A corresponde a multiplicar A à esquerda por E, ou seja, corresponde à matriz

$$EA = \begin{pmatrix} a_{11} & .... & a_{1n} \\ ... & ... & ... \\ ka_{i_0 1} & ... & ka_{i_0 n} \\ ... & ... & ... \\ a_{n1} & ... & a_{nn} \end{pmatrix}.$$

Calculando o $\det(EA)$ expandindo por cofatores na i_0-ésima linha, obtemos

$$\det(EA) = k \cdot a_{i_0 1}(EA)_{i_0 1} + ... + k \cdot a_{i_0 n}(EA)_{i_0 n} = k \cdot \left(\sum_{p=1}^{n} a_{i_0 p}(EA)_{i_0 p} \right),$$

e como $(EA)_{i_0 j} = (-1)^{i_0 + j} \cdot \det(\tilde{M}_{i_0 j}) = A_{i_0 j}$, pois

$$\det(\tilde{M}_{i_0 j}) = \det(M_{i_0 j}),$$

onde $\tilde{M}_{i_0 j}$ é a matriz menor da matriz EA e $M_{i_0 j}$ é a matriz menor da matriz A, segue que

$$\det(EA) = k \cdot \left(\sum_{p=1}^{n} a_{i_0 p}(A)_{i_0 p} \right) = k \cdot \det(A),$$

o que conclui (b).

Note que, neste caso, temos também que

$$\det(EA) = k \cdot \det(A) = \det(E) \cdot \det(A). \tag{2.3}$$

(c) Novamente, dada a matriz $A = \begin{pmatrix} a_{11} & \ldots & a_{1n} \\ \ldots & \ldots & \ldots \\ a_{n1} & \ldots & a_{nn} \end{pmatrix}$, vamos efetuar a seguinte operação elementar sobre linhas em A: $\ell_i \hookrightarrow \ell_i + k \cdot \ell_j$. Assim, a matriz elementar E correspondente a tal operação sobre linhas corresponde a uma matriz triangular (superior ou inferior, dependendo se $i > j$ ou $i < j$). De qualquer modo, os elementos da diagonal serão todos 1 e daí segue pela Proposição 2.5 que

$$\det(E) = 1.$$

Do mesmo modo, a ação dessa mesma operação elementar sobre linhas na matriz A corresponde a multiplicar A à esquerda pela matriz elementar E, ou seja, obtemos

$$EA = \begin{pmatrix} a_{11} & \ldots & a_{1n} \\ \ldots & \ldots & \ldots \\ a_{i1} + k \cdot a_{j1} & \ldots & a_{in} + k \cdot a_{jn} \\ \ldots & \ldots & \ldots \\ a_{n1} & \ldots & a_{nn} \end{pmatrix}.$$

Dessa forma, calculando o determinante de EA desenvolvendo por cofatores na linha i, vamos obter

$$\det(EA) = \sum_{p=1}^{n} (a_{ip} + k \cdot a_{jp})(EA)_{ip},$$

onde $(EA)_{ip}$ denota o cofator do elemento $(ea)_{ip}$ da matriz EA. Como

$$(EA)_{ip} = (-1)^{i+p}\det(\tilde{M}_{ip}) = (-1)^{i+p}\det(M_{ip}) = A_{ip},$$

onde $\det(\tilde{M}_{ip})$ corresponde ao menor de $(ea)_{ip}$ da matriz EA, que coincide com o menor $\det(M_{ip})$ de a_{ip} da matriz A, segue que, com auxílio do Lema 2.7,

$$\det(EA) = \sum_{p=1}^{n}(a_{ip} + k \cdot a_{jp})A_{ip} = \sum_{p=1}^{n} a_{ip}A_{ip} + k \cdot \sum_{p=1}^{n} a_{jp}A_{ip} = \det(A) + k \cdot 0,$$

ou seja, $\det(EA) = \det(A)$, provando (c). Note que neste caso também temos a propriedade

$$\det(EA) = 1 \cdot \det(A) = \det(E) \cdot \det(A). \tag{2.4}$$

□

Observando a prova da Proposição anterior em (2.2), (2.3) e (2.4), percebemos que, dada uma matriz quadrada A e uma matriz elementar E qualquer, de mesmo tamanho, então

$$\det(E \cdot A) = \det(E) \cdot \det(A). \tag{2.5}$$

Essa propriedade nos inspira o seguinte resultado geral:

Proposição 2.9 *Sejam A e B duas matrizes quadradas de mesmo tamanho. Então*

$$\det(A \cdot B) = \det(A) \cdot \det(B).$$

Demonstração. Vamos considerar dois casos:
(i) Se A for invertível[1] – Nesse caso, temos que a forma escalonada reduzida por linhas de A é I_n, ou seja, existe uma sequência finita de operações elementares que reduzem A em I, e como a cada operação elementar está

[1]Poderíamos supor B invertível e concluiríamos o mesmo.

associada uma matriz elementar, segue que existem $E_1, ..., E_k$ matrizes elementares tais que

$$A = E_k \cdot ... \cdot E_1 \cdot I.$$

Assim, de (2.5), segue que

$$\det(A \cdot B) = \det((E_k \cdot ... \cdot E_1) \cdot B) = \det(E_k \cdot (E_{k-1} \cdot ... \cdot E_1 \cdot B)) =$$

$$= \det(E_k) \cdot \det(E_{k-1} \cdot ... \cdot E_1 \cdot B) = ... = \det(E_k) \cdot \det(E_{k-1}) \cdot ... \cdot \det(E_1) \cdot \det(B) =$$

$$= \det(E_k) \cdot ... \cdot \det(E_3) \cdot \det(E_2 \cdot E_1) \cdot \det(B) = ...$$

$$... = \det(E_k \cdot ... \cdot E_1) \cdot \det(B) = \det(A) \cdot (B).$$

(ii) Se A não é invertível[2] – Neste caso, a forma escalonada reduzida por linhas de A possui pelo menos uma linha nula, e daí $\det(A) = 0$. Do mesmo modo, o produto $A \cdot B$ resultará numa matriz com uma linha também nula (verifique!) e daí segue que $\det(A \cdot B) = 0$. Ou seja, temos nesse caso que

$$\det(A \cdot B) = 0 = \det(A) = \det(A) \cdot \det(B).$$

Portanto, independente do caso, segue o resultado.

□

Exercícios

1. Sem calcular o determinante, justifique por que $x = 0$ e $x = 2$ satisfazem a equação

$$\begin{vmatrix} x^2 & x & 2 \\ 2 & 1 & 1 \\ 0 & 0 & -5 \end{vmatrix} = 0.$$

2. Sejam A e B duas matrizes $n \times n$. Sabemos que o produto de matrizes, em geral, não comuta, ou seja, em geral tem-se que $A \cdot B \neq B \cdot A$. Isso vale também para $\det(A \cdot B)$ e $\det(B \cdot A)$? Justifique.

[2]Se supormos que B não é invertível segue o mesmo resultado.

3. *Se $\det M \neq 0$ e $MN = MP$, mostre que $N = P$.

4. *Seja A uma matriz invertível com inversa A^{-1}. Mostre que

$$\det(A^{-1}) = \frac{1}{\det(A)}.$$

5. Sejam A uma matriz $n \times n$ e α um escalar. Mostre que

$$\det(\alpha \cdot A) = \alpha^n \cdot \det(A).$$

6. Se A é uma matriz 3×3 tal que $\det A = 8$, determine o valor de $\det(3A)$, justificando sua resposta.

7. *Uma outra maneira de definir que duas matrizes A e B são *semelhantes* é se existir uma matriz invertível P tal que $B = P^{-1} \cdot A \cdot P$. Mostre que, se A e B são semelhantes, então $\det A = \det B$.

8. *Se A for uma matriz idempotente, ou seja, tal que $A^2 = A$, quanto vale $\det A$?

9. Seja A uma matriz quadrada tal que $\det A^4 = 0$. Mostre que A não é invertível.

10. *Dizemos que uma matriz quadrada A é *ortogonal* se $A \cdot A^T = I$. Dessa forma, se A for uma matriz ortogonal, mostre que $\det A = \pm 1$.

11. *Se $A^T B^T = \begin{pmatrix} 3 & 4 \\ 4 & 6 \end{pmatrix}$ e $\det B = 2$, quanto vale $\det A$?

12. *Se $A \cdot M = M \cdot B$, onde M é invertível, mostre que, para qualquer escalar λ, vale

$$\det(A - \lambda I) = \det(B - \lambda I).$$

2.3 Matriz adjunta e a regra de Cramer

Nesta seção vamos definir um tipo especial de matriz, chamada de matriz adjunta, a qual será crucial para desenvolvermos uma outra técnica para obter a inversa de uma matriz inversível A, bem como provar um Teorema importante de resolução de sistemas lineares, conhecido por *regra de Cramer*.

Definição 2.10 Dada uma matriz quadrada $A = (a_{ij})_{n \times n}$, definimos a *matriz adjunta* de A, e denotamos por $\operatorname{adj} A$, a matriz

$$\operatorname{adj} A = \begin{pmatrix} A_{11} & A_{21} & \dots & A_{n1} \\ A_{12} & A_{22} & \dots & A_{n2} \\ \dots\dots & \dots\dots & \dots\dots & \dots\dots \\ A_{1n} & A_{2n} & \dots & A_{nn} \end{pmatrix},$$

onde $A_{ij} = (-1)^{i+j} \cdot \det(M_{ij})$ é o cofator do elemento a_{ij} da matriz A.

É importante observar que a matriz adjunta de uma matriz quadrada A é definida como sendo uma matriz dos cofatores da matriz A, mas perceba que dispomos os respectivos cofatores A_{ij} na ordem transposta ao elemento a_{ij} respectivo da matriz A, ou seja, o cofator A_{ij} de a_{ij} corresponde ao elemento da linha j e coluna i de $\operatorname{adj} A$. Isso foi definido propositalmente dessa maneira para cumprir a seguinte propriedade:

$$A \cdot \operatorname{adj} A = (\det A) \cdot I. \tag{2.6}$$

De fato, basta efetuar os cálculos, observando o Lema 2.7:

$$A \cdot \operatorname{adj} A = \begin{pmatrix} a_{11} & a_{12} & \dots & a_{1n} \\ a_{21} & a_{22} & \dots & a_{2n} \\ \dots\dots & \dots\dots & \dots\dots & \dots\dots \\ a_{n1} & a_{n2} & \dots & a_{1n} \end{pmatrix} \begin{pmatrix} A_{11} & A_{21} & \dots & A_{n1} \\ A_{12} & A_{22} & \dots & A_{n2} \\ \dots\dots & \dots\dots & \dots\dots & \dots\dots \\ A_{1n} & A_{2n} & \dots & A_{nn} \end{pmatrix} =$$

$$= \begin{pmatrix} \sum_{k=1}^{n} a_{1k} \cdot A_{1k} & \sum_{k=1}^{n} a_{1k} \cdot A_{2k} & \ldots & \sum_{k=1}^{n} a_{1k} \cdot A_{nk} \\ \sum_{k=1}^{n} a_{2k} \cdot A_{1k} & \sum_{k=1}^{n} a_{2k} \cdot A_{2k} & \ldots & \sum_{k=1}^{n} a_{2k} \cdot A_{nk} \\ \ldots\ldots & \ldots\ldots & \ldots & \ldots\ldots \\ \sum_{k=1}^{n} a_{nk} \cdot A_{1k} & \sum_{k=1}^{n} a_{nk} \cdot A_{2k} & \ldots & \sum_{k=1}^{n} a_{nk} \cdot A_{nk} \end{pmatrix} =$$

$$= \begin{pmatrix} \det A & 0 & \ldots & 0 \\ 0 & \det A & \ldots & 0 \\ \ldots\ldots & \ldots\ldots & \ldots & \ldots\ldots \\ 0 & 0 & \ldots & \det A \end{pmatrix} = (\det A) \cdot I.$$

Assim, de (2.6), supondo A invertível, existe A^{-1} inversa de A tal que, multiplicando (2.6) à esquerda por A^{-1}, vamos obter (lembre que $\det A \neq 0$ pois A é invertível)

$$A^{-1} \cdot A \cdot \operatorname{adj} A = A^{-1} \cdot (\det A)I = (\det A) \cdot A^{-1},$$

e então

$$A^{-1} = \frac{1}{\det A} \cdot \operatorname{adj} A.$$

Ou seja, acabamos de provar o seguinte resultado:

Proposição 2.11 *Se A for uma matriz invertível, então sua inversa A^{-1} é dada por*

$$A^{-1} = \frac{1}{\det A} \cdot \operatorname{adj} A.$$

Dessa forma, dispomos de dois procedimentos para determinar a inversa de uma matriz quadrada A, se esta existir: podemos utilizar o algoritmo das operações elementares sobre linhas descrito no capítulo anterior, ou podemos obter através do cálculo da matriz adjunta de A, conforme a Proposição acima.

Para ilustrar o método, consideremos o exemplo que segue.

Exemplo. Através da matriz adjunta, obtenha a inversa da matriz

$$A = \begin{pmatrix} 2 & 0 & 1 \\ 1 & -1 & 2 \\ 0 & 2 & 0 \end{pmatrix}.$$

Solução. O determinante da matriz A, a partir da expansão por cofatores na primeira linha, é

$$\det A = 2 \cdot A_{11} + 0 \cdot A_{12} + 1 \cdot A_{13},$$

onde

$$A_{11} = (-1)^{1+1} \begin{vmatrix} -1 & 2 \\ 2 & 0 \end{vmatrix} = -4; \quad A_{12} = (-1)^{1+2} \begin{vmatrix} 1 & 2 \\ 0 & 0 \end{vmatrix} = 0;$$

e

$$A_{13} = (-1)^{1+3} \begin{vmatrix} 1 & -1 \\ 0 & 2 \end{vmatrix} = 2,$$

e, portanto,

$$\det A = 2 \cdot (-4) + 0 + 1 \cdot (2) = -6.$$

Ainda, para determinar a matriz adjunta, calculamos

$$A_{21} = (-1)^{2+1} \begin{vmatrix} 0 & 1 \\ 2 & 0 \end{vmatrix} = -(0-2) = 2; \quad A_{22} = (-1)^{2+2} \begin{vmatrix} 2 & 1 \\ 0 & 0 \end{vmatrix} = 0;$$

$$A_{23} = (-1)^{2+3} \begin{vmatrix} 2 & 0 \\ 0 & 2 \end{vmatrix} = -(4-0) = -4;$$

$$A_{31} = (-1)^{3+1} \begin{vmatrix} 0 & 1 \\ -1 & 2 \end{vmatrix} = (0-(-1)) = 1;$$

$$A_{32} = (-1)^{3+2} \begin{vmatrix} 2 & 1 \\ 1 & 2 \end{vmatrix} = -(4-1) = -3;$$

$$A_{33} = (-1)^{3+3} \begin{vmatrix} 2 & 0 \\ 1 & -1 \end{vmatrix} = (-2-0) = -2.$$

Assim, obtemos

$$A^{-1} = \frac{1}{\det A} \begin{pmatrix} A_{11} & A_{21} & A_{31} \\ A_{12} & A_{22} & A_{32} \\ A_{13} & A_{23} & A_{33} \end{pmatrix} = -\frac{1}{6} \begin{pmatrix} -4 & 2 & 1 \\ 0 & 0 & -3 \\ 2 & -4 & -2 \end{pmatrix} = \begin{pmatrix} \frac{2}{3} & -\frac{1}{3} & -\frac{1}{6} \\ 0 & 0 & \frac{1}{2} \\ -\frac{1}{3} & \frac{2}{3} & \frac{1}{3} \end{pmatrix},$$

o mesmo resultado obtido no Exemplo 1.36 do capítulo anterior, quando obtemos a inversa da mesma matriz via operações elementares sobre linhas.

Teorema 2.12 *(Regra de Cramer) Seja o sistema linear $A \cdot x = b$, onde $A = (a_{ij})_{n \times n}$ corresponde à matriz dos coeficientes, $x = (x_1 \quad x_2 \quad .... \quad x_n)^T$ corresponde à matriz das incógnitas x_i e $b = (b_1 \quad b_2 \quad .... \quad b_n)^T$ corresponde à matriz dos termos independentes. Se o sistema possui solução única, então ela é dada por*

$$x_i = \frac{\det A_i}{\det A},$$

onde $\det A_i$ denota o determinante da matriz A_i obtida de A substituindo-se a coluna i pela matriz-coluna b.

Demonstração. Suponha $Ax = b$ o sistema linear nas hipóteses do Teorema. Como existe solução única, segue que A é invertível. Assim, existe A^{-1} inversa de A tal que, multiplicando a equação matricial $Ax = b$ à esquerda por A^{-1}, obtemos

$$A^{-1} \cdot Ax = A^{-1} \cdot b,$$

ou seja, determinamos a solução

$$x = A^{-1} \cdot b,$$

e, pela Proposição 2.11, segue que a solução x do sistema é dada por

$$x = A^{-1} \cdot b = \frac{1}{\det A} (\operatorname{adj} A) b, \tag{2.7}$$

onde

$$(\operatorname{adj} A)b = \begin{pmatrix} A_{11} & A_{21} & ... & A_{n1} \\ A_{12} & A_{22} & ... & A_{n2} \\ ..... & ..... & ..... & ..... \\ A_{1n} & A_{2n} & ... & A_{nn} \end{pmatrix} \begin{pmatrix} b_1 \\ b_2 \\ ... \\ b_n \end{pmatrix} = \begin{pmatrix} \sum_{k=1}^{n} b_k A_{k1} \\ \sum_{k=1}^{n} b_k A_{k2} \\ ... \\ \sum_{k=1}^{n} b_k A_{kn} \end{pmatrix}$$

Note que, definindo A_i por

$$A_i = \begin{pmatrix} a_{11} & a_{12} & ... & a_{1,i-1} & b_1 & a_{1,i+1} & ...a_{1n} \\ a_{21} & a_{22} & ... & a_{2,i-1} & b_2 & a_{2,i+1} & ...a_{2n} \\ ..... & ..... & ..... & ..... & ..... & ..... & ..... \\ a_{n1} & a_{n2} & ... & a_{n,i-1} & b_n & a_{n,i+1} & ...a_{nn} \end{pmatrix},$$

ou seja, a matriz obtida de A substituindo a coluna i de A pela matriz coluna b.

Assim, desenvolvendo o determinante de cada uma das matrizes A_i através de cofatores pela i-ésima coluna, obtemos

$$\det A_i = b_1 \cdot A_{1i} + b_2 \cdot A_{2i} + ... + b_n \cdot A_{ni} = \sum_{k=1}^{n} b_k \cdot A_{ki} \qquad (2.8)$$

onde A_{ji}, $j = 1, 2, ..., n$, denota o cofator do elemento a_{ji} da matriz A_i, que no caso coincide com o cofator respectivo da matriz A (Verifique!)

Portanto, de (2.7) e (2.8) concluímos

$$x_i = \frac{1}{\det A} \sum_{k=1}^{n} b_k \cdot A_{ki} = \frac{\det A_i}{\det A}.$$

□

Vejamos um exemplo de aplicação.

Exemplo. Resolver o sistema linear abaixo usando a regra de Cramer.

$$\begin{cases} 2x + y - z = -6 \\ x + 3y + z = 4 \\ x + y - z = -4 \end{cases}$$

Solução. A notação matricial da forma $A \cdot x = b$ do sistema acima é

$$\begin{pmatrix} 2 & 1 & -1 \\ 1 & 3 & 1 \\ 1 & 1 & -1 \end{pmatrix} \cdot \begin{pmatrix} x \\ y \\ z \end{pmatrix} = \begin{pmatrix} -6 \\ 4 \\ -4 \end{pmatrix}.$$

Dessa forma, pela regra de Cramer temos

$$\det A = \begin{vmatrix} 2 & 1 & -1 \\ 1 & 3 & 1 \\ 1 & 1 & -1 \end{vmatrix} = -6 + 1 - 1 + 3 - 2 + 1 = -4;$$

$$\det A_1 = \begin{vmatrix} -6 & 1 & -1 \\ 4 & 3 & 1 \\ -4 & 1 & -1 \end{vmatrix} = 18 - 4 - 4 - 12 + 6 + 4 = 8;$$

$$\det A_2 = \begin{vmatrix} 2 & -6 & -1 \\ 1 & 4 & 1 \\ 1 & -4 & -1 \end{vmatrix} = -8 - 6 + 4 + 4 + 8 - 6 = -4;$$

e

$$\det A_3 = \begin{vmatrix} 2 & 1 & -6 \\ 1 & 3 & 4 \\ 1 & 1 & -4 \end{vmatrix} = -24 + 4 - 6 + 18 - 8 + 4 = -12.$$

Assim, obtemos

$$x = \frac{\det A_1}{\det A} = \frac{8}{-4} = -2;$$

$$y = \frac{\det A_2}{\det A} = \frac{-4}{-4} = +1;$$

$$z = \frac{\det A_3}{\det A} = \frac{-12}{-4} = +3.$$

Portanto, o sistema linear dado possui a solução $\{(-2, 1, 3)\}$.

Exercícios

1. *Dada a matriz

$$A = \begin{pmatrix} 2 & -1 & 3 \\ 3 & 2 & 1 \\ 1 & 4 & 1 \end{pmatrix},$$

determine a matriz inversa A^{-1} de duas formas: (a) usando o algoritmo de obtenção da inversa via operações elementares sobre linhas; (b) usando a matriz adjunta.

2. Dada a matriz $A = \begin{pmatrix} 2 & 1 & -3 \\ 0 & 2 & 1 \\ 5 & 1 & 3 \end{pmatrix}$, calcule:

   (a) $\operatorname{adj} A$. (b) $\det A$. (c) A^{-1}.

3. *Prove que a matriz $A = \begin{pmatrix} a & b \\ c & d \end{pmatrix}$ é invertível se, e somente se, $ad - bc \neq 0$. Neste caso, mostre que a inversa é dada por

$$A^{-1} = \frac{1}{ad - bc} \begin{pmatrix} d & -b \\ -c & a \end{pmatrix}.$$

4. Calcule a inversa da matriz $M = \begin{pmatrix} 2 & 0 & 1 \\ -1 & 1 & 0 \\ 0 & 0 & 2 \end{pmatrix}$, através da matriz adjunta.

5. Use a regra de Cramer para resolver os sistemas lineares abaixo:

   (a) $\begin{cases} 2x + y - 3z = 2 \\ x + y - z = 0 \\ -x - y + 2z = -1 \end{cases}$ (b) $\begin{cases} x + 2y - z = 1 \\ 2x + y - 4z = -3 \\ x - y + z = 2 \end{cases}$

6. Determine o valor de $m \in \mathbb{R}$ para que o sistema

$$\begin{cases} x + y + mz = 1 \\ x - y + z = 0 \\ mx + y = 1 \end{cases}$$

possua solução única.

7. (ITA/1953) Discutir o sistema

$$\begin{cases} mx + y - z = 0 \\ x + my + z = 0 \\ x - y = 2 \end{cases}$$

8. *Determine os valores de k e p de modo que o sistema

$$\begin{cases} 3x + 2y + z = 4 \\ x + ky + z = p \\ x + y + 2z = 2 \end{cases}$$

seja

(a) compatível e determinado.

(b) compatível indeterminado.

(c) incompatível.

Capítulo 3

Espaços vetoriais

Neste capítulo estudaremos o importante conceito de espaço vetorial, bem como suas principais propriedades e consequências, tais como o conceito de subespaço vetorial e mudança de base. O conceito de espaço vetorial é de extrema importância na Matemática e serve de ferramenta em estudos mais avançados, como Equações Diferenciais, Sistemas Dinâmicos e também em Análise Funcional, por exemplo. Os elementos de um espaço vetorial serão chamados de vetores. Dessa maneira, nos vem imediatamente à mente o espaço $\mathbb{R}^3$ e o estudo de vetores que são apresentados em um curso de Geometria Analítica. No entanto, o espaço $\mathbb{R}^3$ é um caso particular de espaço vetorial e mostraremos que existem muitos outros tipos de espaços vetoriais especiais.

3.1 Espaços vetoriais e exemplos

Provavelmente o leitor deve ter visto esse conceito mediante operações com vetores em $\mathbb{R}^3$ num curso de Geometria Analítica. No entanto, naquele curso o conceito era exatamente para os vetores do $\mathbb{R}^3$. Vamos, novamente, definir um espaço vetorial. Embora pareça ser o mesmo conceito, alertamos o leitor de que não estaremos lidando necessariamente com vetores do $\mathbb{R}^3$, mas qualquer conjunto não vazio V que satisfaça a definição dada a seguir.

Definição 3.1 Chama-se um *espaço vetorial* real todo conjunto não vazio V, munido de duas operações: uma adição

$$+ : V \times V \to V$$

$$(u, v) \mapsto u + v \in V$$

e uma multiplicação por um escalar

$$\cdot : \mathbb{R} \times V \to V$$

$$(\alpha, u) \mapsto \alpha \cdot u \in V,$$

tal que cumprem as seguintes propriedades: dados $u, v, w \in V$ e $\alpha, \beta \in \mathbb{R}$, temos

A1. $u + (v + w) = (u + v) + w$ (associatividade);

A2. $u + v = v + u$ (comutatividade);

A3. $\exists 0 \in V$ tal que $u + 0 = u$ (existência do neutro aditivo em V);

A4. $\forall u \in V$, $\exists - u \in V$ tal que $u + (-u) = 0$;

M1. $\alpha(u + v) = \alpha \cdot u + \alpha \cdot v$ (distributividade);

M2. $(\alpha + \beta)u = \alpha \cdot u + \beta \cdot u$ (distributividade);

M3. $\alpha(\beta u) = (\alpha\beta)u$;

M4. $1 \cdot u = u$.

Dado um espaço vetorial real V, os elementos $v \in V$ são chamados de *vetores* de V.

Observe que o neutro aditivo é único. De fato, se 0 e θ forem neutros aditivos, então

$$0 = 0 + \theta,$$

pois θ é neutro aditivo, e

$$0 + \theta = \theta,$$

pois 0 é neutro aditivo, ou seja, concluímos que $0 = \theta$, i.e., o neutro aditivo é único. De fato, a propriedade A3 poderia estar escrita da seguinte forma:

A3: $\exists! 0 \in V$ tal que $u + 0 = 0 + u$, $\forall u \in V$,

no entanto, como vale A2 (a comutatividade), escrevemos então de forma mais abreviada na definição. Vale ressaltar também que o símbolo $\exists!$ escrito acima significa que "existe um único" elemento com aquela propriedade.

Vamos trabalhar neste livro com espaços vetoriais reais, ou seja, espaços vetoriais onde os escalares são números reais. No entanto, poderíamos considerar os escalares sendo números complexos, e então estaríamos trabalhando com espaços vetoriais complexos, ou, mais geralmente, poderíamos trabalhar com espaços vetoriais num *corpo* $\mathbb{K}$, mas este tópico foge de um primeiro curso de Álgebra linear.

A seguir apresentamos alguns exemplos de espaços vetoriais.

Exemplo 1. Como estudado na Geometria analítica, os conjuntos de vetores $\mathbb{R}^2$ e $\mathbb{R}^3$, munidos da adição usual de vetores e o produto usual de um escalar por um vetor formam espaços vetoriais. Não é difícil mostrar as oito propriedades da definição de espaço vetorial para vetores do $\mathbb{R}^3$, por exemplo.

Mais geralmente, para $n \geq 1$, o conjunto $\mathbb{R}^n$ das n-uplas ordenadas, munido das operações

$$+ : \mathbb{R}^n \times \mathbb{R}^n \to \mathbb{R}^n$$

$$(x, y) \mapsto x + y,$$

onde $x = (x_1, x_2, ..., x_n)$ e $y = (y_1, y_2, ..., y_n)$, e daí $x + y = (x_1 + y_1, ..., x_n + y_n)$, e

$$\cdot : \mathbb{R} \times \mathbb{R}^n \to \mathbb{R}^n$$

$$(\alpha, x) \mapsto \alpha \cdot x,$$

onde $\alpha \cdot x = \alpha(x_1, ..., x_n) = (\alpha x_1, ..., \alpha x_n)$ é um espaço vetorial real.

Exemplo 2. O conjunto $M(n,n) = \{A = (a_{ij})_{n\times n} : a_{ij} \in \mathbb{R}, 1 \leq i, j \leq n\}$ de todas as matrizes $n\times n$, munido das operações de adição usual de matrizes e produto de um escalar por uma matriz, é um espaço vetorial. De fato, basta visitar o Teorema 1.6 e seus itens 01, 02, 03, 04, 06 e 07 e observar que, para qualquer matriz $A \in M(n,n)$ e para quaisquer $\alpha, \beta \in \mathbb{R}$, valem:

$$(\alpha\beta)A = \alpha(\beta A) \quad \text{e} \quad 1 \cdot A = A.$$

Neste caso, os vetores de tal espaço são as matrizes $n \times n$.

Exemplo 3. Defina o conjunto $C([a,b])$ de todas as funções contínuas em $[a,b]$ com valores em $\mathbb{R}$, ou seja,

$$C([a,b]) = \{f : [a,b] \to \mathbb{R} \,:\, f \text{ é contínua em } [a,b]\},$$

munido com as operações usuais de adição de funções e multiplicação de uma constante por uma função, ou seja,

$$+ : C([a,b]) \times C([a,b]) \to C([a,b])$$

$$(f,g) \mapsto f + g,$$

onde $\forall x \in [a,b]$, $(f+g)(x) = f(x) + g(x)$, que é uma função contínua, pois soma de funções contínuas resulta em uma função contínua; e

$$\cdot : \mathbb{R} \times C([a,b]) \to C([a,b])$$

$$(\alpha, f) \mapsto \alpha \cdot f,$$

onde $\forall x \in [a,b]$, $(\alpha \cdot f)(x) = \alpha \cdot f(x)$, que é uma função contínua, pois o produto de uma constante por uma função contínua é uma função contínua.

Note que $C([a,b]) \neq \emptyset$, pois a função identicamente nula $0(x) = 0$, $\forall x \in [a,b]$ é contínua.

Vamos mostrar que $C([a,b])$ é um espaço vetorial. De fato, para isso, precisamos verificar todas as oito propriedades da definição de espaço vetorial: dados $f, g, h \in C([a,b])$ e $\alpha, \beta \in \mathbb{R}$, temos:

A1. $(f+g)+h = f+(g+h)$: De fato, dado $x \in [a,b]$, temos que

$$((f+g)+h)(x) = (f+g)(x)+h(x) = (f(x)+g(x))+h(x) =$$

$$= f(x)+(g(x)+h(x)) = f(x)+(g+h)(x) = (f+(g+h))(x),$$

e, como essa igualdade é verdadeira $\forall x \in [a,b]$, concluímos que

$$(f+g)+h = f+(g+h).$$

A2. $f+g = g+f$: De fato, dado $x \in [a,b]$, temos que

$$(f+g)(x) = f(x)+g(x) = g(x)+f(x) = (g+f)(x),$$

e, como essa igualdade é verdadeira $\forall x \in [a,b]$, concluímos que

$$(f+g)+h = f+(g+h).$$

A3. $\exists 0 \in C([a,b])$ tal que $\forall f \in C([a,b])$, temos $f+0 = f$:
De fato, considere a função identicamente nula $0(x) = 0$, que é contínua, logo, $\forall x \in [a,b]$, temos

$$(f+0)(x) = f(x)+0(x) = f(x)+0 = f(x),$$

ou seja, $f+0 = f$.

A4. $\forall f \in C([a,b])$, $\exists -f \in C([a,b])$ tal que $f+(-f) = 0$, onde 0 é a função identicamente nula: de fato, dada $f \in C([a,b])$, seja $-f = -1 \cdot f$, que também é contínua, pois é o produto de uma constante, no caso -1, pela função contínua f, ou seja, $-f \in C([a,b])$, e daí, para todos $x \in [a,b]$ teremos

$$(f+(-f))(x) = f(x)+(-f)(x) = f(x)+(-f(x)) = f(x)-f(x) = 0,$$

$\forall x \in [a,b]$, ou seja, $f+(-f) = 0$.

M1. $\alpha(f+g) = \alpha \cdot f + \alpha \cdot g$: De fato, dados $\alpha \in \mathbb{R}$ e $f, g \in C([a,b])$, temos, $\forall x \in [a,b]$, que

$$(\alpha(f+g))(x) = \alpha((f+g)(x)) = \alpha(f(x)+g(x)) = \alpha \cdot f(x) + \alpha \cdot g(x) =$$

$$= (\alpha \cdot f)(x) + (\alpha \cdot g)(x) = (\alpha \cdot f + \alpha \cdot g)(x),$$

ou seja, $\alpha(f+g) = \alpha \cdot f + \alpha \cdot g$.

M2. $(\alpha + \beta)f = \alpha \cdot f + \beta \cdot f$: análogo ao anterior, fica como exercício.

M3. $(\alpha\beta)f = \alpha(\beta f)$: de fato, dados $\alpha \in \mathbb{R}$ e $f \in C([a,b])$, temos $\forall x \in [a,b]$, que

$$((\alpha\beta)f)(x) = (\alpha\beta)(f(x)) = \alpha(\beta f(x)) = \alpha((\beta f)(x)) = (\alpha(\beta f))(x),$$

ou seja, $(\alpha\beta)f = \alpha(\beta f)$.

M4. $1 \cdot f = f$: Este é óbvio, pois $\forall x \in [a,b]$ $(1 \cdot f)(x) = 1 \cdot (f(x)) = f(x)$.

Portanto, $C([a,b])$ é um espaço vetorial, o espaço vetorial das funções contínuas em $[a,b]$. Nesse caso, as funções contínuas em $[a,b]$ são os vetores desse espaço.

Exemplo 4. Fixado $n \in \mathbb{N}$, seja $P_n = \{a_n x^n + a_{n-1}x^{n-1} + ... + a_0 : a_i \in \mathbb{R},\ i = 0, 1, 2, ..., n\}$ o conjunto dos polinômios de grau menor ou igual a n, munido da adição usual de polinômios e produto de um escalar por um polinômio. Não é difícil verificar as oito propriedades da definição para comprovar que P_n é um espaço vetorial. Fica como exercício para o leitor.

Exemplo 5. Seja $D = \{f : (a,b) \to \mathbb{R} : f$ é derivável em $(a,b)\}$, munido da adição usual de funções com o produto de um escalar por uma função. Como valem as regras de derivação

$$(f+g)' = f' + g' \quad \text{e} \quad (k \cdot f)' = k \cdot f',$$

onde $f, g \in D$ e $k \in \mathbb{R}$, não é difícil mostrar que D é um espaço vetorial.

Exercícios

1. Seja $\mathbb{R}^\infty$ o conjunto de todas as sequências infinitas de números reais, ou seja,

$$\mathbb{R}^\infty = \{x = (x_1, x_2, ..., x_n, ...) \, : \, x_i \in \mathbb{R}\},$$

munido da operações de adição

$$(x_1, x_2, ..., x_n, ...) + (y_1, y_2, ..., y_n, ...) = (x_1 + y_1, x_2 + y_2, ..., x_n + y_n, ...),$$

e multiplicação por escalar

$$\alpha(x_1, x_2, ..., x_n, ...) = (\alpha x_1, \alpha x_2, ..., \alpha x_n, ...).$$

Mostre que $\mathbb{R}^\infty$ munido das operações acima é um espaço vetorial.

2. *Em $\mathbb{R}^n$ defina as operações

$$\vec{u} \oplus \vec{v} = \vec{u} - \vec{v} \quad \text{e} \quad \alpha \odot \vec{u} = -\alpha \cdot \vec{u}.$$

Quais axiomas de espaço vetorial são satisfeitos para $(\mathbb{R}^n, \oplus, \odot)$?

3. Verifique se são espaços vetoriais os seguintes conjuntos:

   (a) o $\mathbb{R}^2$ munido da adição usual e a multiplicação $\alpha(x, y) = (\alpha x, 0)$.

   (b) o $\mathbb{R}^2$ munido da adição $(x_1, y_1) + (x_2, y_2) = (x_1 + 2x_2, y_1 + 2y_2)$ e a multiplicação por escalar usual.

   (c) o $\mathbb{R}^2$ munido da adição $(x_1, y_1) + (x_2, y_2) = (y_1 + y_2, x_1 + x_2)$ e a multiplicação por escalar usual.

4. *Dados os espaços vetoriais V_1 e V_2, considere o conjunto $E = V_1 \times V_2$, cujos elementos são os pares ordenados $v = (v_1, v_2)$, onde $v_1 \in V_1$ e $v_2 \in V_2$. Defina operações que tornem V um espaço vetorial.

3.2 Subespaços vetoriais

Nesta seção vamos estudar o conceito de subespaço vetorial de um espaço vetorial, que, na verdade, trata-se de um espaço vetorial "menor" dentro do espaço dado, que preserva as mesmas operações do espaço "maior".

Definição 3.2 Seja V um espaço vetorial e considere $W \subset V$ um subconjunto não vazio de V. Dizemos que W é um *subespaço vetorial* de V se cumprir as seguintes condições: para quaisquer $u, v \in W$ e $\alpha \in \mathbb{R}$, valem

(a) $u + v \in W$;

(b) $\alpha \cdot u \in W$.

Note que, dado um espaço vetorial V qualquer, um subconjunto W de V automaticamente herdará todas as oito propriedades de espaço vetorial, isso porque todo elemento de W é um elemento de V e, por essa razão, as propriedades estarão válidas. No entanto, para que W possa ter uma estrutura de espaço vetorial, resta verificar se a adição e a multiplicação por escalar estão fechadas em W, ou seja, se somarmos dois vetores em W o vetor resultante deve continuar em W, e o mesmo para o produto de um escalar por um elemento de W. E exatamente essas duas exigências estão encerradas na definição acima de subespaço vetorial.

Observação 3.3 Convém notar que se $W \subset V$ é um subespaço vetorial de V, obrigatoriamente segue que o neutro aditivo 0 de V também pertence a W. Isto se justifica pela propriedade (b) da definição de subespaço, tomando $\alpha = 0$. Assim, se $0 \notin W$, segue que W não é um subespaço vetorial de V.

Abaixo apresentamos alguns exemplos e contraexemplos de subespaço vetorial.

Exemplo 1. Todo espaço vetorial V possui pelo menos dois subespaços, chamados de *subespaços triviais*: o subespaço $\{0\}$ formado apenas pelo vetor nulo e todo o espaço V, subespaço de si mesmo.

Exemplo 2. Seja $V = \mathbb{R}^2$ com as operações de adição de vetores e multiplicação de escalar por vetor usuais. Defina $W \subset V$ por

$$W = \{(x, y) \in \mathbb{R}^2 \, : \, y = 2x\}.$$

Ou seja, estamos considerando como espaço vetorial V o plano cartesiano e tomamos como W o subconjunto do plano formado pelos pontos da reta $y = 2x$. Note que $W \neq \emptyset$, pois $(0, 0) \in W$, ou seja, a reta $y = 2x$ que define o subconjunto W passa pela origem do $\mathbb{R}^2$.

Afirmamos que W é um subespaço vetorial de V. De fato, dados $\vec{u} = (a, 2a)$ e $\vec{v} = (b, 2b)$ elementos quaisquer de W e $\alpha \in \mathbb{R}$ um escalar qualquer, segue que

(a) $\vec{u} + \vec{v} = (a, 2a) + (b, 2b) = (a + b, 2a + 2b) = (a + b, 2(a + b)) \in W$;

(b) $\alpha \cdot \vec{u} = \alpha \cdot (a, 2a) = (\alpha \cdot a, \alpha \cdot 2b) = (\alpha a, 2(\alpha a)) \in W$.

Logo, W é um subespaço de V.

Podemos dar uma interpretação geométrica para esse exemplo. Observe o desenho abaixo, onde temos que W é o conjunto de pontos do $\mathbb{R}^2$ sobre a reta $y = 2x$, uma reta que passa pela origem do plano $\mathbb{R}^2 = V$. Como estudado na Geometria analítica, sabemos que existe uma correspondência biunívoca entre ponto e vetor, e segue que um vetor pertencerá a um conjunto se a "ponta da seta" estiver no conjunto. Dessa forma, dados $\vec{u}, \vec{v} \in W$ e $\alpha \in \mathbb{R}$, vemos que $\vec{u} + \vec{v} \in W$ e que $\alpha \cdot \vec{u} \in W$, e, portanto, $W \subset V$ é um subespaço vetorial de V (no desenho tomamos $\alpha < 0$).

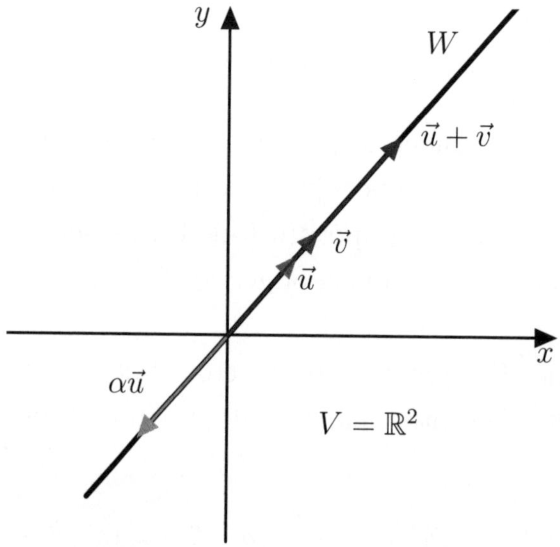

Figura 1 – Um subespaço do $\mathbb{R}^2$.

Exemplo 3. No mesmo contexto do exemplo anterior, considere $V = \mathbb{R}^2$ e W subconjunto de V dado por $W = \{(x, y) \in \mathbb{R}^2 \; : \; y = 2x + 1\}$.

Neste caso temos que W não é um subespaço vetorial de V, pois, por exemplo, dado $\vec{u} = (a, 2a+1)$ um vetor qualquer em W e $\alpha \neq 1$ um escalar, temos que

$$\alpha \cdot \vec{u} = \alpha(a, 2a + 1) = (\alpha a, 2\alpha a + \alpha) \notin W,$$

ou seja, o produto de um escalar por um vetor de W não fica em W. O mesmo aconteceria se somássemos dois elementos quaisquer de W: verificaríamos que a soma também estaria fora de W. Repare neste exemplo que W é uma reta que não passa pela origem, logo, o vetor nulo não pertencendo a W já nos mostra que W não pode ser subespaço de V. Veja a ilustação a seguir.

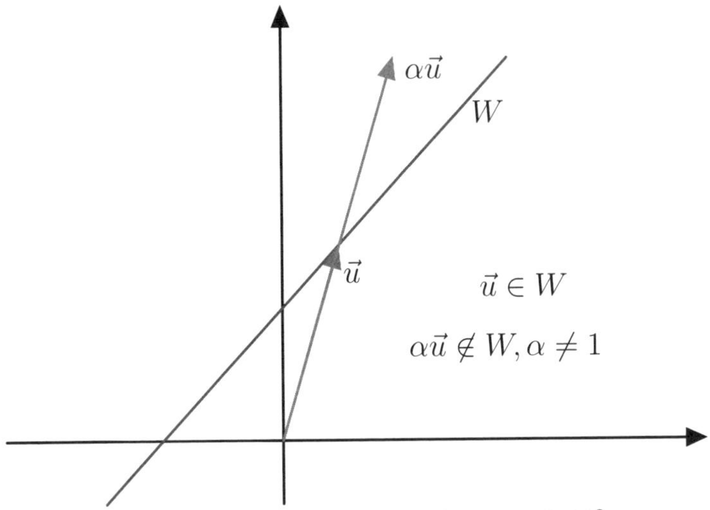

Figura 2 – W não é subespaço do $\mathbb{R}^2$.

Exemplo 4. Sendo $V = \mathbb{R}^2$ com as operações de adição de vetores e multiplicação de escalar por vetor usuais. Defina $W = \{(x, y) \in \mathbb{R}^2 : y = x^2\}$, ou seja W é o conjunto de todos os pontos do plano cartesiano que estão sobre a parábola $y = x^2$. Não é difícil verificar que W não é um subespaço vetorial de V. Deixaremos os detalhes para o leitor, inclusive recomendamos fazer um desenho para expressar V e W, destacando os vetores $\vec{u}, \vec{v} \in W$, $\vec{u} + \vec{v}$ e também $\alpha\vec{u}$.

Repare neste contraexemplo que a origem $\vec{0} = (0, 0)$ pertence a W, mas mesmo assim W não é subespaço de V. Isso porque o neutro pertencer a W não é garantia de que W seja subespaço de V. Sabemos apenas que, se o neutro não pertencer a W, então W não é subespaço de V.

Exemplo 5. Seja $V = \mathbb{R}^3$ com as operações de adição de vetores e multiplicação de escalar por vetor usuais. Considere

$$W = \{(x, y, z) \in \mathbb{R}^3 : y = 0\}.$$

Note que o subconjunto W corresponde ao plano xz de equação $y = 0$, perpendicular ao plano horizontal xy. Vamos mostrar que W é um subespaço vetorial de $V = \mathbb{R}^3$. De fato, dados $\vec{u} = (u_1, 0, u_3)$ e $\vec{v} = (v_1, 0, v_3)$ elementos de W e α um escalar real, temos que

(a) $\vec{u} + \vec{v} = (u_1, 0, u_3) + (v_1, 0, v_3) = (u_1 + v_1, 0, u_3 + v_3) \in W$;

(b) $\alpha\vec{u} = \alpha(u_1, 0, u_3) = (\alpha u_1, 0, \alpha u_3) \in W$.

Logo, W é um subespaço vetorial de V. Faça um desenho para ilustrar.

Exemplo 6. Seja $V = M(3,3)$ o espaço vetorial das matrizes 3×3 com entradas reais, munido da adição de matrizes e o produto de escalar por matriz usuais. Defina $W \subset V$ o conjunto de todas as matrizes triangulares superiores 3×3. Como a soma de matrizes triangulares superiores é uma matriz triangular superior e o produto de um escalar por uma matriz triangular superior é ainda uma matriz triangular superior, segue que W é um subespaço vetorial de V.

Exemplo 7. Seja $V = \mathbb{R}$ o conjunto dos números reais munido das operações usuais de adição

$$+ : \mathbb{R} \times \mathbb{R} \to \mathbb{R}$$

$$(x, y) \mapsto x + y,$$

e produto de um escalar por um elemento de V (neste caso, produto de números reais)

$$\cdot : \mathbb{R} \times \mathbb{R} \to \mathbb{R}$$

$$(\alpha, x) \mapsto \alpha \cdot x.$$

Então, obviamente, $V = \mathbb{R}$ munido dessas operações é um espaço vetorial (real).

Considere os subconjuntos $\mathbb{I} \subset \mathbb{R}$ dos números irracionais e $\mathbb{Q} \subset \mathbb{R}$ dos números racionais.

Então, temos que $\mathbb{I}$ não é um subespaço vetorial de $\mathbb{R}$, pois, por exemplo, $x = \sqrt{2} \in \mathbb{I}$ e $y = -\sqrt{2} \in \mathbb{I}$; no entanto,

$$x + y = \sqrt{2} + (-\sqrt{2}) = 0 \notin \mathbb{I}.$$

Segue também que $\mathbb{Q}$ não é subespaço vetorial de $\mathbb{R}$, pois, por exemplo, dados $\alpha = \sqrt{2} \in \mathbb{R}$ e $x = \frac{1}{2} \in \mathbb{Q}$, tem-se

$$\alpha \cdot x = \sqrt{2} \cdot \frac{1}{2} = \frac{\sqrt{2}}{2} \notin \mathbb{Q}.$$

Exemplo 8. Seja $V = P_n$ o espaço vetorial de todos os polinômios de grau menor ou igual a n, com as operações usuais de adição de polinômios e o produto de um número real por um polinômio. Defina

$$W = \{p \in P_n \, : \, p(0) = 0\}.$$

Primeiramente, note que $W \neq \emptyset$, pois o polinômio identicamente nulo $p(x) \equiv 0$ é tal que $p(0) = 0$, logo, pertence a W e então W está bem definido.

Mostremos que W é subespaço vetorial de P. Dados $p_1, p_2 \in W$ e $\alpha \in \mathbb{R}$. Então:

(a) $p_1 + p_2 \in W$, pois $(p_1 + p_2)(0) = p_1(0) + p_2(0) = 0$;

(b) $\alpha \cdot p_1 \in W$, pois $\alpha \cdot p_1(0) = \alpha \cdot 0 = 0$.

Portanto, W é um subespaço vetorial de $V = P_n$.

Exemplo 9. Seja $V = C([a,b])$ o espaço das funções contínuas em $[a,b]$, munido de suas operações usuais de soma de funções e produto de um escalar por uma função, c.f. estudado anteriormente. Defina

$$C^1([a,b]) = \{f : [a,b] \to \mathbb{R} \text{ tal que } f' : [a,b] \to \mathbb{R} \text{ é contínua}\}.$$

Primeiramente notamos que $C^1([a,b]) \neq \emptyset$ pois a função identicamente nula pertence a tal conjunto.

Vamos mostrar também que $C^1([a,b]) \subset C([a,b])$. De fato, dado $g \in C^1([a,b])$, segue que $g' : [a,b] \to \mathbb{R}$ é contínua. Portanto, do Cálculo integral segue que g' é integrável e então podemos definir $G : [a,b] \to \mathbb{R}$ por

$$G(x) = \int_0^x g'(t)\, dt,$$

que é contínua. Pelo Teorema Fundamental do Cálculo segue que

$$G(x) = g(x) - g(0),$$

e então $g(x) = G(x) + g(0)$, que será, portanto, contínua. Logo, concluímos que $g \in C([a,b])$, e daí $C^1([a,b]) \subset C([a,b])$.

Por fim, mostremos que $C^1([a,b])$ é um subespaço vetorial de $C([a,b])$. De fato, dados $f, g \in C^1([a,b])$, segue que f' e g' são contínuas em $[a,b]$, e, como a soma de funções contínuas é uma função contínua, concluímos que $f' + g'$ é contínua em $[a,b]$, ou seja,

$$f' + g' \in C^1([a,b]). \tag{3.1}$$

Do mesmo modo, dado $\alpha \in \mathbb{R}$ temos que $\alpha f'$ é contínua em $[a,b]$, pois o produto de uma constante por uma função contínua é uma função contínua, ou seja, concluímos que

$$\alpha \cdot f' \in C^1([a,b]). \tag{3.2}$$

Portanto, por (3.1) e (3.2) concluímos que $C^1([a,b])$ é um subespaço vetorial de $C([a,b])$.

Exemplo 10. Sejam $V = \mathbb{R}$ o espaço vetorial real munido das operações usuais e $W = \{\{x_n\}_n \subset \mathbb{R} : \lim\limits_{n\to\infty} x_n = 0\}$, ou seja, W é o conjunto de todas as sequências de números reais que convergem para zero. Note que W está bem definido, ou seja, $W \neq \emptyset$, pois, por exemplo, (x_n) dada por $x_n = \frac{1}{n}$ é tal que $\lim\limits_{n\to\infty} \dfrac{1}{n} = 0$ e, portanto, pertencente a W.

Afirmamos que W é um subespaço vetorial de V. De fato, dados (x_n), $(y_n) \in W$, temos que

$$\lim_{n\to\infty} x_n = \lim_{n\to\infty} y_n = 0.$$

Logo, por propriedades dos limites de sequências, segue que

$$\lim_{n\to\infty}(x_n + y_n) = \lim_{n\to\infty} x_n + \lim_{n\to\infty} y_n = 0 + 0 = 0,$$

e então a sequência $(x_n + y_n)_n$ também pertence a W.

Ainda, $\forall \alpha \in \mathbb{R}$, temos que

$$\lim_{n\to\infty} \alpha \cdot x_n = \alpha \cdot \lim_{n\to\infty} x_n = \alpha \cdot 0 = 0,$$

e então a sequência $(\alpha \cdot x_n)_n$ também pertence a W.

Portanto, W é um subespaço vetorial de $V = \mathbb{R}$.

Exercícios

1. Mostre que os seguintes subconjuntos do $\mathbb{R}^4$ são subespaços vetoriais:

   (a) $W = \{(x, y, z, t) \in \mathbb{R}^4 : x + y = 0 \text{ e } z + t = 0\}$.

   (b) $S = \{(x, y, z, t) \in \mathbb{R}^4 : 2x + y - t = 0 \text{ e } z = 0\}$.

2. *Seja $V = \mathbb{R}^2$ e considere o subconjunto

   $$W = \{(x, y) \in \mathbb{R}^2 : xy \leq 0\}.$$

   Desenhe $W \subset \mathbb{R}^2$ e verifique se W é um subespaço vetorial, justificando sua resposta.

3. Seja V o espaço vetorial real de todas as funções de $\mathbb{R}$ em $\mathbb{R}$. Quais dos seguintes conjuntos de funções são subespaços de V?

   (a) de todas as funções f tais que $f(x^2) = f(x)^2$.

(b) de todas as funções f tais que $f(0) = f(1)$.

(c) de todas as funções f tais que $f(-1) = 0$.

4. *O conjunto $W = \{A \in M_{3\times 3}(\mathbb{R}) : A$ é invertível$\}$ é um subespaço vetorial de $M_{3\times 3}(\mathbb{R})$? Justifique.

5. *Seja $\mathfrak{F}$ o espaço vetorial de todas as funções de $\mathbb{R}$ em $\mathbb{R}$. Seja F_p o subconjunto de todas as funções pares, i.e., tais que $f(-x) = f(x)$; e seja F_i o subconjunto de todas as funções ímpares, i.e., tais que $f(-x) = -f(x)$. Prove que F_p e F_i são subespaços de $\mathfrak{F}$.

6. *Dizemos que uma função $f : A \to \mathbb{R}$ é limitada em A se existir $M > 0$ tal que, para todo $x \in A$, implique em $|f(x)| \leq M$ (tal M depende da f). Seja V o espaço vetorial de todas as funções reais de A em $\mathbb{R}$. Mostre que o conjunto

$$W = \{f : A \to \mathbb{R} \text{ tal que } \exists M > 0, \text{ tal que } |f(x)| \leq M, \forall x \in A\}$$

de todas as funções reais de A em $\mathbb{R}$ limitadas é um subespaço vetorial de V.

7. Seja V o espaço vetorial de todas as matrizes $n \times n$ com entradas reais, i.e., $V = M_{n\times n}(\mathbb{R})$, munido com suas operações usuais de adição de matrizes e produto de um escalar por uma matriz. Seja $W = \{A \in V : A^t = A\}$, ou seja, o conjunto de todas as matrizes simétricas. Mostre que W é um subespaço vetorial de V.

8. ***(Sel. Mestrado UFRGS 2011/1)** Sejam $\mathcal{M}$ o espaço vetorial das matrizes reais $n \times n$ e $\mathcal{S} \subset \mathcal{M}$ o conjunto de todas as matrizes reais antissimétricas, isto é, $A \in \mathcal{S} \Leftrightarrow A = -A^t$. Prove que $\mathcal{S}$ é um subespaço vetorial de $\mathcal{M}$, sendo, portanto, um espaço vetorial real.

3.3 Somas diretas

No que segue, apresentaremos dois resultados importantes sobre subespaços vetoriais. Apenas devido à familiaridade com vetores em $\mathbb{R}^3$ vamos trabalhar com a notação vetorial $\vec{v}$ para denotar um vetor v de um espaço vetorial V, mas frisamos que, se V for um espaço vetorial mais geral, por exemplo, $C([a,b])$, os vetores $\vec{v}$ serão funções contínuas de $[a,b]$ em $\mathbb{R}$ e, nesse caso, $\vec{v} = f$, para f contínua em $[a,b]$. Tais resultados serão cruciais para definir o conceito de *soma direta* de subespaços.

Proposição 3.4 *Sejam W_1 e W_2 dois subespaços vetoriais de um espaço vetorial V. Então o conjunto $W_1 \cap W_2$ também é um subespaço vetorial de V.*

Demonstração. Sejam W_1 e W_2 subespaços de V. Defina o conjunto

$$W_1 \cap W_2 = \{\vec{u} : \vec{u} \in W_1 \text{ e } \vec{u} \in W_2\}.$$

Primeiramente observamos que $W_1 \cap W_2 \neq \emptyset$, pois $\vec{0} \in W_1$ e $\vec{0} \in W_2$. Logo, o conjunto $W_1 \cap W_2$ está bem definido.

Dados $\vec{u}, \vec{v} \in W_1 \cap W_2$ e $\alpha \in \mathbb{R}$. Logo, $\vec{u}, \vec{v} \in W_1$ e $\vec{u}, \vec{v} \in W_2$.

Assim, temos que

(i) $\vec{u} + \vec{v} \in W_1$ e $\alpha\vec{u} \in W_1$, pois W_1 é subespaço vetorial de V.

(ii) $\vec{u} + \vec{v} \in W_2$ e $\alpha\vec{u} \in W_2$, pois W_2 é subespaço vetorial de V.

Portanto, de (i) e (ii) temos que $\vec{u} + \vec{v} \in W_1 \cap W_2$ e $\alpha\vec{u} \in W_1 \cap W_2$, provando que $W_1 \cap W_2$ é um subespaço vetorial de V.

□

Proposição 3.5 *Sejam W_1 e W_2 dois subespaços vetoriais de um espaço vetorial V. Então o conjunto*

$$W_1 + W_2 = \{\vec{w}_1 + \vec{w}_2 \ : \ \vec{w}_1 \in W_1 \ \ e \ \ \vec{w}_2 \in W_2\}$$

é um subespaço vetorial de V.

Demonstração. Note que $W_1 + W_2 \neq \emptyset$ pois $\vec{0} \in W_1$ e $\vec{0} \in W_2$ e é tal que

$$\vec{0} = \vec{0} + \vec{0} \in W_1 + W_2.$$

Logo, $W_1 + W_2$ está bem definido.

Mostremos que $W_1 + W_2$ é um subespaço vetorial de V.
Dados $\vec{u}, \vec{v} \in W_1 + W_2$ e $\alpha \in \mathbb{R}$. Então existem $\vec{u}_1$, $\vec{v}_1 \in W_1$ e $\vec{u}_2$, $\vec{v}_2 \in W_2$ tais que

$$\vec{u} = \vec{u}_1 + \vec{u}_2 \text{ e } \quad \vec{v} = \vec{v}_1 + \vec{v}_2.$$

Então

$$\vec{u} + \vec{v} = (\vec{u}_1 + \vec{u}_2) + (\vec{v}_1 + \vec{v}_2) = \vec{u}_1 + (\vec{u}_2 + \vec{v}_1) + \vec{v}_2 =$$

$$= \vec{u}_1 + (\vec{v}_1 + \vec{u}_2) + \vec{v}_2 = (\vec{u}_1 + \vec{v}_1) + (\vec{u}_2 + \vec{v}_2) \in W_1 + W_2,$$

pois $\vec{u}_1 + \vec{v}_1 \in W_1$ e $\vec{u}_2 + \vec{v}_2 \in W_2$, e

$$\alpha \cdot \vec{u} = \alpha(\vec{u}_1 + \vec{u}_2) = \alpha\vec{u}_1 + \alpha\vec{u}_2 \in W_1 + W_2,$$

pois $\alpha\vec{u}_1 \in W_1$ e $\alpha\vec{u}_2 \in W_2$, e isso conclui a prova da Proposição.

□

As Proposições 3.4 e 3.5, em casos especiais, definem um tipo especial de soma de subespaços, conforme a definição abaixo:

Definição 3.6 Sejam W_1 e W_2 dois subespaços vetoriais de um espaço vetorial V. Dizemos que o espaço vetorial $W_1 + W_2$ é uma *soma direta de* W_1 *com* W_2 se, e somente se, $W_1 \cap W_2 = \{0\}$. Neste caso, tal soma direta é denotada por $W_1 \oplus W_2$.

Vejamos alguns exemplos:

Exemplo 1. Seja $V = \mathbb{R}^3$ e considere $W_1 = \{(x, y, 0) \in \mathbb{R}^3 : x, y \in \mathbb{R}\}$ e $W_2 = \{(0, 0, z) \in \mathbb{R}^3 : z \in \mathbb{R}\}$. Obviamente tem-se que $W_1 \cap W_2 = \{(0, 0, 0)\}$ e, para todo vetor $\vec{u} = (x, y, z) \in V$, segue que

$$\vec{u} = (x, y, z) = (x, y, 0) + (0, 0, z) \in W_1 + W_2.$$

Portanto, a soma $W_1 + W_2$ é direta e, além disso,

$$V = W_1 \oplus W_2.$$

Exemplo 2. Seja $\mathfrak{F} = \{f : \mathbb{R} \to \mathbb{R}\}$ o espaço vetorial de todas as funções de $\mathbb{R}$ em $\mathbb{R}$ munido de suas operações usuais. Sejam $F_p = \{f \in \mathfrak{F} : f(x) = f(-x), \forall x \in \mathbb{R}\}$ e $F_i = \{f \in \mathfrak{F} : f(-x) = f(x), \forall x \in \mathbb{R}\}$, respectivamente, os subespaços vetoriais de todas as funções pares e de todas as funções ímpares (veja o Exercício 5 da seção anterior).

Afirmamos que

$$\mathfrak{F} = F_p \oplus F_i.$$

De fato, primeiramente, note que, para toda $f \in \mathfrak{F}$, escrevemos

$$f(x) = g(x) + h(x),\ \forall x \in \mathbb{R},$$

onde

$$g(x) = \frac{f(x) + f(-x)}{2} \quad \text{e} \quad h(x) = \frac{f(x) - f(-x)}{2}.$$

É fácil ver que $g \in F_p$, ou seja, é uma função par e que $h \in F_i$, i.e., h é uma função ímpar, pois para todo $x \in \mathbb{R}$ temos

$$g(-x) = \frac{f(-x) + f(-(-x))}{2} = \frac{f(x) + f(-x)}{2} = g(x),$$

e

$$h(-x) = \frac{f(-x) - f(-(-x))}{2} = \frac{f(-x) - f(x)}{2} = -h(x).$$

Portanto, segue que $\mathfrak{F} = F_p + F_i$.

Assim, para mostrar que $\mathfrak{F} = F_p \oplus F_i$, resta mostrar que $F_p \cap F_i = \{o\}$, onde o denota a função identicamente nula. Felizmente isso é trivial, pois a única função que é par e ímpar simultaneamente é a função identicamente nula.

Portanto,

$$\mathfrak{F} = F_p \oplus F_i.$$

Exemplo 3. Seja $V = \mathbb{R}^3$ e considere os subespaços $U = \{(x, y, z) \in \mathbb{R}^3 : x = 0\}$ e $W = \{(x, y, z) \in \mathbb{R}^3 : z = 0\}$. Então $\mathbb{R}^3 = U + W$, pois para qualquer $(x, y, z) \in \mathbb{R}^3$ temos

$$(x, y, z) = \underbrace{(0, y, z)}_{\in U} + \underbrace{(x, 0, 0)}_{\in W} \in U + W,$$

porém, tal soma não é direta, pois $U \cap W \neq \{(0, 0, 0)\}$. De fato, por exemplo, temos $(0, 1, 0) \in U \cap W$.

O próximo resultado estabelece um critério para determinar quando uma soma é direta.

Proposição 3.7 *Sejam U e W subespaços vetoriais de um espaço vetorial V. Então, $V = U \oplus W$ se, e somente se, para qualquer vetor $\vec{v} \in V$, existirem únicos vetores $\vec{u} \in U$ e $\vec{w} \in W$ tais que $\vec{v} = \vec{u} + \vec{w}$.*

Demonstração. Suponha que $V = U \oplus W$. Então, segue que $V = U + W$ e $U \cap W = \{\vec{0}\}$. Dado $\vec{v} \in V$, segue que existem $\vec{u} \in U$ e $\vec{w} \in W$ tais que

$$\vec{v} = \vec{u} + \vec{w}. \tag{3.3}$$

Precisamos mostrar que tal representação é única. Suponha que existem $\vec{u}_1 \in U$ e $\vec{w}_1 \in W$ tais que $\vec{v} = \vec{u}_1 + \vec{v}_1$. Então,

$$\vec{u} + \vec{v} = \vec{u}_1 + \vec{v}_1,$$

e daí vem

$$\vec{u} - \vec{u}_1 = \vec{w} - \vec{w}_1,$$

e, como $\vec{u} - \vec{u}_1 \in U$ e $\vec{w} - \vec{w}_1 \in W$, e por hipótese $U \cap W = \{\vec{0}\}$, segue que

$$\vec{u} - \vec{u}_1 = \vec{0} \quad \text{e} \quad \vec{w} - \vec{w}_1 = \vec{0},$$

ou seja,

$$\vec{u} = \vec{u}_1 \quad \text{e} \quad \vec{w} = \vec{w}_1,$$

i.e., a representação (3.3) é única.

Reciprocamente, suponha que para todo $\vec{v} \in V$ existam únicos $\vec{u} \in U$ e $\vec{w} \in W$ tais que $\vec{v} = \vec{u} + \vec{w}$.

Então, $V = U + W$. Resta mostrar que $U \cap W = \{\vec{0}\}$.

Seja $\vec{v} \in U \cap W$. Então $\vec{v} \in U$ e $\vec{v} \in W$. Logo, por hipótese, existem únicos $\vec{u} \in U$ e $\vec{w} \in W$ tais que $\vec{v} = \vec{u} + \vec{w}$. Note que podemos escrever

$$\vec{v} = \vec{u} + \vec{w} = (\vec{u} + \vec{v}) + (\vec{w} - \vec{v}),$$

onde $\vec{u} + \vec{v} \in U$ e $\vec{w} - \vec{v} \in W$.

Mas, pela hipótese da unicidade da representação, segue que

$$\vec{u} = \vec{u} + \vec{v} \quad \text{e} \quad \vec{w} = \vec{w} - \vec{v},$$

ou seja, obtemos $\vec{v} = \vec{0}$.

Portanto, segue que $U \cap W = \{\vec{0}\}$. Isso conclui a prova da Proposição.

□

Por exemplo, revisitando o **Exemplo 03** anterior, temos que realmente a soma não é direta, pois podemos escrever um dado vetor $(x, y, z) \in \mathbb{R}^3$ de maneiras diferentes como soma de vetores de U e de W, por exemplo,

$$(x, y, z) = \underbrace{(0, y, z)}_{\in U} + \underbrace{(x, 0, 0)}_{\in W} \in U + W,$$

e

$$(x, y, z) = \underbrace{(0, 0, z)}_{\in U} + \underbrace{(x, y, 0)}_{\in W} \in U + W,$$

ou seja, a representação **não é única!**

Exercícios

1. Mostre que $\mathbb{R}^3$ é a soma direta dos espaços $U = \{(x, y, z) \in \mathbb{R}^3 : x + y + z = 0\}$ e $W = \{(x, y, z) \in \mathbb{R}^3 : x = 0,\ y = 0\}$.

2. *O espaço vetorial P_2 dos polinômios de grau menor ou igual a 2 é a soma direta dos subespaços $U = \{a + bt^2 : a, b \in \mathbb{R}\}$ e $W = \{ct : c \in \mathbb{R}\}$?

3.4 Vetores linearmente independentes e linearmente dependentes

Como já foi exposto acima, apenas por familiaridade com a Geometria Analítica, para os resultados gerais vamos denotar um vetor de um espaço vetorial V com uma seta, ou seja, $\vec{v}$ denotará um vetor em V. Mas, como sempre, dependerá do contexto do espaço vetorial estudado. No Exemplo 3 que será dado adiante os vetores serão funções reais e então não há necessidade de denotar um vetor com uma seta, por exemplo.

O conceito de dependência e independência linear é de extrema importância na Álgebra linear,[1] pois desenvolveremos na Seção seguinte o importante conceito de base de um espaço vetorial, e esse conceito depende de independência linear. Antes, porém, precisamos definir combinação linear de vetores.

Definição 3.8 Sejam n vetores $\vec{v}_1$, $\vec{v}_2$,..., $\vec{v}_n$ de um espaço vetorial V e α_1, α_2, ..., α_n escalares. Dizemos que o vetor

$$\vec{v} = \alpha_1 \cdot \vec{v}_1 + \alpha_2 \cdot \vec{v}_2 + ... + \alpha_n \cdot \vec{v}_n$$

é uma *combinação linear* dos vetores $\vec{v}_1$, $\vec{v}_2$,..., $\vec{v}_n$.

[1] Em outras áreas este conceito também é de extrema importância. Por exemplo, com equações diferenciais e em análise funcional.

Por exemplo, considerando o espaço vetorial $V = \mathbb{R}^2$, temos que o vetor $\vec{u} = (-1, 5)$ é uma combinação linear dos vetores $\vec{v}_1 = (1, 1)$ e $\vec{v}_2 = (2, -1)$, pois

$$(-1, 5) = 3 \cdot (1, 1) - 2 \cdot (2, -1).$$

Uma vez fixados os vetores $\vec{v}_1$, ..., $\vec{v}_n$ de um espaço vetorial V, podemos definir o conjunto de todas as combinações lineares desses vetores, e denotaremos por $[\vec{v}_1, ..., \vec{v}_n]$. Temos, pois, o seguinte resultado:

Proposição 3.9 *Fixados os vetores $\vec{v}_1$, ..., $\vec{v}_n$ de um espaço vetorial V, o conjunto $W = [\vec{v}_1, ..., \vec{v}_n]$ de todas as combinações lineares de tais vetores é um subespaço vetorial de V.*

Demonstração. Sejam $\vec{u}$ e $\vec{v}$ vetores em $W = [\vec{v}_1, ..., \vec{v}_n]$. Então, existem constantes $\alpha_i, \beta_i \in \mathbb{R}$, com $i = 1, 2, ..., n$ tais que

$$\vec{u} = \alpha_1 \cdot \vec{v}_1 + ... + \alpha_n \cdot \vec{v}_n \text{ e } \vec{v} = \beta_1 \cdot \vec{v}_1 + ... + \beta_n \cdot \vec{v}_n.$$

Assim, temos que

$$\vec{u} + \vec{v} = (\alpha_1 \cdot \vec{v}_1 + ... + \alpha_n \cdot \vec{v}_n) + (\beta_1 \cdot \vec{v}_1 + ... + \beta_n \cdot \vec{v}_n) =$$

$$= (\alpha_1 + \beta_1)\vec{v}_1 + ... + (\alpha_n + \beta_n)\vec{v}_n \in W; \tag{3.4}$$

e, para qualquer $\gamma \in \mathbb{R}$, vale

$$\gamma \cdot \vec{u} = \gamma(\alpha_1 \cdot \vec{v}_1 + ... + \alpha_n \cdot \vec{v}_n) = (\gamma\alpha_1) \cdot \vec{v}_1 + ... + (\gamma\alpha_n) \cdot \vec{v}_n \in W. \tag{3.5}$$

Logo, de (3.4) e (3.5) segue o resultado.

□

O resultado acima nos fornece um importante conceito:

Definição 3.10 O subespaço vetorial $W = [\vec{v}_1, ..., \vec{v}_n]$ de V acima definido chama-se *subespaço gerado* pelos vetores $\vec{v}_1, ..., \vec{v}_n$.

Uma outra notação para um subespaço vetorial W gerado pelos vetores $\vec{v}_1, \vec{v}_2, ..., \vec{v}_n$ é $W = \mathcal{G}er\{\vec{v}_1, ..., \vec{v}_n\}$.

Proposição 3.11 *O subespaço gerado* $W = [\vec{v}_1, ..., \vec{v}_n]$ *por* n *vetores de um espaço vetorial* V *é o menor subespaço que contém os vetores* $\vec{v}_1, ..., \vec{v}_n$.

Demonstração. Seja W_1 outro subespaço vetorial de V tal que contenha os vetores $\vec{v}_1, ..., \vec{v}_n$. Para provar a Proposição é suficiente mostrar que $W \subset W_1$. De fato, seja $\vec{v} \in W$, então existem escalares $\alpha_1, ..., \alpha_n$ tais que

$$\vec{v} = \alpha_1 \cdot \vec{v}_1 + ... + \alpha_n \cdot \vec{v}_n.$$

Mas, como $\vec{v}_1$,..., $\vec{v}_n \in W_1$ e W_1 é subespaço de V, segue que $\alpha_i \vec{v}_i \in W_1$, para $i = 1, 2, ..., n$; e ainda, como W_1 é subespaço de V, temos que

$$\alpha_1 \cdot \vec{v}_1 + ... + \alpha_n \cdot \vec{v}_n \in W_1,$$

ou seja, $\vec{v} \in W_1$. Portanto, mostramos que $W \subset W_1$, ou seja, o subespaço $W = [\vec{v}_1, ..., \vec{v}_n]$ gerado pelos vetores $\vec{v}_1, ..., \vec{v}_n$ é o menor subespaço de V que os contém. □

Por fim, apresentamos o importante conceito de dependência e independência linear.

Definição 3.12 Seja V um espaço vetorial e $\vec{v}_1, ..., \vec{v}_n$ vetores de V. Dizemos que esses vetores são *linearmente independentes* (abreviadamente, L.I.), se

$$\alpha_1 \cdot \vec{v}_1 + \alpha_2 \cdot \vec{v}_2 + ... + \alpha_n \cdot \vec{v}_n = \vec{0},$$

se, e somente se, $\alpha_1 = \alpha_2 = ... = \alpha_n = 0$. No caso onde pelo menos um dos α_i seja diferente de zero, dizemos que esses vetores são *linearmente dependentes* (abreviadamente, L.D.)

Exemplo 1. Considerando $V = \mathbb{R}^3$, temos que os vetores $\vec{u} = (2, 4, -8)$ e $\vec{v} = (3, 6, -12)$ são linearmente dependentes (L.D.), pois

$$\alpha(2, 4, -8) + \beta(3, 6, -12) = (0, 0, 0)$$

se, e somente se,

$$\begin{cases} 2\alpha + 3\beta = 0 \\ 4\alpha + 6\beta = 0 \\ -8\alpha - 12\beta = 0 \end{cases}$$

Note que a terceira equação do sistema linear homogêneo acima é -4 vezes a primeira equação e a segunda é 2 vezes a primeira equação, portanto, resta apenas

$$2\alpha + 3\beta = 0 \Rightarrow \alpha = -\frac{3\beta}{2}.$$

Assim, por exemplo, para $\beta = 2$ temos $\alpha = -3$, e são tais que

$$-3\cdot\vec{u}+2\cdot\vec{v} = -3\cdot(2,4,-8)+2\cdot(3,6,-12) = (-6,-12,24)+(6,12,-24) = \vec{0},$$

ou seja, tal combinação linear resulta no vetor nulo sem que os escalares sejam todos nulos. Portanto, os vetores $\vec{u}$ e $\vec{v}$ dados são L.D.

Exemplo 2. Considerando $V = \mathbb{R}^3$, sejam os vetores $\vec{i} = (1,0,0)$; $\vec{j} = (0,1,0)$ e $\vec{k} = (0,0,1)$, mostremos que os mesmos são L.I.

De fato, se α, β e γ são escalares tais que

$$\alpha\vec{i} + \beta\vec{j} + \gamma\vec{k} = \vec{0},$$

obtemos

$$\alpha(1,0,0) + \beta(0,1,0) + \gamma(0,0,1) = (0,0,0) \Leftrightarrow (\alpha,\beta,\gamma) = (0,0,0),$$

ou seja, $\alpha = \beta = \gamma = 0$, donde segue que o conjunto de vetores $\{\vec{i}, \vec{j}, \vec{k}\}$ é L.I.

Exemplo 3. Seja V o espaço vetorial das funções de $\mathbb{R}$ em $\mathbb{R}$ munido das operações usuais de soma de funções e produto de um escalar por uma função. Note que o vetor nulo nesse espaço é a função identicamente nula 0. Considere nesse espaço os vetores $f(t) = \operatorname{sen} t$, $g(t) = \cos t$ e $h(t) = t$. Afirmamos que esses três vetores são L.I. em V pois, sendo $\alpha, \beta, \gamma \in \mathbb{R}$ escalares, temos que

$$\alpha f(t) + \beta g(t) + \gamma h(t) = 0,$$

ou seja,

$$\alpha \operatorname{sen} t + \beta \cos t + \gamma \cdot t = 0. \tag{3.6}$$

Derivando em t, obtemos

$$\alpha \cos t - \beta \operatorname{sen} t + \gamma = 0. \tag{3.7}$$

Derivando esta última, novamente em t, obtemos

$$-\alpha \operatorname{sen} t - \beta \cos t = 0,$$

ou seja,

$$\alpha \operatorname{sen} t + \beta \cos t = 0 \tag{3.8}$$

Juntando (3.6) e (3.8), obtemos

$$\gamma t = 0,$$

e derivando novamente em t obtemos $\gamma = 0$.

Montando um sistema com (3.7) e (3.8), obtemos

$$\begin{cases} \alpha \cos t - \beta \operatorname{sen} t = 0 \\ \alpha \operatorname{sen} t + \beta \cos t = 0 \end{cases}$$

Elevando ambos ao quadrado e somando, obtemos

$$\alpha^2(\cos^2 t + \operatorname{sen}^2 t) + \beta^2(\operatorname{sen}^2 t + \cos^2 t) = 0,$$

donde segue que

$$\alpha^2 + \beta^2 = 0 \Leftrightarrow \alpha = \beta = 0.$$

Concluímos então que $\alpha = \beta = \gamma = 0$, ou seja, os vetores $f(t) = \operatorname{sen} t$, $g(t) = \cos t$ e $h(t) = t$ são L.I.

Teorema 3.13 *Um conjunto de vetores* $\{\vec{v}_1, ..., \vec{v}_n\}$ *de um espaço vetorial* V *é L.D. se, e somente se, um desses vetores for combinação linear dos demais.*

Demonstração. Primeiramente, suponha que o conjunto $\{\vec{v}_1, ..., \vec{v}_n\}$ de um espaço vetorial V seja L.D. Assim, segue que existe pelo menos um escalar $\alpha_j \neq 0$ tal que a combinação linear a seguir seja o vetor nulo:

$$\alpha_1\vec{v}_1 + ... + \alpha_j\vec{v}_j + ... + \alpha_n\vec{v}_n = \vec{0}.$$

Disso segue que

$$\alpha_j\vec{v}_j = -\alpha_1\vec{v}_1 - ... - \alpha_{j-1}\vec{v}_{j-1} - \alpha_{j+1}\vec{v}_{j+1} - ... - \alpha_n\vec{v}_n,$$

e, portanto, dividindo por $\alpha_j \neq 0$ obtemos

$$\vec{v}_j = -\frac{\alpha_1}{\alpha_j}\vec{v}_1 - ... - \frac{\alpha_{j-1}}{\alpha_j}\vec{v}_{j-1} - \frac{\alpha_{j+1}}{\alpha_j}\vec{v}_{j+1} - ... - \frac{\alpha_n}{\alpha_j}\vec{v}_n,$$

ou seja, mostramos que um dos vetores do conjunto $\{\vec{v}_1, ..., \vec{v}_n\}$ é combinação linear dos demais.

Reciprocamente, suponha que

$$v_j = \beta_1\vec{v_1} + ... + \beta_{j-1}\vec{v}_{j-1} + \beta_{j+1}\vec{v}_{j+1} + ... + \beta_n\vec{v}_n$$

é uma combinação linear dos demais vetores do conjunto $\{\vec{v}_1, ..., \vec{v}_n\}$. Vamos mostrar que tal conjunto é L.D. De fato, da igualdade acima é imediato que

$$\beta_1\vec{v_1} + ... + \beta_{j-1}\vec{v}_{j-1} - 1 \cdot \vec{v}_j + \beta_{j+1}\vec{v}_{j+1} + ... + \beta_n\vec{v}_n = \vec{0},$$

e, portanto, o conjunto $\{\vec{v}_1, ..., \vec{v}_n\}$ de vetores de V é L.D. Isso completa a prova do Teorema.

□

Exercícios

1. *Escreva a matriz $A = \begin{pmatrix} 3 & 1 \\ 1 & -1 \end{pmatrix}$ como uma combinação linear das matrizes

$$M = \begin{pmatrix} 1 & 1 \\ 1 & 0 \end{pmatrix}, \quad N = \begin{pmatrix} 0 & 0 \\ 1 & 1 \end{pmatrix} \quad \text{e} \quad P = \begin{pmatrix} 0 & 2 \\ 0 & -1 \end{pmatrix}.$$

2. Considere o espaço vetorial $P_2 = \{at^2+bt+c : a, b, c \in \mathbb{R}\}$ e os vetores $p_1 = t^2 - 2t + 1$, $p_2 = t + 2$ e $p_3 = 2t^2 - t$.

   (a) Escreva o vetor $p = 5t^2 - 5t + 7$ como combinação linear de p_1, p_2 e p_3.

   (b) Determine uma condição para a, b e c de modo que o vetor $at^2 + bt + c$ seja uma combinação linear de p_2 e p_3.

3. Seja $V = C(\mathbb{R})$ o espaço vetorial das funções contínuas de $\mathbb{R}$ em $\mathbb{R}$, e considere os vetores $f = \cos^2 x$ e $g = \text{sen}^2 x$. Verifique que os seguintes vetores pertencem a $[f, g]$.

   (a) $\cos 2x$ (b) 1 (c) $\text{sen}^2 x$ (d) 0

4. *Mostre que, se u, v e w são vetores L.I., então $u + v$, $u + w$ e $v + w$ também são LI.

5. Se $\beta = \{\vec{u}, \vec{v}, \vec{w}\}$ é um conjunto de vetores L.I. de um espaço vetorial V, prove que o conjunto $\{\vec{u} - \vec{v}, \vec{u} + \vec{w}, 2\vec{u} - \vec{v} + 2\vec{w}\}$ também é L.I.

6. *Se $\beta = \{\vec{u}, \vec{v}, \vec{w}\}$ é um conjunto de vetores L.I. de um espaço vetorial V, prove que o conjunto $\{2\vec{u} - \vec{v} + \vec{w},\ \vec{u} + 2\vec{v} - 3\vec{w},\ 3\vec{u} - 4\vec{v} + 5\vec{w}\}$ é L.D.

7. *Considere $V[a, b]$ como sendo o espaço de todas as funções reais de uma variável real t de $[a, b]$ em $\mathbb{R}$. Mostrar que os seguintes pares de vetores a seguir são LI:
   (a) t, t^2. (b) te^t, e^{2t}. (c) $\text{sen}\, t, \cos t$. (d) $\cos t, \cos 3t$.

8. *Defina a *média* $u \star v$ entre os vetores de um espaço vetorial V pondo $u \star v = \frac{1}{2}u + \frac{1}{2}v$. Prove que $(u \star v) \star w = u \star (v \star w)$ se, e somente se, $u = w$.

9. **(Sel. Mestrado UFRGS 2004/1)** Sejam $v_1, ..., v_5$ vetores linearmente independentes de um espaço vetorial V. Dado $i = 1, ..., 5$,

defina

$$w_i = \sum_{j=1}^{i} v_j.$$

Prove que $w_1, ..., w_5$ são linearmente independentes.

10. Mostre que as funções $\text{sen}\, x$, $\text{sen}\, 2x$, $\text{sen}\, 3x$, ... , $\text{sen}\, nx$ são linearmente independentes no intervalo $[0, \pi]$.
Sugestão. Suponha que, para todo $x \in [0, \pi]$,

$$\alpha_1 \text{sen}\, x + \alpha_2 \text{sen}\, 2x + ... + \alpha_n \text{sen}\, nx = 0.$$

Multiplique esta igualdade por $\text{sen}\, mx$, integre no intervalo $[0, \pi]$ e então deduza que $c_m = 0$ para $m = 1, 2, ..., n$.

3.5 Base de um espaço vetorial

Quando estudamos a Geometria Analítica vimos que, por exemplo, em $\mathbb{R}^3$, qualquer vetor $\vec{u} = (u_1, u_2, u_3)$ pode ser escrito como uma combinação linear dos vetores $\vec{i} = (1, 0, 0)$, $\vec{j} = (0, 1, 0)$ e $\vec{k} = (0, 0, 1)$. De fato, basta observar que

$$\vec{u} = (u_1, u_2, u_3) = (u_1, 0, 0) + (0, u_2, 0) + (0, 0, u_3) =$$

$$= u_1(1, 0, 0) + u_2(0, 1, 0) + u_3(0, 0, 1) = u_1\vec{i} + u_2\vec{j} + u_3\vec{k}.$$

Na Geometria Analítica definimos o conjunto de vetores $\{\vec{i}, \vec{j}, \vec{k}\}$ como uma *base* para o $\mathbb{R}^3$, pois todo vetor desse espaço pode ser escrito como uma combinação linear desses três vetores. Mais ainda, tal base foi chamada de *base canônica* do $\mathbb{R}^3$.

Além disso, vimos na seção anterior que o conjunto de vetores $\{\vec{i}, \vec{j}, \vec{k}\}$ é L.I. no espaço vetorial $\mathbb{R}^3$ (veja o Exemplo 2 da seção anterior).

Isso nos inspira a definir num sentido mais geral o que vem a ser uma base de um espaço vetorial V:

Definição 3.14 Seja V um espaço vetorial. Dizemos que um conjunto $\{\vec{v}_1, \vec{v}_2, ..., \vec{v}_n\}$ de vetores de V é uma *base* para V se:

(a) o conjunto $\{\vec{v}_1, \vec{v}_2, ..., \vec{v}_n\}$ for L.I.;

(b) $[\vec{v}_1, \vec{v}_2, ..., \vec{v}_n] = V$.

A seguir apresentamos alguns exemplos.

Exemplo 1. Seja $V = \mathbb{R}^2$ e considere os vetores $\vec{v}_1 = (1,1)$ e $\vec{v}_2 = (0,1)$ de V. Note que

$$\alpha\vec{v_1} + \beta\vec{v_2} = \vec{0} \Leftrightarrow \alpha(1,1) + \beta(0,1) = (0,0),$$

e, portanto, obtemos

$$\begin{cases} \alpha = 0 \\ \alpha + \beta = 0 \Rightarrow \beta = 0 \end{cases},$$

i.e., $\alpha = \beta = 0$, e disso segue que o conjunto de vetores $\{\vec{v}_1, \vec{v}_2\}$ é L.I.

Resta mostrar que o subespaço gerado por $\vec{v}_1$ e $\vec{v}_2$ é todo o $\mathbb{R}^2$, ou seja, que

$$[\vec{v}_1, \vec{v}_2] = \mathbb{R}^2.$$

Obviamente, por construção, temos que $[\vec{v}_1, \vec{v}_2] \subset \mathbb{R}^2$. Resta então mostrar que $\mathbb{R}^2 \subset [\vec{v}_1, \vec{v}_2]$. De fato, seja $\vec{v} = (x,y)$ um vetor qualquer em $V = \mathbb{R}^2$. Assim, se supormos que

$$\vec{v} = \alpha\vec{v}_1 + \beta\vec{v}_2,$$

segue que

$$(x,y) = \alpha(1,1) + \beta(0,1) = (\alpha, \alpha+\beta),$$

e disso segue que

$$\alpha = x \ \text{ e } \ \alpha + \beta = y \Rightarrow x + \beta = y \Rightarrow \beta = y - x.$$

Assim, concluímos que $\forall (x,y) \in \mathbb{R}^2$, e podemos escrever

$$(x,y) = x(1,1) + (y-x)(0,1) = x\vec{v}_1 + (y-x)\vec{v}_2,$$

donde segue que $\mathbb{R}^2 \subset [\vec{v}_1, \vec{v}_2]$.

Portanto, os vetores $\vec{v}_1 = (1,1)$ e $\vec{v}_2 = (0,1)$ formam uma base para o $\mathbb{R}^2$.

Outras bases para o $\mathbb{R}^2$ são, por exemplo, o conjunto $\{(0,1);(1,0)\}$, chamada de base canônica do $\mathbb{R}^2$, e também o conjunto de vetores $\{(3,-1);(2,0)\}$, que ficam como exercício para o leitor. Mas o conjunto $\{(1,-3);(-2,6)\}$ não forma uma base para o $\mathbb{R}^2$. Por quê?

Exemplo 2. Os espaços de funções contínuas possuem bases compostas por um número infinito enumerável de vetores. Por exemplo, seja P o espaço vetorial de todos os polinômios de qualquer grau, munido das operações usuais. Nesse caso, não é difícil mostrar que, por exemplo, o conjunto infinito de vetores $\{1,\ x,\ x^2,\ x^3,\ ...\}$ forma uma base para P. Verifique!

Exemplo 3. Seja $\mathbb{Q}(\sqrt{3})$ o conjunto definido por

$$\mathbb{Q}(\sqrt{3}) = \{a + b\sqrt{3}\ :\ a, b \in \mathbb{Q}\}.$$

Munindo esse conjunto com a adição

$$(a + b\sqrt{3}) + (p + q\sqrt{3}) = (a + p) + (b + q)\sqrt{3},$$

onde $a, b, p, q \in \mathbb{Q}$, e a multiplicação por escalar $\alpha \in \mathbb{Q}$,

$$\alpha(a + b\sqrt{3}) = \alpha a + \alpha b\sqrt{3},$$

não é difícil mostrar que $\mathbb{Q}(\sqrt{3})$ é um espaço vetorial sobre $\mathbb{Q}$ (não sobre os reais, pois os escalares α agora são tomados em $\mathbb{Q}$).

Mostremos que o conjunto $\{1, \sqrt{3}\}$ é uma base de $\mathbb{Q}(\sqrt{3})$. De fato, notamos que os vetores $\vec{u} = 1 = 1 + 0\sqrt{3}$ e $\vec{v} = 0 + 1\sqrt{3}$ são L.I.:

$$\alpha\vec{u} + \beta\vec{v} = 0 = 0 + 0\sqrt{3} \Leftrightarrow \alpha = \beta = 0.$$

Por fim, mostremos que $[1, \sqrt{3}] = \mathbb{Q}(\sqrt{3})$. Trivialmente, temos a contenção $[1, \sqrt{3}] = \{\alpha \cdot 1 + \beta \cdot \sqrt{3} \; : \; \alpha, \beta \in \mathbb{Q}\} \subset \mathbb{Q}(\sqrt{3})$. Resta mostrar a contenção contrária. De fato, dado $\vec{u} = x + y\sqrt{3} \in \mathbb{Q}(\sqrt{3})$, temos que

$$\vec{u} = x + y\sqrt{3} = x \cdot (1) + y \cdot (\sqrt{3}) \in [1, \sqrt{3}].$$

Portanto, o conjunto $\{1, \sqrt{3}\}$ é uma base para $\mathbb{Q}(\sqrt{3})$.

Teorema 3.15 *Seja $\{\vec{v}_1, ..., \vec{v}_n\}$ um conjunto de vetores não nulos de um espaço vetorial V, que gera V. Então, podemos extrair desse conjunto uma base para V.*

Demonstração. Seja V o espaço vetorial gerado por $[\vec{v}_1, ..., \vec{v}_n]$. Se o conjunto $\{\vec{v}_1, ..., \vec{v}_n\}$ for L.I., tal conjunto já é uma base para V e o Teorema está provado.

Suponhamos então que o conjunto $\{\vec{v}_1, ..., \vec{v}_n\}$ seja L.D. A ideia consiste então em conseguir "tirar" os vetores desse conjunto que nos atrapalham no que diz respeito à independência linear e que "não estragam" a geração de todo o V.

Assim, se tal conjunto for L.D., então pelo Teorema 3.13 segue que pelo menos um dos vetores do conjunto acima é combinação linear dos demais.

Sem perda de generalidade, assuma que $\vec{v}_n$ seja esse vetor. Então, existem escalares $\alpha_1, ..., \alpha_{n-1}$ tais que

$$\vec{v}_n = \alpha_1 \vec{v}_1 + ... + \alpha_{n-1} \vec{v}_{n-1}.$$

Logo, o conjunto $\{\vec{v_1}, ..., \vec{v}_{n-1}\}$ ainda gera V, pois, sendo $\vec{v}_n$ uma combinação linear dos demais, este é desnecessário para a geração de V.

Se esse conjunto já for L.I., então o Teorema já está provado; mas, se ainda for L.D., então novamente pelo Teorema 3.13 segue que um deles é combinação linear dos demais e, portanto, desnecessário para a geração de V. Sem perda de generalidade, assuma que seja $\vec{v}_{n-1}$ esse vetor.

Assim, temos que tal vetor pode ser descartado da lista anterior de tal modo que o conjunto $\{\vec{v}_1, ..., \vec{v}_{n-2}\}$ ainda gera V. Se tal conjunto já for L.I., então o Teorema está provado, e, caso contrário, novamente poderemos escrever um dos vetores restantes como combinação linear dos demais, sendo este, portanto, desnecessário. Ou seja, seguindo esse raciocínio um número finito de vezes, chegaremos a um conjunto de vetores $\{\vec{v}_1, ..., \vec{v}_k\}$, $k \leq n$, que ainda gera V e é L.I, ou seja, uma base de V.

□

Teorema 3.16 *Seja V um espaço vetorial gerado por um número finito de vetores $\vec{v}_1, ..., \vec{v}_n$. Então, qualquer conjunto com mais de n vetores será L.D.*

Demonstração. Suponha que $V = [\vec{v}_1, ..., \vec{v}_n]$. Então, pelo Teorema anterior segue que podemos extrair dessa coleção uma base para V. Seja $\{\vec{v}_1, ..., \vec{v}_k\}$ tal base, com $k \leq n$. Sejam $\vec{w}_1$, ..., $\vec{w}_m$ m vetores de V, onde $m > n$. Vamos mostrar que a coleção $\{\vec{w}_1, ..., \vec{w}_m\}$ é L.D. Como tais vetores pertencem a V e $\{\vec{v}_1, ..., \vec{v}_k\}$ é uma base, segue que existem escalares $a_{ij} \in \mathbb{R}$ tais que

$$\vec{w}_1 = a_{11}\vec{v}_1 + a_{12}\vec{v}_2 + ... + a_{1k}\vec{v}_k$$

$$\vec{w}_2 = a_{21}\vec{v}_1 + a_{22}\vec{v}_2 + ... + a_{2k}\vec{v}_k$$

$$\vdots$$

$$\vec{w}_m = a_{m1}\vec{v}_1 + a_{m2}\vec{v}_2 + ... + a_{mk}\vec{v}_k$$

Sejam $\alpha_1, ..., \alpha_m$ escalares tais que

$$\alpha_1\vec{w}_1 + ... + \alpha_m\vec{w}_m = \vec{0}.$$

Assim, levando as m igualdades acima para esta combinação linear, vamos obter

$$\alpha_1(a_{11}\vec{v}_1 + ... + a_{1k}\vec{v}_k) + ... + \alpha_m(a_{m1}\vec{v}_1 + ... + a_{mk}\vec{v}_k) = \vec{0},$$

ou seja,

$$(\alpha_1 a_{11} + \alpha_2 a_{21} + ... + \alpha_m a_{m1})\vec{v}_1 + ... + (\alpha_1 a_{1k} + ... + \alpha_m a_{mk})\vec{v}_k = \vec{0},$$

e, como os vetores $\vec{v}_1$,..., $\vec{v}_k$ são L.I., obtemos

$$\begin{cases} a_{11}\alpha_1 + a_{21}\alpha_2 + ... + a_{m1}\alpha_m = 0 \\ \quad \vdots \\ a_{1k}\alpha_1 + a_{2k}\alpha_2 + ... + a_{mk}\alpha_m = 0 \end{cases},$$

um sistema linear homogêneo com k equações a m incógnitas α_1, α_2, ..., α_m. Como por construção $k \leq n < m$, segue que tal sistema homogêneo admite solução não trivial e, portanto, teremos algum $\alpha_j \neq 0$, e com isso segue que os vetores $\vec{w}_1$, $\vec{w}_2$, ..., $\vec{w}_m$ são L.D.

□

Uma importante consequência do Teorema acima é seguinte resultado:

Corolário 3.17 *Qualquer base de um dado espaço vetorial V possui a mesma quantidade de vetores.*

Demonstração. Sejam $\{\vec{v}_1, ..., \vec{v}_n\}$ e $\{\vec{w}_1, ..., \vec{w}_m\}$ duas bases quaisquer de V. Vamos mostrar que $m = n$.

De fato, como $\vec{v}_1$, ..., $\vec{v}_n$ geram V e $\vec{w}_1$, ..., $\vec{w}_m$ são L.I., segue do Teorema anterior que $m \leq n$.

Do mesmo modo, como $\vec{w}_1$, ..., $\vec{w}_m$ geram V e $\vec{v}_1$, ..., $\vec{v}_n$ são L.I., segue do Teorema anterior que $n \leq m$.

Ou seja, $m = n$.

□

Observando o resultado acima, que nos diz que qualquer base de um certo espaço vetorial tem sempre um mesmo número de elementos, é conveniente definir esse número comum como a *dimensão* do espaço vetorial dado. Ou seja, temos o seguinte conceito:

Definição 3.18 Chama-se *dimensão* de um espaço vetorial V o número de elementos da sua base.

Por exemplo, considere o espaço vetorial $\mathbb{R}^3$. Como já sabemos que o conjunto $\{\vec{i};\ \vec{j};\ \vec{k}\}$ é uma base para o $\mathbb{R}^3$ (base canônica), e pelo acima exposto, segue que $\dim \mathbb{R}^3 = 3$. De fato, qualquer base para $\mathbb{R}^3$ será formada por 3 vetores.

Seja $W = \{(x, y, z) \in \mathbb{R}^3 : x = z \text{ e } y = -z\}$. É fácil concluir que W é subespaço vetorial de V, e deixamos isso para o leitor. Vamos determinar nesse exemplo qual seria a dimensão do subespaço W. Note que W pode ser escrito como

$$W = \{(z, -z, z) : z \in \mathbb{R}\} = \{z(1, -1, 1) : z \in \mathbb{R}\},$$

ou seja, W consiste no conjunto dos vetores múltiplos de $\vec{u} = (1, -1, 1)$. Ou seja, o espaço gerado por $\vec{u}$, denotado por $[(1, -1, 1)]$. É claro que $[(1, -1, 1)] = W$ e que o conjunto $\{(1, -1, 1)\}$ é L.I.[2]

Portanto, segue que $\{(1, -1, 1)\}$ é uma base para W, e, como tal base é formada por apenas um vetor, concluímos que $\dim W = 1$.

Geometricamente, observe que o conjunto W consiste numa reta passando pela origem do $\mathbb{R}^3$, possuindo $\vec{u} = (1, -1, 1)$ como vetor diretor, e uma reta realmente possui "dimensão um". Sugerimos ao leitor fazer um desenho para ilustrar isso.

Mais geralmente, para $n \geq 1$ fixado, o espaço $\mathbb{R}^n$ possuirá dimensão n.

Considere $M(m, n)$ o espaço vetorial das matrizes de tamanho $m \times n$, munido das operações usuais de adição de matrizes e multiplicação de um escalar por uma matriz. Uma base para tal espaço seria o conjunto das

[2]De fato, qualquer conjunto com um único vetor não nulo será L.I., pois, sendo $\vec{u} \neq \vec{0}$, então $\alpha\vec{u} = \vec{0}$ se, e somente se, $\alpha = 0$.

matrizes onde todas as entradas são nulas, exceto uma, sempre em posições diferentes. Uma tal base possuirá, então, $m \cdot n$ vetores. Por exemplo,

$$\left\{ \begin{pmatrix} 1 & 0 & ... & 0 \\ 0 & 0 & ... & 0 \\ ... & ... & ... & ... \\ 0 & 0 & ... & 0 \end{pmatrix}, \begin{pmatrix} 0 & 1 & ... & 0 \\ 0 & 0 & ... & 0 \\ ... & ... & ... & ... \\ 0 & 0 & ... & 0 \end{pmatrix}, ..., \begin{pmatrix} 0 & 0 & ... & 0 \\ 0 & 0 & ... & 0 \\ ... & ... & ... & ... \\ 0 & 0 & ... & 1 \end{pmatrix} \right\}$$

é uma base para $M(m, n)$. Neste caso, temos que $\dim M(m, n) = m \cdot n$.

Um terceiro exemplo interessante seria considerar P_n o espaço vetorial dos polinômios de grau menor ou igual a n. Nesse caso, como $\{1, x, x^2, ..., x^n\}$ é uma base para P_n (Verifique!), segue que $\dim P_n = n + 1$.

Todos os exemplos apresentados acima são de espaços vetoriais com dimensão finita. Quando a dimensão de V for finita, escrevemos, simbolicamente, que $\dim V < \infty$.

Existem espaços vetoriais de dimensão infinita, e neste caso escrevemos $\dim V = \infty$. Tais espaços não costumam ser abordados num curso de Álgebra linear, e sim em Análise Funcional. Mesmo assim podemos apresentar pelo menos alguns exemplos de espaços de dimensão infinita: o espaço $\mathbb{R}^\infty$ de todas as sequências infinitas de números reais e o espaço $C([0, 1])$ de todas as funções contínuas em $[0, 1]$ são dois exemplos de espaços de dimensão infinita discutidos neste livro. Apenas a título de curiosidade, seja $C^\infty(\mathbb{R})$ o espaço de todas as funções infinitamente deriváveis de $\mathbb{R}$ em $\mathbb{R}$ (são exemplos de funções neste espaço as funções e^x, $\cos x$, $\operatorname{sen} x$, funções polinomiais e a função identicamente nula). Afirmamos que tal espaço é um espaço vetorial pois as operações usuais de adição de funções e produto de um escalar por uma função irão cumprir todas as oito propriedades da definição de espaço vetorial. Como toda função f em $C^\infty(\mathbb{R})$ pode ser representada por uma série de potências, ou seja, uma soma infinita a forma

$$f(x) = \sum_{k=0}^{+\infty} \frac{f^{(k)}(0)}{k!} x^k = f(0) + f'(0)x + \frac{f''(0)}{2!} x^2 + \frac{f'''(0)}{3!} x^3 + ...$$

temos que uma base infinita para $C^{\infty}(\mathbb{R})$ seria $\beta = \{1, x, x^2, x^3, ...\}$.

O próximo resultado estabelece uma forma de se obter uma base para um espaço vetorial V, conhecendo-se uma coleção de vetores L.I.

Teorema 3.19 *(Completamento) Qualquer conjunto de vetores L.I. de um espaço vetorial V pode ser completado de modo a formar uma base para V.*

Demonstração. Seja $\{\vec{v}_1, ..., \vec{v}_k\}$ um conjunto de vetores L.I. de V, e considere que $\dim V = n$, onde $n \geq k$.

Se $[\vec{v}_1, ..., \vec{v}_k] = V$, então o conjunto $\{\vec{v}_1, ..., \vec{v}_k\}$ será uma base para V, e nesse caso segue que $k = n$, c.f. a Definição 3.18.

Por outro lado, se $[\vec{v}_1, ..., \vec{v}_k] \neq V$, então existe pelo menos um vetor não nulo de V que não é combinação linear dos vetores $\vec{v}_1$,..., $\vec{v}_k$. Denotemos tal vetor por $\vec{v}_{k+1}$. Assim, temos que $\vec{v}_{k+1} \in V$, mas $\vec{v}_{k+1} \notin [\vec{v}_1, ..., \vec{v}_k]$.

Logo, segue que $\{\vec{v}_1, ..., \vec{v}_k, \vec{v}_{k+1}\}$ ainda é L.I., pois, sendo $\{\vec{v}_1, ..., \vec{v}_k\}$ L.I., segue que

$$\alpha_1\vec{v}_1 + ... + \alpha_k\vec{v}_k = \vec{0} \Leftrightarrow \alpha_i = 0, \forall i \in \{1, 2, ..., k\}.$$

Portanto, com tais α's temos que

$$\alpha_1\vec{v}_1 + ... + \alpha_k\vec{v}_k + \alpha_{k+1}\vec{v}_{k+1} = \vec{0} \Leftrightarrow \alpha_i = 0, \forall i \in \{1, 2, ..., k, k+1\}.$$

Assim, sendo $\{\vec{v}_1, ..., \vec{v}_{k+1}\}$ L.I., temos que, se $[\vec{v}_1, ..., \vec{v}_{k+1}] = V$, então o conjunto $\{\vec{v}_1, ..., \vec{v}_{k+1}\}$ já é uma base para V, mas se $[\vec{v}_1, ..., \vec{v}_{k+1}] \neq V$ segue que existe pelo menos um vetor não nulo de V que não é combinação linear dos vetores $\vec{v}_1$,..., $\vec{v}_{k+1}$, o qual vamos denotar por $\vec{v}_{k+2}$.

Assim, repetindo o raciocínio acima, o conjunto $\{\vec{v}_1, ..., \vec{v}_{k+1}, \vec{v}_{k+2}\}$ também será L.I. e com isso segue que, se $[\vec{v}_1, ..., \vec{v}_{k+2}] = V$, então o conjunto $\{\vec{v}_1, ..., \vec{v}_{k+2}\}$ já será uma base para V; e caso contrário existirá um vetor

$\vec{v}_{k+3} \in V$ tal que $\vec{v}_{k+3} \notin [\vec{v}_1, ..., \vec{v}_{k+2}]$. Repetiremos o processo um número finito de vezes até chegarmos em um ponto onde a coleção $\{\vec{v}_1, ..., \vec{v}_k, ..., \vec{v}_n\}$ formada por exatamente n vetores (pois $\dim V = n$) será finalmente L.I., com $[\vec{v}_1, ..., \vec{v}_n] = V$, sendo assim uma base para V.

□

Teorema 3.20 *(Teorema da dimensão) Sejam U e W dois subespaços de um espaço vetorial V. Se $\dim V < \infty$, então*

$$\dim(U + W) = \dim U + \dim W - \dim(U \cap W).$$

Demonstração. Seja $\beta_1 = \{\vec{z}_1, ..., \vec{z}_k\}$ uma base para $U \cap W$.

Note então que $\dim(U \cap W) = k$.

Como β_1 é L.I. em U e também em W, segue pelo Teorema 3.19 do completamento que existem $\vec{u}_1, ..., \vec{u}_\ell \in U$ e $\vec{w}_1, ..., \vec{w}_m \in W$ tais que

$$\beta_2 = \{\vec{z}_1, ..., \vec{z}_k, \vec{u}_1, ..., \vec{u}_\ell\} \text{ é base para } U,$$

e

$$\beta_3 = \{\vec{z}_1, ..., \vec{z}_k, \vec{w}_1, ..., \vec{w}_m\} \text{ é base para } W,$$

e notamos disso que $\dim U = k + \ell$ e $\dim W = k + m$.

Afirmamos que o conjunto $\beta = \{\vec{z}_1, ..., \vec{z}_k, \vec{u}_1, ..., \vec{u}_\ell, \vec{w}_1, ..., \vec{w}_m\}$ é uma base para o espaço $U + W$. De fato, basta mostrar (a) e (b) abaixo:

(a) $[\beta] = U + W$. De fato, basta mostrar que $U + W \subset [\beta]$. Seja $\vec{x} \in U + W$. Então, temos que existem $\vec{u} \in U$ e $\vec{w} \in W$ tais que $\vec{x} = \vec{u} + \vec{w}$.
Como β_2 é base para U e β_3 é base para W, podemos escrever

$$\vec{u} = \alpha_1 \vec{z}_1 + ... + \alpha_k \vec{z}_k + \theta_1 \vec{u}_1 + ... + \theta_\ell \vec{u}_\ell,$$

e

$$\vec{w} = a_1 \vec{z}_1 + ... + a_k \vec{z}_k + b_1 \vec{w}_1 + ... + b_m \vec{w}_m.$$

Assim,

$$\vec{x} = \vec{u}+\vec{w} = (\alpha_1+a_1)z_1+...+(\alpha_k+a_k)z_k+\theta_1\vec{u}_1+...+\theta_\ell\vec{u}_\ell+b_1\vec{w}_1+...+b_m\vec{w}_m,$$

ou seja, mostramos que $\vec{x} \in [\beta]$. Logo, vale (a).

(b) O conjunto β é L.I. De fato, seja

$$\alpha_1\vec{z}_1 + ... + \alpha_k\vec{z}_k + \theta_1\vec{u}_1 + ... + \theta_\ell\vec{u}_\ell + \gamma_1\vec{w}_1 + ... + \gamma_m\vec{w}_m = \vec{0}. \quad (3.9)$$

Então, escrevendo

$$\underbrace{\alpha_1\vec{z}_1 + ... + \alpha_k\vec{z}_k + \theta_1\vec{u}_1 + ... + \theta_\ell\vec{u}_\ell}_{\in U} = \underbrace{-\gamma_1\vec{w}_1 - ... - \gamma_m\vec{w}_m}_{\in W},$$

segue que $\gamma_1\vec{w}_1 - ... - \gamma_m\vec{w}_m \in U \cap W$ e, com isso, segue que existem escalares $c_1, ..., c_k \in \mathbb{R}$ tais que

$$-\gamma_1\vec{w}_1 - ... - \gamma_m\vec{w}_m = c_1\vec{z}_1 + ... + c_k\vec{z}_k,$$

e, portanto,

$$c_1\vec{z}_1 + ... + c_k\vec{z}_k + \gamma_1\vec{w}_1 + ... + \gamma_m\vec{w}_m = \vec{0};$$

e, como a base β_3 de W é L.I., segue que

$$c_1 = ... = c_k = \gamma_1 = ... = \gamma_m = 0.$$

Assim, sendo os $\gamma_j = 0$, segue que (3.9) fica escrito como

$$\alpha_1\vec{z}_1 + ... + \alpha_k\vec{z}_k + \beta_1\vec{u}_1 + ... + \beta_\ell\vec{u}_\ell = \vec{0}.$$

Como a base β_2 de U é L.I., segue que

$$\alpha_1 = ... = \alpha_k = \theta_1 = ... = \theta_\ell = 0.$$

Portanto, o conjunto β é de fato L.I., valendo também o item (b).

De (a) e (b) segue que β é uma base para $U+W$. Nesse caso, temos também que $\dim(U+W) = k+\ell+m$.

Assim, por construção temos que $\dim U \cap W = k$, $\dim U = k+\ell$, $\dim W = m+k$ e $\dim(U+W) = k+\ell+m$, e, portanto,

$$\dim(U+W) = k+\ell+m = (k+\ell)+(m+k)-k = \dim U+\dim W-\dim(U\cap W).$$

□

Vejamos alguns exemplos de aplicação.

Exemplo 1. Considere o espaço vetorial $V = \mathbb{R}^3$ com suas operações usuais. Sejam

$$U = \{(x,y,0) : x,y \in \mathbb{R}\} \quad \text{e} \quad W = \{(0,y,z) : y,z \in \mathbb{R}\}.$$

É fácil ver que U e W são subespaços de V. Vejamos a questão da dimensão de cada um deles. Note que podemos escrever

$$U = \{(x,0,0)+(0,y,0) : x,y \in \mathbb{R}\} = \{x(1,0,0)+y(0,1,0) : x,y \in \mathbb{R}\} =$$

$$= [(1,0,0);(0,1,0)],$$

ou seja, U é o subespaço gerado pelos vetores $(1,0,0)$ e $(0,1,0)$, e, como eles são L.I. (e então ambos são necessários para a formação de U), segue que $\dim U = 2$.

Do mesmo modo, temos

$$W = \{(0,y,0)+(0,0,z) : y,z \in \mathbb{R}\} = \{y(0,1,0)+z(0,0,1) : y,z \in \mathbb{R}\} =$$

$$= [(0,1,0);(0,0,1)],$$

ou seja, W é o subespaço gerado pelos vetores $(0,1,0)$ e $(0,0,1)$, e, como são L.I., segue que $\dim W = 2$.

Vejamos os subespaços $U \cap W$ e $U + W$:

$$U \cap W = \{(x, y, 0) : x, y \in \mathbb{R}\} \cap \{(0, y, z) : y, z \in \mathbb{R}\} =$$

$$= \{(0, y, 0) : y \in \mathbb{R}\} = \{y(0, 1, 0) : y \in \mathbb{R}\} = [(0, 1, 0)],$$

e, como um único vetor não nulo é L.I., temos que $\dim U \cap W = 1$. Do mesmo modo, temos

$$U + W = \{\vec{u} + \vec{w} : \vec{u} \in U \text{ e } \vec{w} \in W\} = \{(x, y, 0) + (0, y, z) : x, y, z \in \mathbb{R}\} =$$

$$= \{(x, 2y, x) : x, y, z \in \mathbb{R}\} = \{x(1, 0, 0) + 2y(0, 1, 0) + z(0, 0, 1) : x, y, z \in \mathbb{R}\} =$$

$$= [(1, 0, 0); (0, 1, 0); (0, 0, 1)],$$

e, como esses três vetores são L.I., segue que $\dim(U + W) = 3$.

Assim, observamos que o teorema da dimensão se verifica pois

$$\dim U + \dim W - \dim(U \cap W) = 2 + 2 - 1 = 3 = \dim(U + W).$$

Exemplo 2. Dados W_1 e W_2 subespaços do $\mathbb{R}^3$ definidos por

$$W_1 = [(1, -1, 2); (2, 1, 1)] \quad \text{e} \quad W_2 = \{(x, y, z) \in \mathbb{R}^3 : x - y + 2z = 0\}.$$

Vamos determinar $\dim W_1$, $\dim W_2$, $W_1 + W_2$, $W_1 \cap W_2$, $\dim(W_1 + W_2)$ e $\dim(W_1 \cap W_2)$.

Note que, como W_1 é gerado por dois vetores, então $\dim W_1 \leq 2$. Se os dois vetores que compõem o subespaço W_1 forem L.I., concluiremos que $\dim W_1 = 2$, e, se forem L.D., então $\dim W_1 = 1$. Assim, montando a combinação linear para verificar se existe independência linear:

$$\alpha(1, -1, 2) + \beta(2, 1, 1) = (0, 0, 0),$$

obtemos o sistema linear homogêneo

$$\begin{cases} \alpha - 2\beta = 0 \\ -\alpha + \beta = 0 \\ 2\alpha + \beta = 0 \end{cases},$$

donde segue que $\alpha = \beta = 0$, ou seja, tais vetores são L.I. e, portanto, segue que $\dim W_1 = 2$.

Para determinar a dimensão de W_2, escrevemos

$$W_2 = \{(x, y, z) \in \mathbb{R}^3 : x - y + 2z = 0\} = \{(x, y, z) \in \mathbb{R}^3 : y = x + 2z\} =$$
$$= \{(x, x + 2z, z) : x, z \in \mathbb{R}\} = \{x(1, 1, 0) + z(0, 2, 1) : x, z \in \mathbb{R}\} =$$
$$= [(1, 1, 0); (0, 2, 1)],$$

e então $\dim W_2 \leq 2$. Como os vetores $(1, 1, 0)$ e $(0, 2, 1)$ são L.I. (verifique!), concluímos que $\dim W_2 = 2$.

Vamos montar $W_1 + W_2$ e estudar sua dimensão. Juntando os dois subespaços, obtemos

$$W_1 + W_2 = [(1, -1, 2); (2, 1, 1); (1, 1, 0); (0, 2, 1)].$$

Como W_1 e W_2 são subespaços do $\mathbb{R}^3$ e $W_1 + W_2$ está sendo gerado por quatro vetores pelo Teorema 3.16, segue que eles são L.D., ou seja, pelo menos um deles é desnecessário e pode ser escrito como combinação linear dos demais. De fato, se impormos

$$(2, 1, 1) = a(1, -1, 2) + b(1, 1, 0) + c(0, 2, 1),$$

montamos o sistema linear

$$\begin{cases} a + b = 2 \\ -a + b + 2c = 1 \\ 2a + c = 1 \end{cases}$$

donde obtemos $a = \frac{1}{2}$, $b = \frac{3}{2}$ e $c = 0$, ou seja,

$$(2, 1, 1) = \frac{1}{2}(1, -1, 2) + \frac{3}{2}(1, 1, 0) + 0(0, 2, 1).$$

Assim, o vetor $(2, 1, 1)$ pode ser descartado e daí

$$W_1 + W_2 = [(1, -1, 2); (1, 1, 0); (0, 2, 1)].$$

Então $\dim(W_1 + W_2) \leq 3$. Como os vetores $(1, -1, 2); (1, 1, 0)$ e $(0, 2, 1)$ são L.I. (verifique!), segue que $\dim(W_1 + W_2) = 3$.

Por fim, estudemos o subespaço $W_1 \cap W_2$. Pelo teorema da dimensão, temos

$$\dim(W_1 + W_2) = \dim W_1 + \dim W_2 - \dim(W_1 \cap W_2),$$

e, pelos resultados acima, obtemos

$$3 = 2 + 2 - \dim(W_1 \cap W_2),$$

ou seja, $\dim(W_1 \cap W_2) = 1$.

Resta, portanto, determinar $W_1 \cap W_2$. Note que podemos escrever

$$\begin{aligned} W_1 = [(1, -1, 2); (2, 1, 1)] &= \{a(1, -1, 2) + b(2, 1, 1) \,:\, a, b \in \mathbb{R}\} = \\ &= \{(a + 2b, -a + b, 2a + b) \,:\, a, b \in \mathbb{R}\} = \\ &= \{(x, y, z) \in \mathbb{R}^3 \,:\, x = a + 2b, y - a + b, z = 2a + b\} = \\ &= \{(x, y, z) \in \mathbb{R}^3 \,:\, -x + y + z = 0)\}, \end{aligned}$$

e, como $W_1 = \{(x, y, z) \in \mathbb{R}^3 \,:\, x - y + 2z = 0\}$, então $W_1 \cap W_2$ será a solução do sistema linear homogêneo:

$$\begin{cases} -x + y - z = 0 \\ x - y + 2z = 0 \end{cases},$$

donde segue que $x = y$ e $z = 0$, ou seja,

$$W_1 \cap W_2 = \{(x, y, z) \,:\, x = y \;\text{ e }\; z = 0\} = \{(x, x, 0) \,:\, x \in \mathbb{R}\} = [(1, 1, 0)].$$

Observação. Note que W_1 e W_2 representam geometricamente dois planos passando pela origem do $\mathbb{R}^3$ e $W_1 \cap W_2$ é a reta de intersecção de tais planos, também passando pela origem do $\mathbb{R}^3$. A saber, a equação paramétrica dessa reta é dada por

$$\begin{cases} x = t \\ y = t \\ z = 0 \end{cases}$$

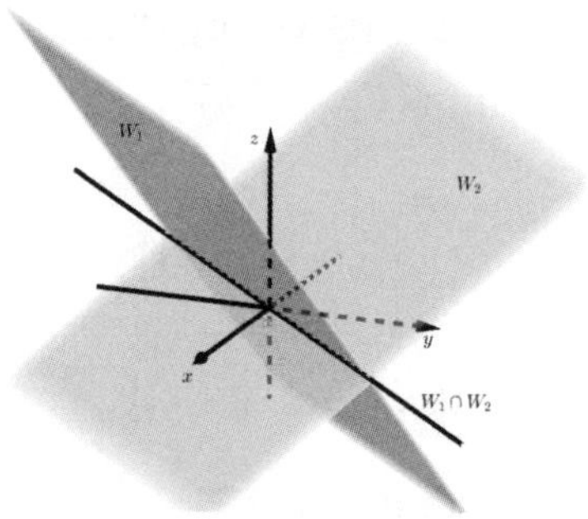

Figura 3 – Interseção entre W_1 e W_2.

Teorema 3.21 *Seja $\beta = \{\vec{v}_1, ..., \vec{v}_n\}$ uma base para o espaço vetorial V. Então, todo vetor $\vec{v} \in V$ é escrito de maneira única como uma combinação linear dos vetores da base.*

Demonstração. Seja $\beta = \{\vec{v}_1, ..., \vec{v}_n\}$ uma base de V e seja $\vec{v} \in V$. Como $V = [\vec{v}_1, ..., \vec{v}_n]$, segue que existem $\alpha_1, ..., \alpha_n \in \mathbb{R}$ tais que

$$\vec{v} = \alpha_1\vec{v}_1 + ... + \alpha_n\vec{v}_n. \tag{3.10}$$

Mostremos a unicidade. De fato, se existirem também $\beta_1, ..., \beta_n \in \mathbb{R}$ tais que

$$\vec{v} = \beta_1\vec{v}_1 + ... + \beta_n\vec{v}_n, \tag{3.11}$$

então, fazendo (3.10) – (3.11) vamos obter

$$(\alpha_1 - \beta_1)\vec{v}_1 + ... + (\alpha_n - \beta_n)\vec{v}_n = \vec{0},$$

e, como o conjunto $\beta = \{\vec{v}_1, ..., \vec{v}_n\}$ é L.I., segue que $\alpha_i - \beta_i = 0$, para $i = 1, 2, ..., n$, ou seja, $\alpha_i = \beta_i$, para $i = 1, 2, ..., n$.

□

Exercícios

1. Quais dos seguintes conjuntos formam uma base para $\mathbb{R}^3$?
   (a) $\{(1,1,-1);(2,-1,0);(3,2,0)\}$ (b) $\{(1,0,1);(0,-1,2);(-2,1,-4)\}$
   (c) $\{(2,1,-1);(-1,0,1);(0,0,1)\}$ (d) $\{(1,2,3);(4,1,2)\}$

2. Mostrar que os vetores $\overrightarrow{u}=(1,1,1)$, $\overrightarrow{v}=(1,2,3)$, $\overrightarrow{w}=(3,0,2)$ e $\overrightarrow{s}=(2,-1,1)$ geram o $\mathbb{R}^3$ e encontrar uma base dentre estes vetores.

3. *Mostre que $\mathbb{R}^3=[(1,1,1);\ (1,1,0);\ (0,1,1)]$.

4. Mostre que $P_3=[x^2+x^3;\ x;\ 2x^2+1;\ 3]$.

5. Encontre os valores de $a\in\mathbb{R}$ para que o conjunto

$$\beta=\{(a,1,0);(1,a,1);(0,1,a)\}$$

   seja uma base para $\mathbb{R}^3$.

6. (a) *Um certo espaço vetorial V é gerado por cinco vetores LI. O que se pode dizer sobre a dimensão de V?
   (b) *Um certo espaço vetorial V é gerado por cinco vetores LD. O que se pode dizer sobre a dimensão de V?

7. Seja $V=\mathbb{R}^3$ e o conjunto $\beta=\{(0,1,1);(1,1,0);(1,2,1)\}\subset\mathbb{R}^3$.
   (a) Mostre que β não é uma base para $\mathbb{R}^3$.
   (b) Determine uma base para $\mathbb{R}^3$ que possua dois elementos de β.

8. *No espaço vetorial $\mathbb{R}^3$ consideremos os seguintes subespaços: $S=[(1,-1,2);(2,1,1)]$; $T=[(0,1,-1);(1,2,1)]$; $U=\{(x,y,z): x+y=4x-z=0\}$ e $V=\{(x,y,z): 3x-y-z=0\}$. Determine as dimensões de $S,T,U,V,S+T$ e $S\cap T$.

9. Seja V o espaço vetorial $\mathbb{R}^3$ e considere o subespaço $W=\{(x,y,z)\in\mathbb{R}^3 : x-2y=0\}$. Encontre uma base para W. Determine $\dim W$.

10. *Qual é a dimensão do espaço das matrizes 2×2 diagonais?

11. Encontre a dimensão do espaço vetorial W formado pelas matrizes simétricas 2×2.

12. Considere o subespaço $W = \{p(x) \in P_2 : x \cdot p'(x) = p(x)\}$ de P_2. Determine uma base para W e sua dimensão.

13. **(Sel. Mestrado UFRGS 2004/1)** Seja V o espaço vetorial sobre $\mathbb{R}$ de todas as funções da forma

$$\frac{c_0 + c_1 x + c_2 x^2 + c_3 x^3}{(x+1)(x^2+1)}.$$

Prove que

$$f_1(x) = 1, \quad f_2(x) = \frac{1}{x+1}, \quad f_3(x) = \frac{x}{x^2+1}, \quad f_4(x) = \frac{1}{x^2+1}$$

é uma base de V.

14. **(Sel. Mestrado UFRGS 2007/2)** Seja $M_3(\mathbb{R})$ o espaço vetorial das matrizes 3×3 com coeficientes reais. Dizemos que um elemento $A \in M_3(\mathbb{R})$ é uma matriz antissimétrica se $(A)_{ij} = -(A)_{ji}$ para todo i e j. Mostre que o conjunto $\mathcal{A} \subset M_3(\mathbb{R})$ de matrizes antissimétricas é subespaço vetorial de $M_3(\mathbb{R})$. Diga qual sua dimensão e exiba uma base.

15. **(Sel. Mestrado UFSM 2018/1)** Mostra-se que o conjunto $V = \mathbb{R}^2$, munido com as operações $+ : V \times V \to V$ e $\cdot : \mathbb{R} \times V \to V$, definidas, respectivamente, por

$$(x, y) + (z, w) = (x + z + 1, y + w),$$

e

$$\lambda \cdot (x, y) = (\lambda x + \lambda - 1, \lambda y), \forall (x, y), (z, w) \in V, \forall \lambda \in \mathbb{R},$$

é um espaço vetorial.

  (a) Qual é o elemento neutro da operação de adição definida acima? Justifique.

(b) Dado $(x, y) \in V$, determine o oposto de (x, y).

(c) Exiba uma base e dê a dimensão de V.

(d) O conjunto $W = \{(x-1, x) \in V \,;\, x \in \mathbb{R}\}$ é um subespaço vetorial de V? Em caso afirmativo, exiba uma base para W e dê a sua dimensão.

3.6 Mudança de base

Na seção anterior estudamos o importante conceito de base de um espaço vetorial, onde qualquer vetor de tal espaço fica escrito como uma combinação linear dos vetores da referida base, de maneira única (Teorema 3.21). Vimos também que um espaço vetorial V possui várias bases diferentes, e assim, dependendo do problema, representar os vetores de um certo espaço numa certa base pode vir a ser mais vantajoso do que representá-lo em outra base. Assim, precisamos desenvolver uma técnica para converter um dado vetor em um espaço de uma base para outra, ou seja, precisamos aprender a efetuar uma *mudança de base.*

3.6.1 Coordenadas de um vetor

Definição 3.22 Sejam $\beta = \{\vec{v}_1, ..., \vec{v}_n\}$ uma base de V e $\vec{v} \in V$ tal que $\vec{v} = \alpha_1\vec{v}_1 + ... + \alpha_n\vec{v}_n$. Dizemos que os escalares α_i são as *coordenadas* do vetor $\vec{v}$ na base β, e denotaremos por

$$[\vec{v}]_\beta = \begin{bmatrix} \alpha_1 \\ \vdots \\ \alpha_n \end{bmatrix}.$$

A matriz coluna acima representada, que comporta as coordenadas do vetor $\vec{v}$ na base β, chama-se *matriz das coordenadas do vetor $\vec{v}$ na base β.*

Retornando ao Exemplo 1 da seção anterior, onde consideramos $V = \mathbb{R}^2$, vimos que o conjunto de vetores $\beta = \{\vec{v}_1, \vec{v}_2\}$, onde $\vec{v}_1 = (1, 1)$ e $\vec{v}_2 = (0, 1)$, forma uma base para o $\mathbb{R}^2$. Isso porque eles são L.I. e $[\vec{v}_1, \vec{v}_2] = \mathbb{R}^2$. Assim, dado $\vec{w} = (x, y) \in \mathbb{R}^2$ um vetor qualquer de $\mathbb{R}^2$, podemos escrever

$$\vec{w} = (x, y) = x(1, 1) + (y - x)(0, 1) = x \cdot \vec{v}_1 + (y - x) \cdot \vec{v}_2.$$

Dessa forma, dizemos que x e $y - x$ são as coordenadas do vetor (x, y) na base $\{\vec{v}_1, \vec{v}_2\}$, e escrevemos

$$[(x, y)]_\beta = \begin{bmatrix} x \\ y - x \end{bmatrix}$$

Já na base $\{\vec{i}, \vec{j}\}$, onde $\vec{i} = (1, 0)$ e $\vec{j} = (0, 1)$, temos que $\vec{w} = (x, y) \in \mathbb{R}^2$ é tal que

$$\vec{w} = (x, y) = x(1, 0) + y(0, 1) = x \cdot \vec{i} + y \cdot \vec{j};$$

ou seja, nesse caso temos que as coordenadas do vetor $\vec{w}$ coincidem com os escalares da combinação linear dos vetores $\vec{i}$ e $\vec{j}$. Devido a essa coincidência dizemos que $\{\vec{i}, \vec{j}\}$ chama-se *base canônica* do $\mathbb{R}^2$. Quando estamos na base canônica escrevemos simplesmente as coordenadas de (x, y) da base canônica por $[(x, y)] = \begin{bmatrix} x \\ y \end{bmatrix}$.

Um fato importante que devemos notar é que os elementos da matriz das coordenadas ficam dispostos de acordo com a ordem em que os elementos da base β aparecem. Por exemplo, se $\beta = \{(1, 0), (0, 1)\}$ (base canônica do $\mathbb{R}^2$), e $\beta_1 = \{(0, 1), (1, 0)\}$, note que os vetores que compõem ambas as bases são os mesmos, mas não estão dispostos na mesma ordem. Assim, temos que $[(3, -2)]_\beta = \begin{bmatrix} 3 \\ -2 \end{bmatrix}$ mas $[(3, -2)]_{\beta_1} = \begin{bmatrix} -2 \\ 3 \end{bmatrix}$.

Por isso, vamos considerar de agora em diante que uma base é sempre *ordenada*, ou seja, os vetores da base estão ordenados na ordem em que já aparecem.

3.6.2 Mudança de base

Nesta seção mostraremos como efetuar a mudança de uma base para outra, de um dado vetor.

Sejam $\beta = \{\vec{v}_1, ..., \vec{v}_n\}$ e $\beta_1 = \{\vec{w}_1, ..., \vec{w}_n\}$ duas bases quaisquer de um espaço vetorial V (bases ordenadas, c.f. comentado na seção anterior). Dado $\vec{v} \in V$, temos que, em cada uma das bases, $\vec{v}$ possuirá uma representação única, a saber:

$$\vec{v} = x_1\vec{v}_1 + ... + x_n\vec{v}_n \text{ (na base } \beta),$$

$$\vec{v} = y_1\vec{w}_1 + ... + y_n\vec{w}_n \text{ (na base } \beta_1).$$

Associando as coordenadas de $\vec{v}$ nas bases β e β_1, respectivamente, temos

$$[\vec{v}]_\beta = \begin{bmatrix} x_1 \\ \vdots \\ x_n \end{bmatrix} \quad \text{e} \quad [\vec{v}]_{\beta_1} = \begin{bmatrix} y_1 \\ \vdots \\ y_n \end{bmatrix}.$$

Como $\{\vec{v}_1, ..., \vec{v}_n\}$ é base para V, segue que os vetores $\vec{w}_i \in V$ devem ser escritos também como combinação linear dos $\vec{v}_j$, ou seja,

$$\vec{w}_1 = a_{11}\vec{v}_1 + a_{21}\vec{v}_2 + ... + a_{n1}\vec{v}_n$$

$$\vec{w}_2 = a_{12}\vec{v}_1 + a_{22}\vec{v}_2 + ... + a_{n2}\vec{v}_n$$

$$\vdots$$

$$\vec{w}_n = a_{1n}\vec{v}_1 + a_{2n}\vec{v}_2 + ... + a_{nn}\vec{v}_n$$

Assim, como $\vec{v} = y_1\vec{w}_1 + ... + y_n\vec{w}_n$, escrevemos

$$\vec{v} = y_1(a_{11}\vec{v}_1 + a_{21}\vec{v}_2 + ... + a_{n1}\vec{v}_n) + ... + y_n(a_{1n}\vec{v}_1 + a_{2n}\vec{v}_2 + ... + a_{nn}\vec{v}_n) =$$

$$= (a_{11}y_1 + ... + a_{1n}y_n)\vec{v}_1 + (a_{21}y_1 + ... + a_{2n}y_n)\vec{v}_2 + ... + (a_{n1}y_1 + ... + a_{nn}y_n)\vec{v}_n,$$

e, como $\vec{v} = x_1\vec{v}_1 + ... + x_n\vec{v}_n$ e as coordenadas de um vetor numa base são únicas (Teorema 3.21), segue que

$$x_1 = a_{11}y_1 + ... + a_{1n}y_n$$

$$x_2 = a_{21}y_1 + ... + a_{2n}y_n \tag{3.12}$$

$$\vdots$$

$$x_n = a_{n1}y_1 + ... + a_{nn}y_n,$$

o que, em notação matricial, fica:

$$\begin{bmatrix} x_1 \\ \vdots \\ x_n \end{bmatrix} = \begin{bmatrix} a_{11} & \cdots & a_{1n} \\ \cdots & \cdots & \cdots \\ a_{n1} & \cdots & a_{nn} \end{bmatrix} \cdot \begin{bmatrix} y_1 \\ \vdots \\ y_n \end{bmatrix}.$$

Denotando $[I]_{\beta}^{\beta_1} = \begin{bmatrix} a_{11} & \cdots & a_{1n} \\ \cdots & \cdots & \cdots \\ a_{n1} & \cdots & a_{nn} \end{bmatrix}$, temos

$$[\vec{v}]_{\beta} = [I]_{\beta}^{\beta_1} \cdot [\vec{v}]_{\beta_1},$$

onde $[I]_{\beta}^{\beta_1}$ recebe o nome de *matriz de mudança da base* β_1 *para a base* β.

Vejamos um exemplo. Considere as bases β e β_1 do espaço vetorial $\mathbb{R}^3$:

$$\beta = \{(1,1,0);\ (0,-1,1);\ (-1,1,1)\}$$

e

$$\beta_1 = \{(1,2,1);\ (1,1,1);\ (-1,0,3)\}.$$

Vamos achar a matriz $[I]_{\beta}^{\beta_1}$ de mudança da base β_1 para a base β.

Denotando $\beta_1 = \{\vec{w}_1, \vec{w}_2, \vec{w}_3\}$ e $\beta = \{\vec{u}_1, \vec{u}_2, \vec{u}_3\}$, na forma em que estão ordenados, temos que

$$\vec{w}_1 = a_{11}\vec{u}_1 + a_{21}\vec{u}_2 + a_{31}\vec{u}_3 \tag{3.13}$$

$$\vec{w}_2 = a_{12}\vec{u}_1 + a_{22}\vec{u}_2 + a_{32}\vec{u}_3 \tag{3.14}$$

$$\vec{w}_3 = a_{13}\vec{u}_1 + a_{23}\vec{u}_2 + a_{33}\vec{u}_3 \tag{3.15}$$

e então de (3.13) vem

$$(1,2,1) = a_{11}(1,1,0) + a_{21}(0,-1,1) + a_{31}(-1,1,1),$$

que fornece o sistema linear

$$\begin{cases} a_{11} - a_{31} = 1 \\ a_{11} - a_{21} + a_{31} = 2 \\ a_{21} + a_{31} = 1 \end{cases},$$

onde, isolando $a_{11} = 1 + a_{31}$ na primeira equação e $a_{21} = 1 - a_{31}$ na terceira equação, e levando-as para a segunda equação, obtemos

$$1 + a_{31} - 1 + a_{31} + a_{31} = 2,$$

donde segue que $a_{31} = \dfrac{2}{3}$. Logo, com esse valor levado para as expressões obtidas acima, determinamos

$$a_{11} = 1 + \frac{2}{3} = \frac{5}{3} \quad \text{e} \quad a_{21} = 1 - \frac{2}{3} = \frac{1}{3}.$$

De (3.14) vem

$$(1,1,1) = a_{12}(1,1,0) + a_{22}(0,-1,1) + a_{32}(-1,1,1),$$

que fornece o sistema linear

$$\begin{cases} a_{12} - a_{32} = 1 \\ a_{12} - a_{22} + a_{32} = 1 \\ a_{22} + a_{32} = 1 \end{cases},$$

onde, isolando $a_{12} = 1 + a_{32}$ na primeira equação e $a_{22} = 1 - a_{32}$ na terceira equação, e levando-as para a segunda equação, obtemos

$$1 + a_{32} - 1 + a_{32} + a_{32} = 1,$$

donde segue que $a_{32} = \dfrac{1}{3}$. Logo, com esse valor levado para as expressões obtidas acima, determinamos

$$a_{12} = 1 + \frac{1}{3} = \frac{4}{3} \quad \text{e} \quad a_{22} = 1 - \frac{1}{3} = \frac{2}{3}.$$

De (3.15) vem

$$(-1,0,3) = a_{13}(1,1,0) + a_{23}(0,-1,1) + a_{33}(-1,1,1),$$

que fornece o sistema linear

$$\begin{cases} a_{13} - a_{33} = -1 \\ a_{13} - a_{23} + a_{33} = 0 \\ a_{23} + a_{33} = 3 \end{cases},$$

onde, isolando $a_{13} = -1 + a_{33}$ na primeira equação e $a_{23} = 3 - a_{33}$ na terceira equação, e levando-as para a segunda equação, obtemos

$$-1 + a_{33} - 3 + a_{33} + a_{33} = 0,$$

donde segue que $a_{33} = \frac{4}{3}$. Logo, com esse valor levado para as expressões obtidas acima, determinamos

$$a_{13} = -1 + \frac{4}{3} = \frac{1}{3} \quad \text{e} \quad a_{23} = 3 - \frac{4}{3} = \frac{5}{3}.$$

Portanto, a matriz $[I]_{\beta}^{\beta_1}$ de mudança da base β_1 para a base β será

$$[I]_{\beta}^{\beta_1} = \begin{bmatrix} \frac{5}{3} & \frac{4}{3} & \frac{1}{3} \\ \frac{1}{3} & \frac{2}{3} & \frac{5}{3} \\ \frac{2}{3} & \frac{1}{3} & \frac{4}{3} \end{bmatrix}.$$

Assim, por exemplo, considerando o vetor $\vec{u} = (2,0,-1)$, temos que na base β_1 tal vetor possuirá coordenadas

$$\begin{bmatrix} a \\ b \\ c \end{bmatrix},$$

onde

$$(2,0,-1) = a\vec{w}_1 + b\vec{w}_2 + c\vec{w}_3,$$

isto é,

$$(2,0,-1) = a(1,2,1) + b(1,1,1) + c(-1,0,3),$$

que nos fornece o sistema linear

$$\begin{cases} a + b - c = 2 \\ 2a + b = 0 \\ a + b + 3c = -1 \end{cases},$$

o qual deixamos o leitor verificar que possuirá a solução

$$a = -\frac{5}{4},\ b = \frac{5}{2} \quad \text{e} \quad c = -\frac{3}{4}.$$

Assim, segue que as coordenadas de $\vec{u}$ na base β_1 serão

$$[\vec{u}]_{\beta_1} = \begin{bmatrix} -\frac{5}{4} \\ \frac{5}{2} \\ -\frac{3}{4} \end{bmatrix}.$$

Com isso, usando a matriz $[I]_{\beta}^{\beta_1}$ determinamos $[\vec{u}]_{\beta}$:

$$[\vec{u}]_{\beta} = [I]_{\beta}^{\beta_1} \cdot [\vec{u}]_{\beta_1} = \begin{bmatrix} \frac{5}{3} & \frac{4}{3} & \frac{1}{3} \\ \frac{1}{3} & \frac{2}{3} & \frac{5}{3} \\ \frac{2}{3} & \frac{1}{3} & \frac{4}{3} \end{bmatrix} \cdot \begin{bmatrix} -\frac{5}{4} \\ \frac{5}{2} \\ -\frac{3}{4} \end{bmatrix} = \begin{bmatrix} -\frac{25}{12} + \frac{40}{12} - \frac{3}{12} \\ -\frac{5}{12} + \frac{20}{12} - \frac{15}{12} \\ -\frac{10}{12} + \frac{10}{12} - \frac{12}{12} \end{bmatrix} = \begin{bmatrix} 1 \\ 0 \\ -1 \end{bmatrix}.$$

Por outro lado, representando $\vec{u} = (2, 0, -1)$ na base β, teremos

$$(2, 0, -1) = a(1, 1, 0) + b(0, -1, 1) + c(-1, 1, 1),$$

que fornece o sistema linear

$$\begin{cases} a - c = 2 \\ a - b + c = 0 \\ b + c = -1 \end{cases},$$

o qual, como deixamos o leitor verificar, possui a solução $a = 1$, $b = 0$ e $c = -1$, e com isso obtemos

$$[\vec{u}]_{\beta} = \begin{bmatrix} 1 \\ 0 \\ -1 \end{bmatrix}.$$

Proposição 3.23 *Sejam β e β_1 duas bases de um espaço vetorial V. A matriz de mudança de base $[I]_{\beta}^{\beta_1}$ é invertível e*

$$([I]_{\beta}^{\beta_1})^{-1} = [I]_{\beta_1}^{\beta}.$$

Demonstração. De fato, basta verificar que o sistema linear (3.12) nas incógnitas $y_1, y_2, ..., y_n$ é possível e determinado devido ao fato das unicidades das representações dos vetores nas bases β e β_1. Logo, segue pelo Teorema da Regra de Cramer que $\det[I]_{\beta}^{\beta_1} \neq 0$, ou seja, a matriz $[I]_{\beta}^{\beta_1}$ é invertível.

Isso posto, dado $[\vec{v}]_{\beta}$, pelo provado anteriormente segue que

$$[\vec{v}]_{\beta} = [I]_{\beta}^{\beta_1} \cdot [\vec{v}]_{\beta_1}. \tag{3.16}$$

Como $[I]_{\beta}^{\beta_1}$ é invertível, segue que existe $([I]_{\beta}^{\beta_1})^{-1}$, e, com isso, multiplicando (3.16) à esquerda por $([I]_{\beta}^{\beta_1})^{-1}$, vamos obter

$$([I]_{\beta}^{\beta_1})^{-1}.[\vec{v}]_{\beta} = ([I]_{\beta}^{\beta_1})^{-1}.[I]_{\beta}^{\beta_1} \cdot [\vec{v}]_{\beta_1} = [\vec{v}]_{\beta_1},$$

ou seja,

$$[\vec{v}]_{\beta_1} = ([I]_{\beta}^{\beta_1})^{-1} \cdot [\vec{v}]_{\beta},$$

donde segue que $([I]_{\beta}^{\beta_1})^{-1}$ é a matriz da mudança da base β para a base β_1, a qual é denotada por $[I]_{\beta_1}^{\beta}$, ou seja,

$$[I]_{\beta_1}^{\beta} = ([I]_{\beta}^{\beta_1})^{-1}$$

□

3.6.3 Rotação de eixos coordenados

No curso de Geometria analítica é feito um estudo sobre rotações de eixos coordenados. Dado o sistema de coordenadas cartesiano ortogonal xy, consideramos um ângulo de rotação θ entre 0 e $\frac{\pi}{2}$, no sentido anti-horário, obtemos um novo sistema cartesiano ortogonal $\overline{x}\ \overline{y}$, cujas origens coincidem. Veja a ilustração abaixo.

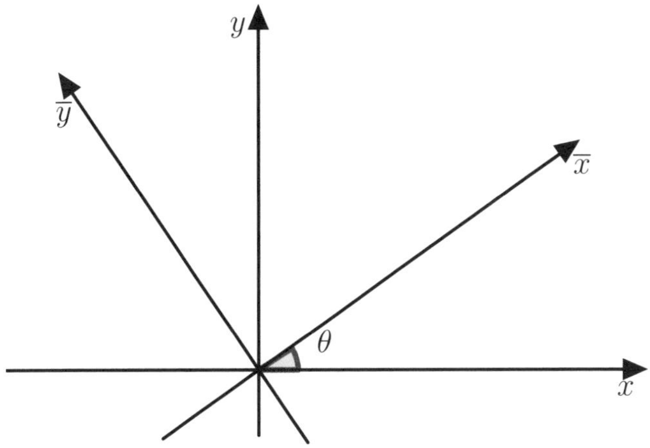

Figura 4 – Sistemas xy e $\overline{xy}$ com defasagem θ.

Considere um vetor $\vec{u} = (x, y)$ conforme esquema abaixo, no sistema xy. No sistema $\overline{x}\ \overline{y}$ representando $\vec{u} = (\overline{x}, \overline{y})$, sendo β o ângulo entre o vetor $\vec{u}$, de módulo[3] $|\vec{u}|$, e o eixo $\overline{x}$, obtemos

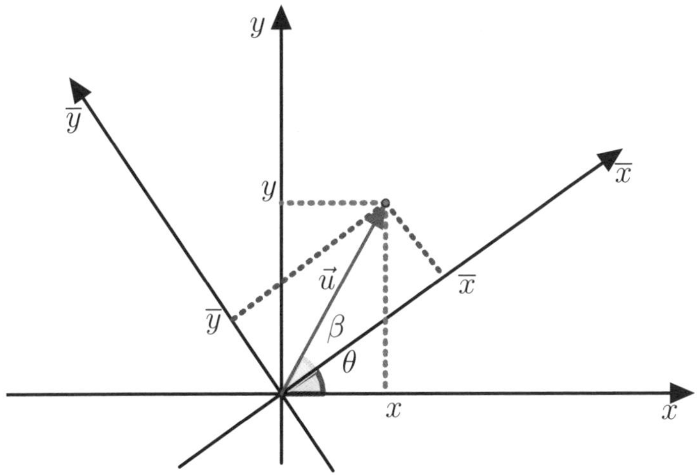

Figura 5 – Representações de um vetor nos dois sistemas.

$$x = |\vec{u}| \cos(\theta + \beta) = |\vec{u}|(\cos\theta \cdot \cos\beta - \operatorname{sen}\theta \cdot \operatorname{sen}\beta) =$$

[3]O módulo de um vetor $\vec{u} = (x, y)$, c.f. Geometria Analítica, é dado por $|\vec{u}| = \sqrt{x^2 + y^2}$. Veremos uma generalização para o módulo no Capítulo 6.

$$= |\vec{u}| \cos\theta \cdot \cos\beta - |\vec{u}| \operatorname{sen}\theta \cdot \operatorname{sen}\beta;$$

e

$$y = |\vec{u}| \operatorname{sen}(\theta + \beta) = |\vec{u}|(\operatorname{sen}\theta \cdot \cos\beta + \operatorname{sen}\beta \cdot \cos\theta) =$$

$$|\vec{u}| \operatorname{sen}\theta \cdot \cos\beta + |\vec{u}| \operatorname{sen}\beta \cdot \cos\theta.$$

Também temos as relações trigonométricas

$$\overline{x} = |\vec{u}| \cdot \cos\beta \quad \text{e} \quad \overline{y} = |\vec{u}| \cdot \operatorname{sen}\beta,$$

as quais, levadas nas equações acima, fornecem as equações de rotação de eixos:

$$\begin{cases} x = \overline{x}\cos\theta - \overline{y}\operatorname{sen}\theta \\ y = \overline{x}\operatorname{sen}\theta + \overline{y}\cos\theta \end{cases}.$$

Na notação matricial, vamos obter

$$\begin{bmatrix} x \\ y \end{bmatrix} = \begin{bmatrix} \cos\theta & -\operatorname{sen}\theta \\ \operatorname{sen}\theta & \cos\theta \end{bmatrix} \cdot \begin{bmatrix} \overline{x} \\ \overline{y} \end{bmatrix}. \tag{3.17}$$

Considerando as bases $can = \{\vec{i}, \vec{j}\}$ do sistema xy e

$$\gamma = \{(\cos\theta, \cos\theta), (-\operatorname{sen}\theta, \operatorname{sen}\theta)\}$$

do sistema $\overline{x}\,\overline{y}$, dado $\vec{v} = (x, y)$, temos

$$[\vec{v}]_{can} = \begin{bmatrix} x \\ y \end{bmatrix} \quad \text{e} \quad [\vec{v}]_{\gamma} = \begin{bmatrix} \overline{x} \\ \overline{y} \end{bmatrix},$$

e observando (3.17), denotando $[I]_{can}^{\gamma} = \begin{bmatrix} \cos\theta & -\operatorname{sen}\theta \\ \operatorname{sen}\theta & \cos\theta \end{bmatrix}$, temos

$$[\vec{v}]_{can} = [I]_{can}^{\gamma} \cdot [\vec{v}]_{\gamma}.$$

Ou seja, concluímos que a rotação dos eixos coordenados num ângulo θ corresponde a uma mudança da base canônica can para a base γ.

Neste caso, definimos $[I]^{\gamma}_{can} = \begin{bmatrix} \cos\theta & -\operatorname{sen}\theta \\ \operatorname{sen}\theta & \cos\theta \end{bmatrix}$ por matriz de rotação da mudança de coordenadas.

Vejamos um exemplo interessante. Considere $\theta = \frac{\pi}{4}$ rad. Neste caso, estamos considerando as bases $can = \{\vec{i}, \vec{j}\}$ do sistema xy e

$$\gamma = \{\frac{\sqrt{2}}{2}(1,1), \frac{\sqrt{2}}{2}(-1,1)\}$$

do sistema $\overline{x}\,\overline{y}$.

Nesse caso, a equação $xy = 1$ (no sistema xy), no sistema $\overline{x}\,\overline{y}$ ficará

$$1 = xy = (\overline{x}\cos\theta - \overline{y}\operatorname{sen}\theta)(\overline{x}\operatorname{sen}\theta + \overline{y}\cos\theta) =$$

$$= \overline{x}^2\cos\theta\operatorname{sen}\theta + \overline{x}\,\overline{y}\cos^2\theta - \overline{x}\,\overline{y}\operatorname{sen}^2\theta - \overline{y}^2\operatorname{sen}\theta\cos\theta =$$

$$= \overline{x}^2 \cdot \frac{\sqrt{2}}{2} \cdot \frac{\sqrt{2}}{2} + \overline{x}\,\overline{y} \cdot \frac{2}{4} - \overline{x}\,\overline{y} \cdot \frac{2}{4} - \overline{y}^2 \cdot \frac{\sqrt{2}}{2} \cdot \frac{\sqrt{2}}{2} = \frac{\overline{x}^2}{2} - \frac{\overline{y}^2}{2},$$

ou seja, obtemos a equação da hipérbole

$$\frac{\overline{x}^2}{(\sqrt{2})^2} - \frac{\overline{y}^2}{(\sqrt{2})^2} = 1$$

no sistema $\overline{x}\,\overline{y}$, rotacionado $\frac{\pi}{4}$ rad do sistema xy.

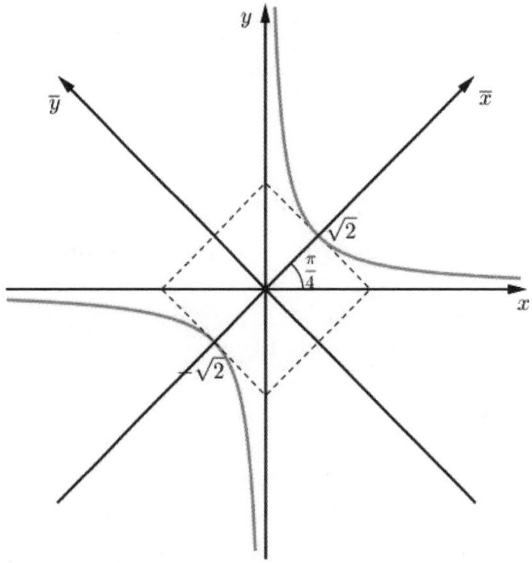

Figura 6 – Hipérbole.

Exercícios

1. Mostre que cada conjunto a seguir é uma base para o $\mathbb{R}^2$. Em seguida, determine as coordenadas do vetor $\overrightarrow{u} = (6, 2)$ em relação a cada uma das bases dadas.
   (a) $\alpha = \{(3, 0); (0, 3)\}$ (b) $\beta = \{(1, 2); (2, 1)\}$
   (c) $\gamma = \{(1, 0); (0, 1)\}$ (d) $\delta = \{(0, 1); (1, 0)\}$

2. Quais são as coordenadas de $\overrightarrow{u} = (1, 0, 0)$ em relação à base

$$\beta = \{(1, 1, 1); (-1, 1, 0); (1, 0, -1)\}$$

   do $\mathbb{R}^3$?

3. Determinar as coordenadas do vetor $u = (2, 1, 4) \in \mathbb{R}^3$ em relação às bases:
   (a) canônica; (b) $\beta = \{(1, 1, 1); (1, 0, 1); (1, 0, -1)\}$.

4. *Mostre que os vetores $v_1 = (2,6,3)$, $v_2 = (1,5,4)$ e $v_3 = (-2,1,7)$ formam uma base do $\mathbb{R}^3$. Expresse o vetor $v = (3,7,1)$ como uma combinação linear de v_1, v_2 e v_3. Quais são as coordenadas de v em relação à base $\{v_1, v_2, v_3\}$?

5. Considere as bases β e γ do espaço vetorial $\mathbb{R}^2$:

$$\beta = \{(1,1);\ (0,-1)\} \quad \text{e} \quad \gamma = \{(1,2);\ (-1,3)\}.$$

Obtenha a matriz de mudança de base $[I]_\beta^\gamma$. Em seguida, dado o vetor $\vec{u}$ tal que $[\vec{u}]_\gamma = \begin{bmatrix} 2 \\ -3 \end{bmatrix}$, obtenha $[\vec{u}]_\beta$ usando a matriz da mudança.

6. Determinar as coordenadas do vetor $\overrightarrow{u} = (x,y,z)$ em relação a cada base do $\mathbb{R}^3$ dada.

   (a) $\beta = \{(1,1,-1); (1,-1,1); (-1,1,1)\}$

   (b) $\beta = \{(1,0,0); (1,2,1); (0,5,2)\}$

7. **(Sel. Mestrado UFSM 2013/2)** Seja $\beta = \{v_1, v_2, v_3\} \subset \mathbb{C}^3$, onde $v_1 = (1,0,-i)$, $v_2 = (1+i, 1-i, 1)$ e $v_3 = (i,i,i)$. Mostre que β é uma $\mathbb{C}$-base de $\mathbb{C}^3$. Encontre as coordenadas de um vetor $(a,b,c) \in \mathbb{C}^3$ em relação a esta base.

8. Ache a matriz de mudança de base da base

$$\beta = \{(1,1,0); (0,1,0); (0,0,3)\}$$

para a base canônica do $\mathbb{R}^3$.

9. *Ache a matriz de mudança de base da base

$$\beta = \{(1,1,0); (0,1,0); (0,0,3)\}$$

para a base

$$\gamma = \{(1,1,1); (1,0,1); (1,0,-1)\}$$

do $\mathbb{R}^3$. Ache também a matriz de mudança da base γ para a base β.

10. ***(Sel. Mestrado UFSM 2017/1)** Sabe-se que $V = \{(x, y) \in \mathbb{R}^2; x > 0 \text{ e } y > 0\}$ é um espaço vetorial real, munido das seguintes operações: $+ : V \times V \to V$ e $\cdot : \mathbb{R} \times V \to V$, definidas, respectivamente, por

$$(x_1, y_1) + (x_2, y_2) = (x_1 \cdot x_2, y_1 \cdot y_2) \text{ e } \alpha(x_1, y_1) = (x_1^\alpha, y_1^\alpha),$$

para quaisquer $(x_1, y_1), (x_2, y_2) \in V$ e $\alpha \in \mathbb{R}$.

   (a) Prove a propriedade distributiva da multiplicação por escalar pela soma. Além disso, determine o elemento neutro da soma e o simétrico de um vetor $(x, y) \in V$.

   (b) Exiba uma base de V e dê sua dimensão.

   (c) Determine as coordenadas do vetor $v = (3, 5)$ com relação à base obtida no item anterior.

   (d) O conjunto $U = \{(1, 2^x); x \in \mathbb{R}\}$ é um subespaço vetorial de V? Justifique.

Capítulo 4

Transformações lineares

No capítulo anterior estudamos vários tipos de espaços vetoriais, seus subespaços, bem como propriedades peculiares. Neste capítulo definiremos um tipo especial de função entre dois espaços vetoriais $f : V \to W$ que preserva a estrutura de espaço vetorial, bem como propriedades importantes.

4.1 Transformação linear

Definição 4.1 Sejam V e W dois espaços vetoriais. Dizemos que uma função $T : V \to W$ é uma *transformação linear* se, e somente se, para quaisquer $\vec{u}, \vec{v} \in V$ e para qualquer $\alpha \in \mathbb{R}$ se cumprem as propriedades:

(a) $T(\vec{u} + \vec{v}) = T(\vec{u}) + T(\vec{v})$;

(b) $T(\alpha\vec{u}) = \alpha T(\vec{u})$.

Dada $T : V \to W$ uma transformação (linear ou não), o espaço vetorial V é chamado de domínio da transformação e o espaço vetorial W de contradomínio (ou codomínio) da transformação. O conjunto dos vetores $T(V) \subset W$ chama-se imagem da transformação. Sobre a imagem de uma transformação linear daremos uma atenção especial mais adiante.

É importante notar as operações de adição que estão envolvidas em (a): note que, ao escrever $T(\vec{u} + \vec{v}) = T(\vec{u}) + T(\vec{v})$, a adição $\vec{u} + \vec{v}$ é a adição definida em V, já a adição $T(\vec{u})+T(\vec{v})$ é a adição definida em W. Do mesmo modo o produto $\alpha \cdot \vec{u}$ é o produto do escalar α pelo vetor $\vec{u}$ definido em V, enquanto o produto $\alpha \cdot T(\vec{u})$ é o produto definido em W do mesmo escalar pelo vetor $T(\vec{u})$.

Observação. Quando $V = W$, chamamos a transformação linear $T : V \to V$ de *operador linear.* Quando $W = \mathbb{R}$ a transformação linear $T : V \to \mathbb{R}$ chama-se *funcional linear.*

A seguir apresentamos alguns exemplos (e contraexemplos) de transformações lineares.

Exemplo 1. A aplicação $T : \mathbb{R}^2 \to \mathbb{R}$ definida por $T(x, y) = 2x - 3y$ é uma transformação linear que manda vetores do espaço vetorial $\mathbb{R}^2$ para o espaço vetorial $\mathbb{R}$. De fato, dados $\vec{u} = (a, b)$ e $\vec{v} = (m, n) \in \mathbb{R}^2$ e $\alpha \in \mathbb{R}$, temos que

(a) $T(\vec{u}+\vec{v}) = T((a, b), (m, n)) = T((a+m, b+n)) = 2(a+m)-3(b+n) =$

$$= (2a - 3b) + (2m - 3n) = T((a, b)) + T((m, n)) = T(\vec{u}) + T(\vec{v}),$$

(b) $T(\alpha\vec{u}) = T(\alpha(a, b)) = T(\alpha a, \alpha b) = 2\alpha a - 3\alpha b = \alpha(2a - 3b) =$

$$= \alpha T((a, b)) = \alpha T(\vec{u}).$$

Exemplo 2. Seja $T : \mathbb{R}^2 \to \mathbb{R}^3$ dada por $T(x, y) = (x + y, -y, x + 2y)$. Afirmamos que T é uma transformação linear do espaço vetorial $\mathbb{R}^2$ para o espaço vetorial $\mathbb{R}^3$. De fato, dados $\vec{u} = (a, b)$ e $\vec{v} = (m, n)$ vetores em $\mathbb{R}^2$ e $\alpha \in \mathbb{R}$, temos que

(a) $T(\vec{u}+\vec{v}) = T((a+m, b+n)) = (a+m+b+n, -(b+n), a+m+2(b+n)) =$

$$= (a + b, -b, a + 2b) + (m + n, -n, m + 2n) = T((a, b)) + T((m, n)) =$$

$$= T(\vec{u}) + T(\vec{v}).$$

(b) $T(\alpha\vec{u}) = T(\alpha(a,b)) = T((\alpha a, \alpha b)) = (\alpha a + \alpha b, -\alpha b, \alpha a + 2\alpha b) =$

$$= \alpha(a+b, -b, a+2b) = \alpha T((a,b)) = \alpha T(\vec{u}).$$

Exemplo 3. A aplicação $T_1 : \mathbb{R} \to \mathbb{R}$ dada por $T_1(x) = 2x$ é uma transformação linear (verifique!). No entanto, $T_2 : \mathbb{R} \to \mathbb{R}$ dada por $T_2(x) = 2x + 1$ não é linear, pois a constante 1 "estraga" a linearidade. De fato, por exemplo, note que,

$$T_2(3) = 2 \cdot 3 + 1 = 7,$$

e, no entanto, por exemplo,

$$T_2(3) = T_2(2+1),$$

mas

$$T_2(2) + T_2(1) = 2 \cdot 2 + 1 + 2 \cdot 1 + 1 = 8 \neq 7 = T_2(3).$$

Exemplo 4. Seja V o espaço vetorial das funções deriváveis em (a,b). Então, a aplicação $D : V \to C([a,b])$, dada por

$$D(f)(x) = f'(x),$$

ou seja, a aplicação D é a derivação. Como valem as regras de derivação

$$D(f+g)(x) = (f+g)'(x) = (f'+g')(x) = f'(x)+g'(x) = D(f)(x)+D(g)(x),$$

e, para $\alpha \in \mathbb{R}$, vale

$$D(\alpha f)(x) = (\alpha f)'(x) = (\alpha f')(x) = \alpha(f'(x)) = \alpha D(f)(x),$$

segue que o operador D acima definido é uma transformação linear.

Exemplo 5. Defina $T : C([a,b]) \to \mathbb{R}$ pondo

$$T(f) = \int_a^b f(x)dx.$$

Note que T é uma transformação linear, pois, dados $f, g \in C([a,b])$ e $\alpha \in \mathbb{R}$, do cálculo segue que

$$T(f+g) = \int_a^b (f+g)(x)dx = \int_a^b (f(x)+g(x))dx =$$

$$= \int_a^b f(x)dx + \int_a^b g(x)dx = T(f) + T(g),$$

e

$$T(\alpha f) = \int_a^b (\alpha f)(x)dx = \int_a^b \alpha f(x)dx = \alpha \int_a^b f(x)dx = \alpha T(f).$$

Exemplo 6. A aplicação $T : \mathbb{R}^2 \to \mathbb{R}^2$ dada por $T(x,y) = (x-y, x+y^2)$ não é linear. Justifique!

Exemplo 7. Seja $T : M(2,2) \to \mathbb{R}^3$ dada por

$$T(\begin{pmatrix} a_{11} & a_{12} \\ a_{21} & a_{22} \end{pmatrix}) = (a_{11} + a_{12}, a_{21}, -a_{22}).$$

Afirmamos que T é uma transformação linear do espaço vetorial $M(2,2)$ das matrizes quadradas de ordem 2×2 no espaço vetorial $\mathbb{R}^3$. Verifique!

Proposição 4.2 *Seja $T : V \to W$ uma transformação linear do espaço vetorial V no espaço vetorial W. Valem as propriedades:*

(a) *$T(\vec{0}_V) = \vec{0}_W$, onde $\vec{0}_V$ denota o neutro aditivo de V e $\vec{0}_W$ denota o neutro aditivo de W. Ou seja, uma transformação linear de V em W manda o neutro aditivo de V no neutro aditivo de W.*

(b) *Para qualquer $\vec{v} \in V$, $T(-\vec{v}) = -T(\vec{v})$.*

(c) *Para quaisquer $\vec{u}, \vec{v} \in V$, $T(\vec{u} - \vec{v}) = T(\vec{u}) - T(\vec{v})$.*

Demonstração. (a) Basta notar que

$$T(\vec{0}_V) = T(\vec{0}_V + \vec{0}_V) = T(\vec{0}_V) + T(\vec{0}_V),$$

onde a última igualdade é devida à linearidade da T. Como $T(\vec{0}_V)$ é um vetor em W, existe o vetor oposto $-T(\vec{0}_V)$ tal que, somando-o na igualdade acima, vamos obter

$$-T(\vec{0}_V) + T(\vec{0}_V) = -T(\vec{0}_V) + T(\vec{0}_V) + T(\vec{0}_V),$$

e daí

$$\vec{0}_W = \vec{0}_W + T(\vec{0}_V) = T(\vec{0}_V),$$

onde a última igualdade é devida ao fato de 0_W ser o neutro aditivo de W, ou seja, concluímos que

$$T(\vec{0}_V) = \vec{0}_W.$$

(b) Dado $\vec{v} \in V$, basta utilizar a propriedade (b) da definição de transformação linear considerando $\alpha = -1$:

$$T(-\vec{v}) = T(-1\vec{v}) = -1T(\vec{v}) = -T(\vec{v}).$$

(c) Dados $\vec{u}, \vec{v} \in V$, basta usar a linearidade da T e o item anterior:

$$T(\vec{u} - \vec{v}) = T(\vec{u} + (-\vec{v})) = T(\vec{u}) + T(-\vec{v}) = T(\vec{u}) - T(\vec{v}).$$

□

Cabem aqui alguns comentários referentes à propriedade (a) da Proposição acima: retomando o Exemplo 3 anterior, onde havíamos definido $T_2 : \mathbb{R} \to \mathbb{R}$ por $T_2(x) = 2x + 1$, vimos que ela não é linear. Uma outra maneira de verificar que T_2 não é linear consiste em observar que $T_2(0) = 1 \neq 0$, ou seja, T_2 não manda o vetor nulo do domínio para o vetor nulo do contradomínio. Logo, se uma dada transformação T não satisfizer $T(0) = 0$, então tal T não é linear, muito embora, se uma dada transformação cumprir $T(0) = 0$, não segue que seja linear – veja o Exemplo 6 anterior, por exemplo. Para uma dada transformação ser linear deve-se mostrar que $T(\vec{u} + \vec{v}) = T(\vec{u}) + T(\vec{v})$ e $T(\alpha \cdot \vec{u}) = \alpha \cdot T(\vec{u})$, para quaisquer $\vec{u}, \vec{v}$ vetores do domínio e $\alpha \in \mathbb{R}$.

Proposição 4.3 *Sejam V e W dois espaços vetoriais, $\{\vec{v}_1, ..., \vec{v}_n\}$ uma base de V e $\vec{w}_1, ..., \vec{w}_n \in W$. Então, existe uma única transformação linear $T : V \to W$ tal que $T(\vec{v}_1) = \vec{w}_1$, $T(\vec{v}_2) = \vec{w}_2$, ..., $T(\vec{v}_n) = \vec{w}_n$.*

Demonstração. Como $\{\vec{v}_1, ..., \vec{v}_n\}$ é uma base de V, segue que existem únicos escalares $\alpha_1, ..., \alpha_n \in \mathbb{R}$ tais que

$$\vec{v} = \alpha_1\vec{v}_1 + ... + \alpha_n\vec{v}_n.$$

Defina $T : V \to W$ pondo

$$T(\vec{v}) = T(\sum_{i=1}^{n} \alpha_i\vec{v}_i) \stackrel{\text{def.}}{=} \sum_{i=1}^{n} \alpha_i\vec{w}_i.$$

Devido à unicidade dos α_i's, segue que T está bem definida e, além disso, notamos que $T(\vec{v}_i) = \vec{w}_i$, para $i = 1, 2, ..., n$.

Afirmamos que T assim definida é linear. De fato, para todo $\vec{u}, \vec{v} \in V$, temos que

$$\vec{u} = \sum_{i=1}^{n} \beta_i\vec{v}_i \text{ e } \vec{v} = \sum_{i=1}^{n} \gamma_i\vec{v}_i,$$

e daí

$$T(\vec{u} + \vec{v}) = T(\sum_{i=1}^{n} \beta_i\vec{v}_i + \sum_{i=1}^{n} \gamma_i\vec{v}_i) = T(\sum_{i=1}^{n} (\beta_i + \gamma_i)\vec{v}_i) \stackrel{\text{def.}}{=} \sum_{i=1}^{n} (\beta_i + \gamma_i)\vec{w}_i =$$

$$= \sum_{i=1}^{n} \beta_i\vec{w}_i + \sum_{i=1}^{n} \gamma_i\vec{w}_i \stackrel{\text{def.}}{=} T(\sum_{i=1}^{n} \beta_i\vec{v}_i) + T(\sum_{i=1}^{n} \gamma_i\vec{v}_i) = T(\vec{u}) + T(\vec{v}),$$

e para $\alpha \in \mathbb{R}$, temos

$$T(\alpha\vec{u}) = T(\alpha \sum_{i=1}^{n} \beta_i\vec{v}_i) = T(\sum_{i=1}^{n} (\alpha\beta_i)\vec{v}_i) \stackrel{\text{def.}}{=} \sum_{i=1}^{n} (\alpha\beta_i)\vec{w}_i) =$$

$$= \alpha \sum_{i=1}^{n} \beta_i\vec{w}_i \stackrel{\text{def.}}{=} \alpha T(\sum_{i=1}^{n} \beta_i\vec{v}_i) = \alpha T(\vec{v}).$$

Por fim, mostremos a unicidade da T. Seja $S : V \to W$ transformação linear tal que $S(\vec{v}_i) = \vec{w}_i$. Assim, dado $\vec{v} = \sum_{i=1}^{n} \alpha_i\vec{v}_i \in V$, e sendo S linear, temos que

$$T(\vec{v}) = T(\sum_{i=1}^{n} \alpha_i\vec{v}_i) \stackrel{\text{def.}}{=} \sum_{i=1}^{n} \alpha_i\vec{w}_i = \sum_{i=1}^{n} \alpha_i S(\vec{v}_i) =$$

$$= \sum_{i=1}^{n} S(\alpha_i \vec{v}_i) = S(\sum_{i=1}^{n} \alpha_i \vec{v}_i) = S(\vec{v}),$$

e isso vale para todo vetor $\vec{v} \in V$, o que mostra que $T = S$.

$\square$

Abaixo apresentamos um exemplo de aplicação.

Exemplo. Determine a transformação linear $T : \mathbb{R}^2 \to \mathbb{R}^3$ tal que $T(1,0) = (1,2,-1)$ e $T(0,1) = (2,2,3)$.

Solução. Primeiramente, perceba que $\{(1,0),(0,1)\}$ é uma base do $\mathbb{R}^2$ (pois é um conjunto L.I. de dois vetores e a dimensão do $\mathbb{R}^2$ é 2). Assim, escrevemos a combinação linear de um vetor (x,y) qualquer do $\mathbb{R}^2$ pondo

$$(x,y) = x(1,0) + y(0,1).$$

Como a T a ser determinada deve ser linear, segue que

$$T(x,y) = T(x(1,0) + y(0,1)) = x \cdot T(1,0) + y \cdot T(0,1).$$

Pelas condições impostas no problema, vem

$$T(x,y) = x(1,2,-1) + y(2,2,3) = (x, 2x, -x, 2y, 2y, 3y) =$$

$$= (x + 2y, 2x + 2y, -x + 3y),$$

e tal T é única de acordo com a Proposição acima.

Exercícios

1. Mostre que a aplicação $F : \mathbb{R}^3 \to \mathbb{R}$ dada por $F(x,y,z) = 2x - 3y + z$ é uma transformação linear.

2. Mostre que a aplicação $T : \mathbb{R}^2 \to \mathbb{R}^3$ dada por $T(x,y) = (x+1, 2y, x+y)$ não é uma transformação linear.

3. *Seja V o espaço vetorial das matrizes $n \times n$ sobre $\mathbb{R}$. Seja B um elemento de V fixado e considere a aplicação $\varphi_B : V \to V$ dada por

$$\varphi_B(A) = A \cdot B - B \cdot A.$$

Mostre que φ_B é uma transformação linear.

4. Ache a transformação linear $T : \mathbb{R}^3 \to \mathbb{R}^2$ tal que $T(1,0,0) = (2,0)$; $T(0,1,0) = (1,1)$ e $T(0,0,1) = (0,-1)$. Em seguida, obtenha $\vec{v} \in \mathbb{R}^3$ tal que $T(\vec{v}) = (3,2)$.

5. Ache a transformação linear $T : \mathbb{R}^2 \to \mathbb{R}^2$ tal que $T(1,2) = (2,3)$ e $T(0,1) = (1,4)$.

6. *Seja $T : V \to V$ uma transformação linear e C o conjunto dos vetores de V que são deixados fixos por T, ou seja,

$$C = \{\vec{v} \in V \, : \, T(\vec{v}) = \vec{v}\}.$$

Mostre que C é um subespaço vetorial de V.

7. ***(Sel. Mestrado UFRGS 2007/2)** Obtenha todas as transformações lineares $L : \mathbb{R}^3 \to \mathbb{R}^3$ tais que $L(u) = 3u$, $L(v) = 3v$ e $L(w) = 3w$, onde $u = (1,0,0)$, $v = (1,1,0)$ e $w = (0,1,1)$.

4.2 Operações com transformações lineares

Do mesmo modo que é feito no estudo de funções, definimos as operações de adição, subtração e composição de transformações lineares como segue.

Definição 4.4 Dadas $T_1, T_2 : V \to W$ duas transformações lineares. Definimos as aplicações $T_1 + T_2$ e $T_1 - T_2$, de V em W, respectivamente, por: para todo $\vec{v} \in V$,

$$(T_1 + T_2)(\vec{v}) = T_1(\vec{v}) + T_2(\vec{v}) \quad \text{e} \quad (T_1 - T_2)(\vec{v}) = T_1(\vec{v}) - T_2(\vec{v}).$$

É fácil ver que $T_1 + T_2$ e $T_1 - T_2$ são também transformações lineares e deixamos o leitor verificar estes fatos.

Exemplo. Dados $T_1, T_2 : \mathbb{R}^3 \to \mathbb{R}^2$, respectivamente, por

$$T_1(x, y, z) = (x + z, -x + 2y + 3z) \quad \text{e} \quad T_2(x, y, z) = (4x + 2y - 2z, 2y),$$

temos que $T_1 + T_2 : \mathbb{R}^3 \to \mathbb{R}^2$ é dada por

$$\begin{aligned}(T_1 + T_2)(x, y, z) &= T_1(x, y, z) + T_2(x, y, z) = \\ &= (x + z, -x + 2y + 3z) + (4x + 2y - 2z, 2y) = \\ &= (5x + 2y - z, -x + 4y + 3z),\end{aligned}$$

e $T_1 - T_2 : \mathbb{R}^3 \to \mathbb{R}^2$ é dada por

$$\begin{aligned}(T_1 - T_2)(x, y, z) &= T_1(x, y, z) - T_2(x, y, z) = \\ &= (x + z, -x + 2y + 3z) - (4x + 2y - 2z, 2y) = \\ &= (-3x - 2y + z, -x + 3z).\end{aligned}$$

Definição 4.5 Dadas as transformações lineares $T_1 : U \to V$ e $T_2 : V \to W$ (note que o contradomínio de T_1 é o domínio de T_2), definimos a *composta* $T_2 \circ T_1 : U \to W$ por, $\forall \vec{u} \in U$,

$$(T_2 \circ T_1)(\vec{u}) = T_2(T_1(\vec{u})).$$

Exemplo. Sejam $T_1 : \mathbb{R}^2 \to M(2, 2)$ e $T_2 : M(2, 2) \to \mathbb{R}^3$, dadas, respectivamente, por

$$T_1(x, y) = \begin{bmatrix} x + y & x \\ 2x - 3y & 2y \end{bmatrix} \quad \text{e} \quad T_2(\begin{bmatrix} a_{11} & a_{12} \\ a_{21} & a_{22} \end{bmatrix}) = (a_{11}, a_{11}+a_{22}, 2a_{12}-a_{21}).$$

Então $T_2 \circ T_1 : \mathbb{R}^2 \to \mathbb{R}^3$ será dada por

$$\begin{aligned}(T_2 \circ T_1)(x, y) = T_2(T_1(x, y)) &= T_2(\begin{bmatrix} x + y & x \\ 2x - 3y & 2y \end{bmatrix}) = \\ &= (x + y, x + 3y, 3y).\end{aligned}$$

A linearidade não se perde com a composição, conforme a Proposição abaixo:

Proposição 4.6 *Sejam $T_1 : U \to V$ e $T_2 : V \to W$ transformações lineares. Então $T_2 \circ T_1 : U \to W$ também é uma transformação linear.*

Demonstração. Dados $\vec{u}, \vec{v} \in U$ e $\alpha \in \mathbb{R}$, segue pela linearidade de T_1 e depois pela linearidade de T_2 que

$$(T_2 \circ T_1)(\vec{u} + \vec{v}) = T_2(T_1(\vec{u} + \vec{v})) = T_2(T_1(\vec{u}) + T_1(\vec{v})) =$$

$$= T_2(T_1(\vec{u})) + T_2(T_1(\vec{v})) = (T_2 \circ T_1)(\vec{u}) + (T_2 \circ T_1)(\vec{v}),$$

e

$$(T_2 \circ T_1)(\alpha\vec{u}) = T_2(T_1(\alpha\vec{v})) = T_2(\alpha T_1(\vec{v})) = \alpha T_2(T_1(\vec{v})) = \alpha(T_2 \circ T_1)(\vec{v}),$$

e, portanto, $T_2 \circ T_1$ é uma transformação linear.

□

Observação. Dada $T : V \to V$ transformação linear, denotaremos $T \circ T = T^2$, ou seja,

$$T^2(\vec{u}) = (T \circ T)(\vec{u}) = T(T(\vec{u})).$$

No que segue, vamos definir um conjunto especial.

Definição 4.7 Dados V e W dois espaços vetoriais. Definimos o conjunto

$$\mathcal{L}(V, W) = \{T : V \to W \ : \ T \text{ é transformação linear}\}.$$

Ou seja, fixados dois espaços vetoriais V e W, $\mathcal{L}(V, W)$ denota o conjunto de todas as transformações lineares de V em W. A partir da operação de adição de transformações lineares apresentada no início dessa seção e o produto de um escalar por uma transformação, segue o seguinte resultado:

Proposição 4.8 *Dados V e W dois espaços vetoriais. O conjunto $\mathcal{L}(V, W)$ munido da adição*

$$+ : \mathcal{L}(V, W) \times \mathcal{L}(V, W) \to \mathcal{L}(V, W),$$

$$(T_1, T_2) \mapsto T_1 + T_2,$$

e o produto por escalar

$$\cdot : \mathbb{R} \times \mathcal{L}(V, W) \to \mathcal{L}(V, W),$$

$$(\alpha, T_1) \mapsto \alpha \cdot T_1$$

é um espaço vetorial, denotado espaço vetorial de todas as transformações lineares de V em W.

Demonstração. Dados $T_1, T_2, T_3 \in \mathcal{L}(V, W)$ e $\alpha, \beta \in \mathbb{R}$, devemos verificar todas as oito propriedades da definição de espaço vetorial. Faremos a prova apenas da associatividade da soma e deixaremos a prova das outras sete para o leitor.

Dado $\vec{v} \in V$, temos, c.f. a definição de adição de transformações lineares vista na Definição 4.4,

$$((T_1 + T_2) + T_3)(\vec{v}) = (T_1 + T_2)(\vec{v}) + T_3(\vec{v}) = (T_1(\vec{v}) + T_2(\vec{v})) + T_3(\vec{v}),$$

e como $T_1(\vec{v}), T_2(\vec{v}), T_3(\vec{v}) \in W$, e W é espaço vetorial, valerá a associatividade da soma, ou seja,

$$(T_1(\vec{v}) + T_2(\vec{v})) + T_3(\vec{v}) = T_1(\vec{v}) + (T_2(\vec{v}) + T_3(\vec{v})) =$$

$$= T_1(\vec{v}) + ((T_2 + T_3)(\vec{v})) = (T_1 + (T_2 + T_3))(\vec{v}),$$

ou seja, mostramos que

$$((T_1 + T_2) + T_3)(\vec{v}) = (T_1 + (T_2 + T_3))(\vec{v}),$$

e como $\vec{v} \in V$ é qualquer, segue que

$$(T_1 + T_2) + T_3 = T_1 + (T_2 + T_3).$$

□

Observação. Quando $V = W$, escrevemos $\mathcal{L}(V, V) = \mathcal{L}(V)$.

Exercícios

1. Sendo F, G e $H \in \mathcal{L}(\mathbb{R}^2)$ definidos por $F(x,y) = (x, 2y)$, $G(x,y) = (y, x+y)$ e $H(x,y) = (0,x)$, determinar $F+H$, $F \circ G$, $G \circ (H+F)$, $G \circ F$ e $H \circ F$.

2. *Sejam S e T os operadores lineares em $\mathbb{R}^2$ definidos por $S(x,y) = (0,x)$ e $T(x,y) = (x,0)$. Mostre que $T \circ S = 0$, mas que $S \circ T \neq 0$. Mostre também que $T^2 = T$.

3. *Sejam $T : \mathbb{R}^3 \to M_{2\times 2}(\mathbb{R})$ e $S : M_{2\times 2}(\mathbb{R}) \to P_3$ transformações lineares dadas, respectivamente, por

$$T(x,y,z) = \begin{pmatrix} x & 2x-y \\ z & x+y-z \end{pmatrix} \text{ e } S\begin{pmatrix} a_{11} & a_{12} \\ a_{21} & a_{22} \end{pmatrix} = a_{11}+a_{12}t-a_{21}t^2-a_{22}t^3.$$

   Determine $S \circ T$.

4.3 Núcleo e imagem de uma transformação

Nesta seção apresentaremos os importantes conceitos de núcleo e imagem de uma transformação linear, bem como suas principais propriedades.

Definição 4.9 Seja $T : V \to W$ uma transformação linear. Definimos o *núcleo* de T, e denotamos por $\ker T$ o conjunto

$$\ker T = \{\vec{v} \in V \, : \, T(\vec{v}) = \vec{0}_W\},$$

ou seja, o conjunto de todos os vetores de V que são levados pela T ao vetor nulo de W.

Pela definição acima notamos que $\ker T \subset V$. Outras notações para o núcleo de T são $\mathcal{N}(T)$ e $\text{nuc}(T)$.

Note que o núcleo de T está bem definido, pois de acordo com a Proposição 4.2, item (a), segue que para qualquer transformação linear $T : V \to W$, tem-se que $T(\vec{0}_V) = \vec{0}_W$, logo, $\vec{0}_V \in \ker T$, ou seja, o núcleo de uma transformação nunca é vazio, pois contém pelo menos o vetor nulo de V.

Abaixo temos uma ilustração clássica para a definição de $\ker T$.

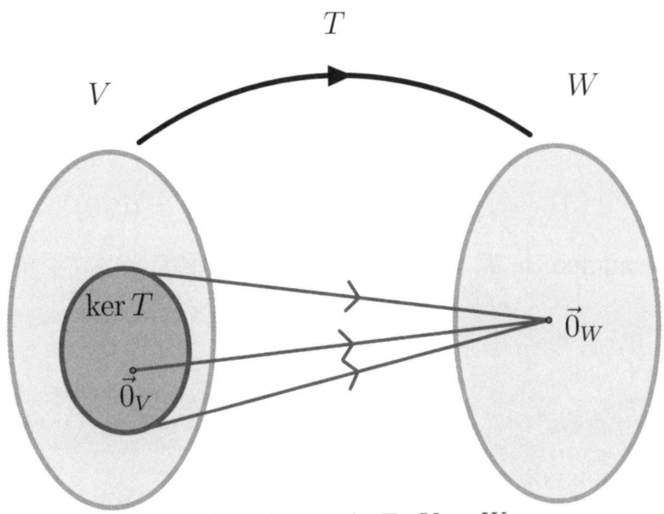

Figura 7 – Núcleo de $T : V \to W$.

O resultado a seguir mostra que o núcleo de uma transformação linear é mais do que um subconjunto de V; ele tem a estrutura de espaço vetorial.

Proposição 4.10 *Seja $T : V \to W$ uma transformação linear entre os espaços vetoriais V e W. Então, $\ker T$ é um subespaço vetorial de V.*

Demonstração. Dados $\vec{u}, \vec{v} \in \ker T$ e $\alpha \in \mathbb{R}$. Precisamos mostrar que $\vec{u} + \vec{v} \in \ker T$ e que $\alpha\vec{u} \in \ker T$. De fato, pela linearidade da T segue que

$$T(\vec{u} + \vec{v}) = T(\vec{u}) + T(\vec{v}) = \vec{0} + \vec{0} = \vec{0},$$

e, portanto, concluímos que $\vec{u} + \vec{v} \in \ker T$, e

$$T(\alpha\vec{u}) = \alpha T(\vec{u}) = \alpha \cdot \vec{0} = \vec{0},$$

e, portanto, $\alpha\vec{u} \in \ker T$. Isso conclui a prova da Proposição.

□

A seguir apresentamos alguns exemplos.

Exemplo 1. Determine o núcleo e a dimensão do núcleo de $T : \mathbb{R}^2 \to \mathbb{R}^2$ dada por $T(x, y) = (x + 2y, x - y)$.

Solução. Neste caso,

$$\ker T = \{(x, y) \in \mathbb{R}^2 \, : \, T(x, y) = (0, 0)\} =$$

$$= \{(x, y) \in \mathbb{R}^2 \, : \, (x + 2y, x - y) = (0, 0)\},$$

e, portanto, o núcleo de T será a solução do sistema linear homogêneo

$$\begin{cases} x + 2y = 0 \\ x - y = 0 \end{cases},$$

cuja solução é apenas a trivial $(x, y) = (0, 0)$.

Portanto, neste caso, $\ker T = \{(0, 0)\}$, e disso $\dim \ker T = 0$.

Exemplo 2. Determine o núcleo e a dimensão do núcleo de $T : \mathbb{R}^3 \to \mathbb{R}^2$ dada por $T(x, y, z) = (x + 2y - z, y + z)$.

Solução. Temos que

$$\ker T = \{(x, y, z) \in \mathbb{R}^3 \, : \, T(x, y, z) = (0, 0)\},$$

e segue que o núcleo de T consiste na solução do sistema homogêneo

$$\begin{cases} x + 2y + z = 0 \\ y + z = 0 \end{cases},$$

donde segue que $y = -z$ e daí $x + 2(-z) + z = 0$ implica em $x = z$. Portanto, temos que

$$\ker T = \{(x, y, z) \in \mathbb{R}^3 \, : \, x = z \text{ e } y = -z\} = \{(z, -z, z) \, : \, z \in \mathbb{R}\} =$$

$$= \{z(1,-1,1) \,:\, z \in \mathbb{R}\} = [(1,-1,1)],$$

ou seja, $\ker T$ é o subespaço gerado pelo vetor $(1,-1,1)$. Como um único vetor não nulo é L.I., segue que $\dim \ker T = 1$.

Neste caso podemos dar uma interpretação geométrica para $\ker T$: o núcleo de T, que é um subespaço vetorial do $\mathbb{R}^3$, consiste na reta que passa pela origem e que possui o vetor $(1,-1,1)$ como vetor diretor (faça um desenho).

Exemplo 3. Determine o núcleo e a dimensão do núcleo de $T : \mathbb{R}^3 \to \mathbb{R}$ dada por $T(x,y,z) = x + 2y - z$.

Solução. Temos que

$$\ker T = \{(x,y,z) \in \mathbb{R}^3 \,:\, T(x,y,z) = 0\} =$$

$$= \{(x,y,z) \in \mathbb{R}^3 \,:\, x + 2y - z = 0\} = \{(x,y,x+2y) \,:\, x,y \in \mathbb{R}\} =$$

$$= \{x(1,0,1) + y(0,1,2) \,:\, x,y \in \mathbb{R}\} = [(1,0,1),(0,1,2)],$$

ou seja, $\ker T$ é o subespaço gerado pelos vetores $(1,0,1)$ e $(0,1,2)$. Como tais vetores são L.I. (verifique!), segue que $\dim \ker T = 2$.

Neste exemplo também podemos dar uma interpretação geométrica para $\ker T$: consiste no plano do $\mathbb{R}^3$ passando pela origem e contendo os vetores $(1,0,1)$ e $(0,1,2)$. Faça um desenho.

Exemplo 4. Sendo P_n o espaço vetorial dos polinômios de grau menor ou igual a n, considere a transformação linear $D : P_n \to P_n$ dada por $P_n(p(x)) = p'(x)$, ou seja, a transformação linear é a derivação de polinômio. Então o núcleo de D será dado por

$$\ker D = \{p(x) \in P_n \,:\, D(p(x)) = 0\} = \{p(x) \in P_n \,:\, p(x) \equiv a \,:\, a \in \mathbb{R}\},$$

ou seja, o núcleo de D corresponde ao subespaço vetorial de todos os polinômios constantes, visto que a derivada de uma função constante é a função identicamente nula.

No que segue apresentamos o conceito de injetividade em transformações lineares, o que, na verdade, consiste exatamente no conceito de função injetiva estudado no Cálculo.

Definição 4.11 Dizemos que uma transformação linear $T : V \to W$ é *injetiva* se, e somente se, para quaisquer $\vec{u}, \vec{v} \in V$, tais que $\vec{u} \neq \vec{v}$, implicar em $T(\vec{u}) \neq T(\vec{v})$.

Em palavras, dizemos que uma transformação linear é injetiva se, e só se, domínios diferentes acarretarem imagens também diferentes.

Equivalentemente, podemos definir a injetividade da seguinte maneira: $T : V \to W$ é injetiva se, e somente se, $\forall \vec{u}, \vec{v} \in V$ tais que $T(\vec{u}) = T(\vec{v})$, implicar em $\vec{u} = \vec{v}$.

Convém observar que uma transformação linear sempre manda neutro no neutro. Assim, se outro vetor não nulo for para o neutro mediante a T, ou seja, se $\ker T$ for um conjunto "maior" do que somente o zero, a injetividade da T já fica comprometida, i.e., T já não seria injetiva.

Isto posto, em consonância com o conceito de núcleo de uma transformação linear, temos o seguinte resultado:

Teorema 4.12 *Seja $T : V \to W$ uma transformação linear. Então, T é injetiva se, e somente se,* $\ker T = \{\vec{0}\}$.

Demonstração. Seja $T : V \to W$ uma transformação linear. Suponha que T é injetiva. Por absurdo, suponha que $\ker T \neq \{\vec{0}\}$. Logo, segue que existe $\vec{v} \neq \vec{0}$ tal que $\vec{v} \in \ker T$.

Assim, temos $T(\vec{v}) = \vec{0} = T(\vec{0})$, mas $\vec{v} \neq \vec{0}$, o que é um absurdo, pois T é injetiva. Portanto, $\ker T = \{\vec{0}\}$.

Reciprocamente, suponha que $\ker T = \{\vec{0}\}$. Vamos mostrar que T é injetiva. Dados $\vec{u}, \vec{v} \in V$ tais que $T(\vec{u}) = T(\vec{v})$. Precisamos mostrar que $\vec{u} = \vec{v}$.

De fato, como $T(\vec{u}) = T(\vec{v})$, segue que $T(\vec{u}) - T(\vec{v}) = \vec{0}$, e pela linearidade da T vem que $T(\vec{u} - \vec{v}) = \vec{0}$, e, portanto, $\vec{u} - \vec{v} \in \ker T$. Como $\ker T = \{\vec{0}\}$, concluímos que $\vec{u} - \vec{v} = \vec{0}$, ou seja, $\vec{u} = \vec{v}$.

□

Com base nessa Proposição temos que a transformação T do Exemplo 1 dado acima é injetiva, já as transformações dos Exemplos 2 a 4 não são injetivas.

Definição 4.13 Seja $T : V \to W$ uma transformação linear. Definimos a *imagem* de T, e denotamos por $\mathrm{Im}(T)$ ou $T(V)$, o conjunto

$$\mathrm{Im}(T) = \{\vec{w} \in W \ : \ \exists \vec{v} \in V \ \text{ tal que } \ T(\vec{v}) = \vec{w}\}.$$

Pela própria definição de imagem de uma transformação linear temos que $\mathrm{Im}(T) \subset W$. Além disso, $\mathrm{Im}(T) \neq \emptyset$ pois $\vec{0}_W = T(\vec{0}_V) \in \mathrm{Im}(T)$, e, portanto, a imagem de T está bem definida.

Na figura a seguir apresentamos uma ilustração do conceito de imagem de uma transformação linear.

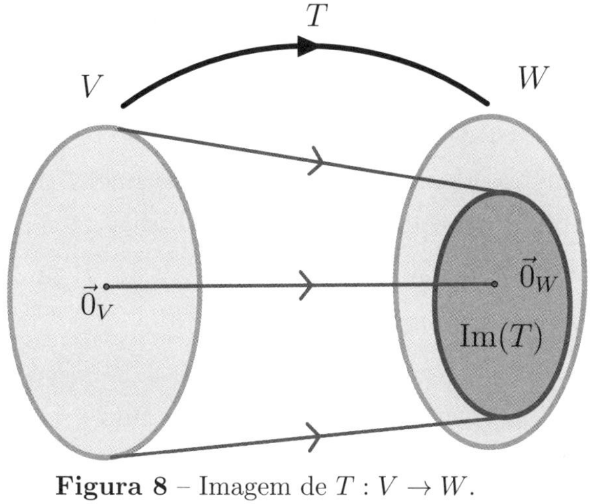

Figura 8 – Imagem de $T : V \to W$.

A seguir apresentamos um importante resultado que nos mostra que a imagem de uma transformação linear é mais do que um conjunto, i.e., $\mathrm{Im}(T)$ tem uma estrutura de espaço vetorial.

Proposição 4.14 *Seja $T : V \to W$ transformação linear. Então $\mathrm{Im}(T)$ é um subespaço vetorial de W.*

Demonstração. Dados $\vec{u}, \vec{v} \in \mathrm{Im}(T)$ e $\alpha \in \mathbb{R}$, temos que existem $\vec{x}, \vec{y} \in V$ tais que $T(\vec{x}) = \vec{u}$ e $T(\vec{y}) = \vec{v}$. Assim, usando a linearidade da T, temos

$$\vec{u} + \vec{v} = T(\vec{x}) + T(\vec{y}) = T(\vec{x} + \vec{y}) \in \mathrm{Im}(T),$$

pois $\vec{x} + \vec{y} \in V$, e

$$\alpha\vec{u} = \alpha T(\vec{x}) = T(\alpha\,\vec{x}) \in \mathrm{Im}(T),$$

pois $\alpha\vec{x} \in V$.

□

Vejamos um exemplo. Considere $T : \mathbb{R}^3 \to \mathbb{R}^2$ definida por $T(x, y, z) = (x + 2y - z, y + z)$, dada no Exemplo 2 acima. Naquele exemplo, vimos que $\dim\ker T = 1$, pois determinamos que $\ker T = [(1, -1, 1)]$. Vamos determinar a imagem de T e sua dimensão. Para isso, basta observar que

$$\mathrm{Im}(T) = \{(x+2y-z, y+z) \,:\, x, y, z \in \mathbb{R}\} = \{x(1,0)+y(2,1)+z(-1,1)\} =$$

$$= [(1,0), (2,1), (-1,1)],$$

o que nos leva a crer, à primeira vista, que a dimensão da imagem de T seria 3. No entanto, como sabemos que se trata de uma coleção de vetores do $\mathbb{R}^2$, certamente pelo menos um deles é combinação linear dos demais, ou seja, são L.D. Não é difícil ver que $(2, 1) = 3(1, 0) + 1(-1, 1)$, e disso podemos descartar o vetor $(2, 1)$ e daí $[(1, 0), (-1, 1)] = \mathrm{Im}\,T$ já é L.I. (verifique!). Logo, concluímos que $\dim \mathrm{Im}\,T = 2$.

Nesse exemplo, observe que $\dim\ker T + \dim\mathrm{Im}\,T = 1+2 = 3 = \dim\mathbb{R}^3$. Tal resultado não é uma simples coincidência, como podemos observar no Teorema abaixo.

Teorema 4.15 *Seja $T : V \to W$ uma transformação linear. Então,*

$$\dim \ker T + \dim \operatorname{Im} T = \dim V.$$

Demonstração. Seja $\{\vec{v}_1, ..., \vec{v}_k\}$ uma base de $\ker T$. Logo, $\dim \ker T = k$.

Como $\ker T$ é um subespaço vetorial de V, segue que a coleção $\{\vec{v}_1, ..., \vec{v}_k\}$ é L.I. em V.

Assim, segue pelo Teorema 3.19 do completamento que podemos completar esta coleção de modo a se obter uma base para V.

Dessa forma, seja o seguinte completamento $\{\vec{v}_1, ..., \vec{v}_k, \vec{w}_1, ..., \vec{w}_m\}$ uma base para V. Disso segue que $\dim V = k + m$.

Logo, temos que

$$\dim V = k + m = \dim \ker T + m.$$

Resta mostrar que $\dim \operatorname{Im} T = m$.

Afirmamos que o conjunto $\{T(\vec{w}_1), ..., T(\vec{w}_m)\}$ é uma base para $\operatorname{Im} T$. Isso será suficiente para provar o Teorema. Vamos à prova dessa afirmação:

(a) $[T(\vec{w}_1), ..., T(\vec{w}_m)] = \operatorname{Im} T$.

Vamos mostrar que

$$[T(\vec{w}_1), ..., T(\vec{w}_m)] \subset \operatorname{Im} T$$

e que

$$\operatorname{Im} T \subset [T(\vec{w}_1), ..., T(\vec{w}_m)].$$

Afirmação 1. $[T(\vec{w}_1), ..., T(\vec{w}_m)] \subset \operatorname{Im} T$.
Dado $\vec{z} \in [T(\vec{w}_1), ..., T(\vec{w}_m)]$. Logo, existem $\theta_1, ..., \theta_m \in \mathbb{R}$ tais que

$$\vec{z} = \theta_1 T(\vec{w}_1) + ... + \theta_m T(\vec{w}_m),$$

e sendo T linear, obtemos

$$\vec{z} = T(\theta_1\vec{w}_1)+T(\theta_2\vec{w}_2)+...+T(\theta_m\vec{w}_m) = T(\theta_1\vec{w}_1+\theta_2\vec{w}_2+...+\theta_m\vec{w}_m) \in \operatorname{Im} T.$$

Logo, vale a Afirmação 1.

Afirmação 2. $\operatorname{Im} T \subset [T(\vec{w}_1), ..., T(\vec{w}_m)]$.

De fato, seja $\vec{w} \in \operatorname{Im} T$. Então temos que $\exists \vec{v} \in V$ tal que $T(\vec{v}) = \vec{w}$.

Como $\{\vec{v}_1, ..., \vec{v}_k, \vec{w}_1, ..., \vec{w}_m\}$ é uma base para V, segue que existem escalares $\alpha_1, ..., \alpha_k, \beta_1, ..., \beta_m \in \mathbb{R}$ tais que

$$\vec{v} = \alpha_1\vec{v}_1 + ... + \alpha_k\vec{v}_k + \beta_1\vec{w}_1 + ... + \beta_m\vec{w}_m.$$

Aplicando a T, e considerando a sua linearidade, vem

$$\vec{w} = T(\vec{v}) = \alpha_1 T(\vec{v}_1) + ... + \alpha_k T(\vec{v}_k) + \beta_1 T(\vec{w}_1) + ... + \beta_m T(\vec{w}_m).$$

Como para cada $i = 1, 2, ..., k$ tem-se que $\vec{v}_i \in \ker T$, segue que

$$\sum_{i=1}^{k} \alpha_i T(\vec{v}_i) = \vec{0},$$

e daí a igualdade acima resulta em

$$\vec{w} = \beta_1 T(\vec{w}_1) + ... + \beta_m T(\vec{w}_m) \in [T(\vec{w}_1), ..., T(\vec{w}_m)].$$

Logo, vale a Afirmação 2, o que, juntamente com a Afirmação 1, segue **(a)**, o que indica que o subespaço gerado pelos vetores $T(\vec{w}_1)$, ..., $T(\vec{w}_m)$ é $\operatorname{Im} T$.

(b) $\{T(\vec{w}_1), ..., T(\vec{w}_m)\}$ é L.I.

De fato, sejam $\gamma_1, ..., \gamma_m \in \mathbb{R}$ tais que

$$\gamma_1 T(\vec{w}_1) + ... + \gamma_m T(\vec{w}_m) = \vec{0}.$$

Pela linearidade da T segue que

$$T(\gamma_1\vec{w}_1 + ... + \gamma_m\vec{w}_m) = \vec{0}.$$

Logo, segue que $\gamma_1\vec{w}_1 + ... + \gamma_m\vec{w}_m \in \ker T$. Como $\{\vec{v}_1, ..., \vec{v}_k\}$ é a base de $\ker T$, segue que existem escalares $a_1, ..., a_k$ reais tais que

$$\gamma_1\vec{w}_1 + ... + \gamma_m\vec{w}_m = a_1\vec{v}_1 + ... + a_k\vec{v}_k,$$

ou seja,

$$a_1\vec{v}_1 + ... + a_k\vec{v}_k - \gamma_1\vec{w}_1 - ... - \gamma_m\vec{w}_m = \vec{0}.$$

e, como esta combinação linear está em termos da base de V, tais vetores são L.I., e disso a igualdade acima implica que todos os escalares são nulos. Em particular, $a_1 = a_2 = ... = a_k = 0$, como queríamos. Logo vale **(b)**.

De **(a)** e **(b)** segue que $\{T(\vec{w}_1), ..., T(\vec{w}_m)\}$ é uma base para $\operatorname{Im} T$, donde segue que $\dim \operatorname{Im} T = m$.

□

Duas consequências imediatas do Teorema acima são os Corolários que seguem, cujas demonstrações deixaremos a encargo do leitor. Antes, porém, vejamos o conceito de transformação sobrejetiva.

Definição 4.16 Dizemos que uma transformação linear $T : V \to W$ é *sobrejetiva* se $T(V) = W$, ou seja, se a imagem $\operatorname{Im} T$ de V mediante T for todo o contradomínio W.

Uma outra maneira de definir a sobrejetividade da $T : V \to W$ é mostrar que $\forall\vec{w} \in W$, $\exists\vec{v} \in V$ tal que $T(\vec{v}) = \vec{w}$.

Duas consequências do Teorema 4.15 são os corolários abaixo, para os quais deixamos o leitor escrever uma prova.

Corolário 4.17 *Seja $T : V \to W$ uma transformação linear. Se* $\dim V = \dim W$*, então T é injetiva se, e somente se, T é sobrejetiva.*

Corolário 4.18 *Seja $T : V \to W$ uma transformação linear injetiva. Se* $\dim V = \dim W$*, então T leva base em base, i.e., se $\{\vec{v}_1, ..., \vec{v}_k\}$ é uma base de V, então $\{T(\vec{v}_1), ..., T(\vec{v}_k)\}$ será uma base de W.*

Para encerrar esta seção apresentamos um típico exemplo envolvendo conceitos de núcleo, imagem e soma direta:

Exemplo. Seja $T : \mathbb{R}^n \to \mathbb{R}^n$ transformação linear idempotente, ou seja, tal que $T^2(\vec{u}) = T(\vec{u})$, para todo vetor $\vec{u} \in \mathbb{R}^n$. Mostre que $\mathbb{R}^n$ é decomposto na seguinte soma direta:

$$\mathbb{R}^n = \mathrm{Im}(T) \oplus \ker(T).$$

Solução. Para resolver este exercício, precisamos mostrar que:

(i) $\mathbb{R}^n = \mathrm{Im}(T) + \ker(T)$;

(ii) $\ker(T) \cap \mathrm{Im}(T) = \{\vec{0}\}$.

(i) Como $\ker(T)$ e $\mathrm{Im}(T)$ são subespaços de $\mathbb{R}^n$, segue que $\mathrm{Im}(T)+\ker(T) \subset \mathbb{R}^n$. Resta mostrar a contenção contrária, i.e., que $\mathbb{R}^n \subset \mathrm{Im}(T) + \ker(T)$.

De fato, dado $\vec{u} \in \mathbb{R}^n$, escreva

$$\vec{u} = T(\vec{u}) + (\vec{u} - T(\vec{u}))\,.$$

Obviamente, $T(\vec{u}) \in \mathrm{Im}(T)$. Vamos então mostrar que $\vec{u} - T(\vec{u}) \in \ker(T)$. De fato, pela linearidade da T e notando que, por hipótese, $T^2(\vec{u}) = T(\vec{u})$, vem

$$T(\vec{u} - T(\vec{u})) = T(\vec{u}) - T(T(\vec{u})) = T(\vec{u}) - T^2(\vec{u}) = T(\vec{u}) - T(\vec{u}) = \vec{0}.$$

Logo, $\vec{u} - T(\vec{u}) \in \ker(T)$.

Portanto concluímos que

$$\vec{u} = \underbrace{T(\vec{u})}_{\in \mathrm{Im}(T)} + \underbrace{(\vec{u} - T(\vec{u}))}_{\in \ker(T)},$$

ou seja, mostramos que

$$\mathbb{R}^n \subset \mathrm{Im}(T) + \ker(T),$$

e, portanto, segue que

$$\mathbb{R}^n = \operatorname{Im}(T) + \ker(T).$$

(ii) Mostremos que $\ker(T) \cap \operatorname{Im}(T) = \{\vec{0}\}$. Obviamente $\vec{0} \in \ker(T) \cap \operatorname{Im}(T)$.

Seja $\vec{w} \in \ker(T) \cap \operatorname{Im}(T)$. Então, em particular, temos que $T(\vec{w}) = \vec{0}$. E, como $\vec{w} \in \operatorname{Im}(T)$, segue que existe $\vec{x} \in \mathbb{R}^n$ tal que $T(\vec{x}) = \vec{w}$. Assim, considerando a idempotência imposta a T, temos:

$$\vec{0} = T(\vec{w}) = T(T(\vec{x})) = T^2(\vec{x}) = T(\vec{x}) = \vec{w},$$

i.e., $\vec{w} = \vec{0}$.

Portanto, se $\vec{w} \in \ker(T) \cap \operatorname{Im}(T)$, segue que $\vec{w} = \vec{0}$. Ou seja, concluímos que $\ker(T) \cap \operatorname{Im}(T) = \{\vec{0}\}$. Isso conclui (ii).

Portanto, por (i) e (ii) segue que a soma é direta, ou seja,

$$\mathbb{R}^n = \operatorname{Im}(T) \oplus \ker(T).$$

Exercícios

1. Seja $T : \mathbb{R}^3 \to \mathbb{R}^3$ a aplicação linear dada por

   $$T(x, y, z) = (x + 2y - z,\ y + z,\ x + y - 2z).$$

   Determine uma base e a dimensão para o núcleo e para a imagem de T.

2. *Sejam F e G operadores lineares de um espaço vetorial V. Mostre que $\ker G \subset \ker(F \circ G)$. Dê um exemplo onde vale a igualdade.

3. Sejam $F \in \mathcal{L}(U, V)$ e $G \in \mathcal{L}(V, W)$ tais que $\ker F = \{0\}$ e $\ker G = \{0\}$. Prove que $\ker(G \circ F) = \{0\}$.

4. *Seja $T : \mathbb{R}^3 \to \mathbb{R}^3$ dada por $T(x, y, z) = (z, x - y, -z)$.

(a) Determine uma base do núcleo de T.

(b) Dê a dimensão da imagem de T.

(c) T é sobrejetora? Justifique.

(d) Faça um desenho para $\ker T$ e $\operatorname{Im} T$.

5. Ache uma aplicação linear $T : \mathbb{R}^3 \to \mathbb{R}^4$ cuja imagem é gerada por $(1, 2, 0, -4)$ e $(2, 0, -1, -3)$.

6. ***(Sel. Mestrado UFSM 2013/2)** Considere o $\mathbb{R}$-espaço vetorial $P_2(\mathbb{R})$, dos polinômios de graus menor ou igual a 2, e a transformação linear $T : \mathbb{R}^2 \to P_2(\mathbb{R})$ determinada por $T(1, 0) = 1 - t$ e $T(0, 1) = 1 - t^2$.

   (a) Encontre o núcleo e a imagem da transformação T.

   (b) Esta transformação é injetiva, sobrejetiva, bijetiva? Justifique sua resposta.

7. ***(Sel. Mestrado UFRGS 2011/2)** Sejam U e V dois espaços vetoriais de dimensão finita sobre $\mathbb{R}$ e $T : U \to V$ uma transformação linear. Considere $S = \{\vec{u}_1, \vec{u}_2, ..., \vec{u}_k\} \subset U$.

   (a) Mostre que, se $\{T(\vec{u}_1), T(\vec{u}_2), ..., T(\vec{u}_k)\}$ é linearmente independente em V, então S é linearmente independente em U.

   (b) Mostre que, se T é injetora e S é linearmente independente em U, então $\{T(\vec{u}_1), T(\vec{u}_2), ..., T(\vec{u}_k)\}$ é linearmente independente em V.

8. **(Sel. Mestrado UFRGS 2014/1)** Considere $\mathbb{K}$ um corpo e seja $\mathcal{M}_n(\mathbb{K})$ o anel das matrizes de ordem $n \times n$ com entradas em $\mathbb{K}$. Considere a função $tr : \mathcal{M}_n(\mathbb{K}) \to \mathbb{K}$ por $trA = \sum_{i=1}^{n} a_{ii}$, onde $A = (a_{ij}) \in \mathcal{M}_n(\mathbb{K})$. Uma tal função é chamada *função traço*. Mostre que:

   (a) A função traço é uma aplicação $\mathbb{K}$-linear.

   (b) Para todas as matrizes $A, B \in \mathcal{M}_n(\mathbb{K})$, temos $tr(AB) = tr(BA)$.

(c) O traço de uma matriz A é invariante por semelhança de matrizes, isto é, se A e B são matrizes tais que $A = PBP^{-1}$, onde P é invertível, então $tr(A) = tr(B)$.

(d) O núcleo da função traço é dado pelo subespaço de $\mathcal{M}_n(\mathbb{K})$, gerado pelas matrizes da forma $AB - BA$.

9. **(Sel. Mestrado EXTRAMURO 2012)**[1] Qual das seguintes afirmações é falsa?

(a) Seja A uma matriz $n \times n$ com entradas reais tais que $A^2 = 0$. Então A não é inversível.

(b) Seja $v_1, v_2, ..., v_n$ uma base de $\mathbb{R}^n$. Seja A uma transformação linear injetiva. Então $A(v_1), A(v_2), ..., A(v_n)$ é uma base de $\mathbb{R}^n$.

(c) Qualquer conjunto de 4 vetores em $\mathbb{R}^3$ é linearmente dependente.

(d) Se u, v, w são vetores linearmente independentes, então u, $u + v$, $u + w$ são vetores linearmente independentes.

(e) Seja $P = \{v_1, v_2, v_3, v_4\} \subset \mathbb{R}^4$ um conjunto formado por vetores não-nulos. Existem pelo menos três vetores distintos em P tais que cada um destes vetores pode ser escrito como combinação linear dos demais elementos de P.

10. **(Sel. Mestrado UFBA 2015/2)** Ache a transformação linear $L : \mathbb{R}^4 \to \mathbb{R}^4$ tal que

$$N(L) = [(1,0,1,0), (-1,0,0,1)] \text{ e } I(L) = [(1,-1,0,2), (0,1,-1,0)],$$

onde $N(L)$ é o núcleo de L e $I(L)$ é a imagem de L.

[1] A prova Extramuro é uma prova padrão para seleção de Mestrado em Matemática usada em vários Programas de Pós-Graduação em Matemática no Brasil (tem para Doutorado também). Universidades tais como a USP, a UFRJ, UFV e UFAL usam as notas dessa prova em seus processos seletivos. A saber, os conteúdos cobrados nesta prova são: análise e topologia, álgebra linear e álgebra abstrata

11. **(Sel. Mestrado UFSM 2017/2)** Seja $T : \mathbb{R}^3 \to \mathbb{R}^3$ a transformação linear dada por

$$T(x, y, z) = (x - y, x + 2y + z, 6x + 3y + 3z).$$

    (a) Calcule $\dim \ker(T)$.

    (b) Calcule $\dim \operatorname{Im}(T)$.

    (c) Verifique se a soma $\ker(T)+ \operatorname{Im}(T)$ é direta.

12. **(Sel. Mestrado EXTRAMURO 2013)** Considere as seguintes afirmações:

    (1) Se $T : \mathbb{R}^2 \to \mathbb{R}^4$ é linear e T é não nula, então existem pelo menos 2 vetores linearmente independentes em $\mathbb{R}^4$ que não estão em $\operatorname{Im}(T)$.

    (2) Se $T : \mathbb{R}^3 \to \mathbb{R}^2$ é linear e T é não nula, então T é sobrejetiva.

    (3) Se $T : \mathbb{R}^4 \to \mathbb{R}^4$ é linear, então $\dim Nuc(T) \neq \dim \operatorname{Im}(T)$.

    As afirmações corretas são somente:

    (a) (1)

    (b) (2) e (3)

    (c) (1) e (2)

    (d) (2)

    (e) (1) e (3)

4.4 Isomorfismos e transformações inversas

Definição 4.19 Dizemos que uma transformação $T : V \to W$ é *bijetiva* quando for injetiva e sobrejetiva.

Observe que a definição acima é válida para uma transformação T qualquer, não necessariamente linear. Quando $T : V \to W$, além de bijetiva, for também linear, temos a definição a seguir:

Definição 4.20 Dizemos que uma transformação linear $T : V \to W$ é um *isomorfismo* quando T for bijetiva. Neste caso, dizemos que os espaços vetoriais V e W são ditos *isomorfos*, e escrevemos $V \sim W$.

O conceito de isomorfismo entre espaços vetoriais nos assegura que dois espaços vetoriais, num certo sentido, se comportam de maneira igual.

Quando tivermos $T : V \to V$ um isomorfismo de V em si mesmo, T é chamado de *automorfismo* de V.

A seguir apresentamos alguns exemplos de espaços vetoriais isomorfos.

Exemplo 1. $\mathbb{R}^3 \sim P_2$, onde $P_2 = \{p(t) = a_0 + a_1 t + a_2 t^2 \; : \; a_0, a_1, a_2 \in \mathbb{R}\}$ é o espaço vetorial dos polinômios de grau menor ou igual a 2.

De fato, defina a aplicação $T : \mathbb{R}^3 \to P_2$ pondo

$$T(a_0, a_1, a_2) = a_0 + a_1 t + a_2 t^2.$$

É fácil ver que T é linear e deixamos esse detalhe para o leitor.

(i) T é injetiva: basta mostrar que $\ker T = \{0\}$, onde $0 = 0 + 0t + 0t^2$ denota o polinômio identicamente nulo. De fato,

$$\ker T = \{(a_0, a_1, a_2) \in \mathbb{R}^3 \; : \; T(a_0, a_1, a_2) = 0\} =$$

$$= \{(a_0, a_1, a_2) \in \mathbb{R}^3 \; : \; a_0 + a_1 t + a_2 t^2 = 0 + 0t + 0t^2\} = \{(0, 0, 0)\}.$$

Logo, pelo Teorema 4.12 segue que T é injetiva.

(ii) T é sobrejetiva: dado $p(t) = a + bt + ct^2$, segue que $\exists \, \vec{v} \in \mathbb{R}^3$ tal que $T(\vec{v}) = p(t)$. De fato, basta tomar $\vec{v} = (a, b, c)$.

Uma outra maneira de comprovar este fato consiste em observar que, como $T : \mathbb{R}^3 \to P_2$ é injetiva, e como $\dim \mathbb{R}^3 = 3 = \dim P_2$, pelo Corolário

4.17 segue que T também é sobrejetiva.

Logo, de (i) e (ii) segue que T é bijetiva e, portanto, um isomorfismo, donde segue que $\mathbb{R}^3 \sim P_2$.

Exemplo 2. $\mathbb{C} \sim \mathbb{R}^2$, onde $\mathbb{C}$ denota o espaço vetorial dos números complexos munido da adição usual de números complexos

$$(a + bi) + (c + di) = (a + c) + (b + d)i,$$

e a multiplicação usual por escalar

$$\alpha(a + bi) = \alpha a + \alpha bi.$$

De fato, defina $T : \mathbb{C} \to \mathbb{R}^2$ por

$$T(a + bi) = (a, b).$$

É fácil ver que T é linear e deixamos para o leitor.

(i) T é injetiva: de fato,

$$\ker T = \{z = a + bi \in \mathbb{C} \, : \, T(z) = (0, 0)\} =$$

$$= \{a + bi \, : \, (a, b) = (0, 0)\} = \{(0, 0)\},$$

logo, T é injetiva.

(ii) T é sobrejetiva: de fato, para todo $(x, y) \in \mathbb{R}^2$, $\exists z \in \mathbb{C}$ tal que $T(z) = (x, y)$. Basta tomar $z = x + yi$.

Logo, de (i) e (ii) segue que T é bijetiva e, portanto, um isomorfismo entre $\mathbb{C}$ e $\mathbb{R}^2$, donde segue que $\mathbb{C} \sim \mathbb{R}^2$.

Exemplo 3. $M(2, 2) \sim \mathbb{R}^4$, onde $M(2, 2)$ denota o espaço vetorial das matrizes 2×2 com entradas reais, munido das suas operações usuais. De fato, basta definir $T : M(2,2) \to \mathbb{R}^4$ por

$$T\left(\begin{bmatrix} a_{11} & a_{12} \\ a_{21} & a_{22} \end{bmatrix}\right) = (a_{11}, a_{12}, a_{21}, a_{22}).$$

É fácil ver que T é linear e bijetiva, donde segue o isomorfismo. Deixamos para o leitor completar os detalhes.

Observe que se V e W são espaços vetoriais isomorfos, i.e., se $V \sim W$, então $\dim V = \dim W$. Veja, por exemplo, os três exemplos dados acima. Isso é devido ao Teorema 4.15. De fato, sendo $T : V \to W$ um isomorfismo, em particular T é injetivo, e disso $\ker T = \{0\}$, e com isso segue que $\dim \operatorname{Im} T = \dim V$, e como T em particular também é sobrejetiva, segue que $\operatorname{Im} T = W$, logo, $\dim V = \dim W$.

Sendo $T : V \to W$ isomorfismo (linear e bijetiva), ela admite uma transformação inversa $T^{-1} : W \to V$, que também será linear. De fato, a bijetividade da T garante a existência de uma transformação inversa, bastando apenas verificar que a linearidade continuará existindo em T^{-1}. Antes disso, vamos definir melhor este conceito de inversa, do mesmo modo que se faz em Cálculo. É importante ressaltar a seguinte notação: sendo H um espaço vetorial qualquer, definimos a transformação linear $I_H : H \to H$, $I_H(\vec{u}) = \vec{u}$ a transformação linear identidade em H. É fácil ver que I_H é linear e deixamos a encargo do leitor. Isto posto, definimos:

Definição 4.21 Dizemos que uma transformação linear $T : V \to W$ é *inversível* se existir uma transformação $G : W \to V$ tal que

$$T \circ G : V \to V,\ (T \circ G)(\vec{v}) = I_V(\vec{v}) = \vec{v}$$

e

$$G \circ T : W \to W,\ (G \circ W)(\vec{w}) = I_W(\vec{w}) = \vec{w},$$

Nesse caso, dizemos que G é a transformação inversa da T e escrevemos $G = T^{-1}$ (e vice-versa).

Vejamos que T^{-1} continua linear. Considere $T : V \to W$ linear. Assim, dados $\vec{u}, \vec{v} \in V$ e $\alpha \in \mathbb{R}$, temos que

$$T(\vec{u}+\vec{v}) = T(\vec{u}) + T(\vec{v}) \quad \text{e} \quad T(\alpha\vec{u}) = \alpha T(\vec{u}).$$

Disso, segue que existem $\vec{z}, \vec{w} \in W$ tais que $T(\vec{u}) = \vec{z}$ e $T(\vec{v}) = \vec{w}$ (e daí $\vec{u} = T^{-1}(\vec{z})$ e $\vec{v} = T^{-1}(\vec{w})$). Logo, $T^{-1} : W \to V$ será tal que (usando a linearidade da T)

$$T^{-1}(\vec{z}+\vec{w}) = T^{-1}(T(\vec{u})+T(\vec{v})) = T^{-1}(T(\vec{u}+\vec{v})) =$$
$$= (T^{-1}\circ T)(\vec{u}+\vec{v}) = \vec{u}+\vec{v} = T^{-1}(\vec{z}) + T^{-1}(\vec{w}),$$

e

$$T^{-1}(\alpha\vec{z}) = T^{-1}(\alpha T(\vec{u})) = T^{-1}(T(\alpha\vec{u})) =$$
$$= (T^{-1}\circ T)(\alpha\vec{u}) = \alpha\vec{u} = \alpha T^{-1}(\vec{z}),$$

o que mostra a linearidade da T^{-1}.

Observando o Corolário 4.18 temos que uma transformação linear bijetiva manda base em base. Assim, uma maneira de se obter a inversa de uma transformação linear inversível é seguindo o procedimento apresentado no exemplo abaixo.

Exemplo. Seja $T : \mathbb{R}^3 \to \mathbb{R}^3$ (neste caso $V = W = \mathbb{R}^3$) dada por

$$T(x,y,z) = (x+y-z, x+z, 2y-z).$$

Essa transformação T é sem dúvida linear. Vamos calcular o seu núcleo para verificar se é injetiva:

$$\ker T = \{(x,y,z) \in \mathbb{R}^3 \, : \, T(x,y,z) = (0,0,0)\},$$

ou seja, $\ker T$ corresponde à solução do sistema linear homogêneo

$$\begin{cases} x+y-z=0 \\ x+z=0 \\ 2y-z=0 \end{cases},$$

que é apenas a terna ordenada $(0, 0, 0)$. Portanto, $\ker T = \{(0, 0, 0)\}$, donde segue que $T : \mathbb{R}^3 \to \mathbb{R}^3$ é injetiva. De acordo com o Corolário 4.17, T é também sobrejetiva. Portanto, T é bijetiva.

Logo, T é um isomorfismo e disso segue que existe $T^{-1} : \mathbb{R}^3 \to \mathbb{R}^3$. Como pelo Corolário 4.18, sendo T bijetiva, ela manda base para base, segue que, considerando $\{(1, 0, 0), (0, 1, 0), (0, 0, 1)\}$ a base ordenada canônica de $V = \mathbb{R}^3$, temos que, pela $T : V \to W$, obtemos

$$T(1, 0, 0) = (1, 1, 0);\ T(0, 1, 0) = (1, 0, 2);\ T(0, 0, 1) = (-1, 1, -1);$$

que produzirá $\{(1, 1, 0), (1, 0, 2), (-1, 1, -1)\}$ pela T uma base para $W = \mathbb{R}^3$.

Assim, para qualquer $(x, y, z) \in W = \mathbb{R}^3$, podemos escrever

$$(x, y, z) = \alpha(1, 1, 0) + \beta(1, 0, 2) + \gamma(-1, 1, -1), \tag{4.1}$$

e assim obtemos o sistema linear nas incógnitas α, β e γ

$$\begin{cases} \alpha + \beta - \gamma = x \\ \alpha + \gamma = y \\ 2\beta - \gamma = z \end{cases},$$

o que nos fornece $\alpha = \frac{2x+y-z}{3}$, $\beta = \frac{y+2z-x}{3}$ e $\gamma = \frac{2y+z-2x}{3}$ e, com isso, (4.1) fica

$$(x, y, z) = \frac{2x + y - z}{3}(1, 1, 0) + \frac{y + 2z - x}{3}(1, 0, 2) + \frac{2y + z - 2x}{3}(-1, 1, -1).$$

Aplicando T^{-1}, que deverá ser linear, vem

$$\begin{aligned} T^{-1}(x, y, z) = \frac{2x + y - z}{3}T^{-1}(1, 1, 0) + \frac{y + 2z - x}{3}T^{-1}(1, 0, 2) + \\ + \frac{2y + z - 2x}{3}T^{-1}(-1, 1, -1). \end{aligned}$$

Como $T^{-1} : \mathbb{R}^3 \to \mathbb{R}^3$ será tal que

$$T^{-1}(1, 1, 0) = (1, 0, 0);\ T^{-1}(1, 0, 2) = (0, 1, 0) \ \text{ e } \ T^{-1}(-1, 1, -1) = (0, 0, 1),$$

segue que

$$T^{-1}(x,y,z) = \frac{2x+y-z}{3}(1,0,0)+\frac{y+2z-x}{3}(0,1,0)+\frac{2y+z-2x}{3}(0,0,1),$$

ou seja, determinamos $T^{-1} : \mathbb{R}^3 \to \mathbb{R}^3$ por

$$T^{-1}(x,y,z) = (\frac{2x+y-z}{3}, \frac{y+2z-x}{3}, \frac{2y+z-2x}{3}).$$

De fato, o leitor pode verificar que $T \circ T^{-1}(x,y,z) = (x,y,z)$ e que $T^{-1} \circ T(x,y,z) = (x,y,z)$, o que mostra através da definição que T^{-1} é de fato a inversa de T.

Na Seção 4.6 apresentaremos uma outra forma de verificar se uma transformação linear T é inversível e, em caso afirmativo, determinar sua inversa T^{-1}.

Exercícios

1. Seja $T : \mathbb{R}^3 \to \mathbb{R}^3$ o operador linear dado por

$$T(x,y,z) = (2x,\ 4x-y,\ 2x+3y-z).$$

   (a) Determine o núcleo e a imagem de T e suas dimensões.

   (b) Calcule $T^2 = T \circ T$.

   (c) Mostre que T é invertível.

   (d) Determine a transformação inversa T^{-1}. Quais são seu núcleo e imagem?

2. *Seja $T : \mathbb{R}^3 \to \mathbb{R}^3$ a transformação linear dada por

$$T(x,y,z) = (3x, x-y, 2x+y+z).$$

   (a) Determine $\ker T$, $\mathrm{Im}(T)$ e suas dimensões.

   (b) Mostre que T é bijetiva e determine a sua inversa T^{-1}.

3. *Mostre que $\mathbb{R}^3 \times M_{2\times 2}(\mathbb{R}) \sim \mathbb{R}^7$.

4. *Seja V o espaço vetorial das matrizes 2×2. A transformação linear $T : V \to V$ dada por

$$T(X) = \begin{pmatrix} 2 & 3 \\ 5 & 7 \end{pmatrix} X - X \begin{pmatrix} 2 & 3 \\ 5 & 7 \end{pmatrix}$$

é um isomorfismo? Justifique.

5. **(Sel. Mestrado UFSM 2017/1)** Seja P_5 o espaço vetorial real dos polinômios de grau menor do que, ou igual a 5, com coeficientes em $\mathbb{R}$. Se $T : P_5 \to P_5$ é definida por

$$T(p(x)) = 3p'(x) + 5p(x), \ \forall\, p(x) \in P_5,$$

então mostre que T é um isomorfismo.

6. ***(Sel Mestrado UFRGS 2016/1)** Dados V, W espaços vetoriais sobre um corpo[2] $\mathbb{K}$ e $A : V \to W$ um isomorfismo, mostre que a aplicação $\varphi : \mathcal{L}(V) \to \mathcal{L}(W)$ dada por $\varphi(B) = ABA^{-1}$ define um isomorfismo linear entre $\mathcal{L}(V)$ e $\mathcal{L}(W)$.

7. **(Sel Mestrado UFSM 2016/1)** Sejam V e W $\mathbb{K}$-espaços vetoriais de dimensão finita isomorfos, isto é, existe $S : V \to W$ isomorfismo de espaços vetoriais.

   (a) Mostre que $\dim V = \dim W$.

   (b) Seja $T : V \to V$ um operador linear. Mostre que $S \circ T \circ S^{-1} : W \to W$ é um operador linear.

   (c) Considere $\varphi : \mathcal{L}(V, V) \to \mathcal{L}(W, W)$ a aplicação dada por $\varphi(T) = S \circ T \circ S^{-1}$. Mostre que φ é um isomorfismo de espaços vetoriais.

8. **(Sel. Mestrado UFRGS 2014/2)** a) Seja $T : V \to V$ operador linear sobre V espaço vetorial. Se $T^2 = T$, então V é a soma direta

[2]Você pode considerar $\mathbb{K} = \mathbb{R}$.

do núcleo com a imagem de T. b) Seja $V = V_1 \oplus V_2$ a soma direta dos espaços vetoriais V_1 e V_2. O *gráfico* de uma transformação linear $T : V_1 \to V_2$ é o subconjunto $G \subset V$ formado pelas somas $v + Tv$ onde $v \in V_1$. Prove que G é subespaço vetorial de V e que a projeção $P : V \to V_1$ restrita a G define um isomorfismo entre G e V_1.

4.5 Matriz de uma transformação linear

Nesta seção vamos apresentar a representação matricial de uma transformação linear $T : V \to W$. Veremos que cada transformação linear estará associada a uma matriz, onde a formação dessa matriz dependerá das bases de V e de W que serão consideradas.

Seja $T : V \to W$ uma transformação linear, com $\dim V = n$ e $\dim W = m$. Considere $\beta = \{\vec{v}_1, ..., \vec{v}_n\}$ e $\gamma = \{\vec{w}_1, ..., \vec{w}_m\}$, respectivamente, as bases de V e de W. Dessa maneira, temos que os vetores $T(\vec{v}_1)$, ..., $T(\vec{v}_n)$ de W serão escritos como uma combinação linear dos vetores da base γ de W, ou seja, existem únicos escalares a_{ij} tais que

$$T(\vec{v}_1) = a_{11}\vec{w}_1 + a_{21}\vec{w}_2 + ... + a_{m1}\vec{w}_m$$

$$T(\vec{v}_2) = a_{12}\vec{w}_1 + a_{22}\vec{w}_2 + ... + a_{m2}\vec{w}_m$$

$$\vdots$$

$$T(\vec{v}_n) = a_{1n}\vec{w}_1 + a_{2n}\vec{w}_2 + ... + a_{mn}\vec{w}_m$$

Devido à unicidade dos escalares a_{ij} determinados pelos equacionamentos acima, a matriz transposta dos coeficientes das combinações lineares acima definida será unicamente determinada, em dependência das bases β e γ. Isso nos motiva apresentar uma definição matricial para uma transformação linear:

Definição 4.22 A matriz $A = (a_{ij})_{m\times n}$ definida pelos coeficientes determinados acima chama-se *matriz de T em relação às bases β e γ*, e denotamos por $[T]^{\beta}_{\gamma}$.

Abaixo apresentamos alguns exemplos.

Exemplo 1. Seja $T : \mathbb{R}^3 \to \mathbb{R}^2$ dada por

$$T(x, y, z) = (3x + z, 2x - y + z).$$

Considerando $\beta = \{(1, 1, 1), (1, 1, 0), (1, 0, 0)\}$ e $\gamma = \{(1, 3), (1, 4)\}$, respectivamente, as bases do $\mathbb{R}^3$ e do $\mathbb{R}^2$, determinar a matriz da transformação $[T]_\gamma^\beta$.

Solução. Como $T(1, 1, 1) = (4, 2)$; $T(1, 1, 0) = (3, 1)$ e $T(1, 0, 0) = (3, 2)$, segue que, escrevendo tais vetores como combinação linear dos vetores da base γ, vamos obter

$$(4, 2) = a_{11}(1, 3) + a_{21}(1, 4)$$

$$(3, 1) = a_{12}(1, 3) + a_{22}(1, 4)$$

$$(3, 2) = a_{13}(1, 3) + a_{23}(1, 4)$$

Cada igualdade acima dará um sistema 2×2 e obteremos os escalares $a_{11} = 14$; $a_{21} = 10$; $a_{12} = 11$; $a_{22} = -8$; $a_{13} = 10$ e $a_{23} = -7$. Assim, a matriz da transformação T nas bases β e γ será

$$[T]_\gamma^\beta = \begin{bmatrix} 14 & 11 & 10 \\ -10 & -8 & -7 \end{bmatrix}_{2\times 3}.$$

Exemplo 2. Considere a mesma transformação do exemplo anterior, ou seja, $T : \mathbb{R}^3 \to \mathbb{R}^2$ dada por $T(x, y, z) = (3x + z, 2x - y + z)$, mas as bases sendo as canônicas, i.e., $\beta = \{(1, 0, 0), (0, 1, 0), (0, 0, 1)\}$ e $\gamma = \{(1, 0), (0, 1)\}$. Nesse caso, temos

$$T(1, 0, 0) = (3, 2) = 3(1, 0) + 2(0, 1)$$

$$T(0, 1, 0) = (0, -1) = 0(1, 0) - 1(0, 1)$$

$$T(0, 0, 1) = (1, 1) = 1(1, 0) + 1(0, 1),$$

e, portanto, a matriz da transformação nessas bases será

$$[T]_\gamma^\beta = \begin{bmatrix} 3 & 0 & 1 \\ 2 & -1 & 1 \end{bmatrix}.$$

Repare que, quando ambas as bases são canônicas, a matriz da transformação linear é obtida da T imediatamente, pois os coeficientes das coordenadas da imagem correspondem aos coeficientes da matriz procurada (verifique!)

Quando as bases β e γ forem as respectivas bases canônicas, a matriz da transformação linear $T : \mathbb{R}^m \to \mathbb{R}^n$ poderá ser denotada simplesmente por $[T]$. Assim, por exemplo, a matriz da transformação linear do Exemplo 2 acima pode ser denotada, simplesmente, por

$$[T] = \begin{bmatrix} 3 & 0 & 1 \\ 2 & -1 & 1 \end{bmatrix}.$$

Exemplo 3. Seja P_2 o espaço vetorial dos polinômios de grau menor ou igual a 2, munido de suas operações usuais. Defina a aplicação $T : P_2 \to P_2$ por

$$T(f(t)) = f(1-t) + f'(t).$$

É fácil ver que T é linear e deixamos a encargo do leitor.

Considere $\beta = \{1+t, 1, -t^2\}$ uma base de P_2 (tal coleção é L.I. e é formada por três vetores, e como $\dim P_2 = 3$, segue que β é de fato uma base de P_2).

Vamos determinar a matriz da transformação linear T na base β, ou seja, determinar $[T]_\beta^\beta$.

Como a base usada no domínio e no contradomínio é a mesma, e como $T(f(t)) = f(1-t) + f'(t)$, obtemos

- $T(1+t) = 1 + (1-t) + (1+t)' = 3 - t;$

- $T(1) = 1 + (1)' = 1 + 0 = 1$;
- $T(-t^2) = -(1-t)^2 + (-t^2)' = -1 - t^2$.

Então, os elementos a_{ij} da matriz $[T]_\beta^\beta$ ficam definidos pelas equações:

$$3 - t = T(1+t) = a_{11}(1+t) + a_{21}(1) + a_{31}(-t^2), \tag{4.2}$$

$$1 = T(1) = a_{12}(1+t) + a_{22}(1) + a_{32}(-t^2), \tag{4.3}$$

$$-1 - t^2 = T(-t^2) = a_{13}(1+t) + a_{23}(1) + a_{33}(-t^2). \tag{4.4}$$

De (4.2), vem

$$\begin{cases} a_{11} + a_{21} = 3 \\ a_{11} = -1 \\ -a_{31} = 0 \end{cases},$$

donde segue que $a_{11} = -1$, $a_{21} = 4$ e $a_{31} = 0$.

De (4.3), vem

$$\begin{cases} a_{12} + a_{22} = 1 \\ a_{12} = 0 \\ -a_{32} = 0 \end{cases},$$

donde segue que $a_{12} = 0$, $a_{22} = 1$ e $a_{32} = 0$.

De (4.4), vem

$$\begin{cases} a_{13} + a_{23} = -1 \\ a_{13} = 0 \\ -a_{33} = -1 \end{cases},$$

donde segue que $a_{13} = 0$, $a_{23} = -1$ e $a_{33} = 1$.

Portanto, obtemos

$$[T]_{\beta}^{\beta} = \begin{bmatrix} -1 & 0 & 0 \\ 4 & 1 & -1 \\ 0 & 0 & 1 \end{bmatrix}.$$

O próximo resultado nos mostra que, considerando as representações matriciais de transformações lineares, a matriz resultante da composição delas corresponde ao produto das matrizes associadas.

Teorema 4.23 *Sejam $T_1 : V \to W$ e $T_2 : W \to U$ transformações lineares e α, β e γ, respectivamente, as bases de V, W e U. Então, a matriz associada à transformação linear composta $T_2 \circ T_1 : V \to U$ será*

$$[T_2 \circ T_1]_{\gamma}^{\alpha} = [T_2]_{\gamma}^{\beta} \cdot [T_1]_{\beta}^{\alpha}.$$

Demonstração. Sejam $\alpha = \{\vec{v}_1, ..., \vec{v}_k\}$, $\beta = \{\vec{w}_1, ..., \vec{w}_\ell\}$ e $\gamma = \{\vec{u}_1, ..., \vec{u}_m\}$, respectivamente, bases de V, W e U.

Assim, como $T(\vec{v}_1)$, ..., $T(\vec{v}_k) \in W$, segue que existem escalares $a_{ij} \in \mathbb{R}$ tais que

$$T_1(\vec{v}_j) = \sum_{i=1}^{\ell} a_{ij}\vec{w}_i, \text{ para } j = 1, 2, ..., k.$$

Do mesmo modo, como $T_2(\vec{w}_1)$, ..., $T_2(\vec{w}_m) \in U$, segue que existem escalares $b_{tp} \in \mathbb{R}$ tais que

$$T_2(\vec{w}_p) = \sum_{t=1}^{m} b_{tp}\vec{u}_t, \text{ para } p = 1, 2, ..., \ell.$$

Dessa forma, segue que

$$(b_{tp})_{m\times\ell} \cdot (a_{ij})_{\ell\times k} = [T_2]_{\gamma}^{\beta} \cdot [T_1]_{\beta}^{\alpha}, \tag{4.5}$$

uma matriz de ordem $m \times k$.

Por outro lado,

$$(T_2 \circ T_1)(\vec{v}_j) = T_2(T_1(\vec{v}_j)) = T_2(\sum_{i=1}^{\ell} a_{ij}\vec{w}_i) = \sum_{i=1}^{\ell} a_{ij}T_2(\vec{w}_i) =$$

$$= \sum_{i=1}^{\ell} a_{ij} \sum_{t=1}^{m} b_{ti}\vec{u}_t = \sum_{i=1}^{\ell}\sum_{t=1}^{m}(b_{ti}a_{ij})\vec{u}_t,$$

e daí segue que

$$[T_2 \circ T_1]_\beta^\alpha = (b_{ti}a_{ij})_{m\times k},$$

e com (4.5) temos

$$[T_2 \circ T_1]_\beta^\alpha = (b_{ti}a_{ij})_{m\times k} = (b_{ti})_{m\times \ell} \cdot (a_{ij})_{\ell\times k} = [T_2]_\gamma^\beta \cdot [T_1]_\beta^\alpha,$$

como queríamos mostrar.

□

Vejamos um exemplo simples. Considere $T_1 : \mathbb{R}^3 \to \mathbb{R}^2$ e $T_2 : \mathbb{R}^2 \to \mathbb{R}^3$, dadas, respectivamente, por

$$T_1(x, y, z) = (2x + y - z, y + z) \quad \text{e} \quad T_2(x, y) = (x, x + y, x - y).$$

Vamos determinar a matrizes dessas representações nas bases canônicas. É imediato que elas são dadas por

$$[T_1] = \begin{bmatrix} 2 & 1 & -1 \\ 0 & 1 & 1 \end{bmatrix} \quad \text{e} \quad [T_2] = \begin{bmatrix} 1 & 0 \\ 1 & 1 \\ 1 & -1 \end{bmatrix}.$$

Assim,

$$[T_2 \circ T_1] = [T_2] \cdot [T_1] = \begin{bmatrix} 1 & 0 \\ 1 & 1 \\ 1 & -1 \end{bmatrix} \begin{bmatrix} 2 & 1 & -1 \\ 0 & 1 & 1 \end{bmatrix} = \begin{bmatrix} 2 & 1 & -1 \\ 2 & 2 & 0 \\ 2 & 0 & -2 \end{bmatrix}.$$

Ou seja, obtemos, nas bases canônicas, $T_2 \circ T_1 : \mathbb{R}^3 \to \mathbb{R}^3$,

$$(T_2 \circ T_1)(x, y, z) = (2x + y - z, 2x + 2y, 2x - 2z).$$

4.6 Isomorfismos e matrizes

Pelos estudos feitos anteriormente, dada uma transformação linear $T : V \to W$, se $V \sim W$ (e então $\dim V = \dim W$), segue que T é inversível. Logo, existe $T^{-1} : W \to V$. Se β e γ forem, respectivamente, as bases de V e de W, então, sendo $[T]_\gamma^\beta$ a matriz da transformação linear T, nas bases β e γ, então a matriz $[T^{-1}]_\beta^\gamma$ da transformação linear T^{-1} nas bases γ e β será tal que

$$[T^{-1}]_\beta^\gamma = \left([T]_\gamma^\beta\right)^{-1}.$$

Seja $T : \mathbb{R}^n \to \mathbb{R}^n$ um isomorfismo. Assim, existe $T^{-1} : \mathbb{R}^n \to \mathbb{R}^n$, também isomorfismo. Então, pela Definição 4.21 segue que

$$T \circ T^{-1} = I_{\mathbb{R}^n} \quad \text{e} \quad T^{-1} \circ T = I_{\mathbb{R}^n}. \tag{4.6}$$

Na base canônica do $\mathbb{R}^n$ as transformações lineares T e T^{-1} possuirão as representações matriciais denotadas, respectivamente, por $[T]$ e $[T^{-1}]$. Então, pelo Teorema 4.23 e por (4.6) segue que

$$[T \circ T^{-1}] = [T] \cdot [T^{-1}] = I \quad \text{e} \quad [T^{-1} \circ T] = [T^{-1}] \cdot [T] = I,$$

ou seja, a transformação $T : \mathbb{R}^n \to \mathbb{R}^n$ é um isomorfismo se, e somente se, a matriz da transformação $[T]$ é invertível, com inversa $[T]^{-1} = [T^{-1}]$.

Voltemos ao exemplo dado após a Definição 4.21: naquele exemplo mostramos que a transformação linear $T : \mathbb{R}^3 \to \mathbb{R}^3$ dada por

$$T(x, y, z) = (x + y - z, x + z, 2y - z)$$

é um isomorfismo e obtivemos a inversa

$$T^{-1}(x, y, z) = (\frac{2x + y - z}{3}, \frac{y + 2z - x}{3}, \frac{2y + z - 2x}{3}).$$

Vamos utilizar o procedimento desenvolvido nesta seção para mostrar que T é inversível e obter a sua inversa de uma forma mais simples do que fora feito naquela ocasião. Ou seja, vamos mostrar que a matriz da transformação $[T]$ é invertível e determinar a sua matriz inversa $[T^{-1}]$. De fato, a matriz $[T]$ da transformação linear $T(x,y,z) = (x+y-z, x+z, 2y-z)$ na base canônica é

$$[T] = \begin{bmatrix} 1 & 1 & -1 \\ 1 & 0 & 1 \\ 0 & 2 & -1 \end{bmatrix}.$$

Como $\det[T] = -3 \neq 0$, segue que $[T]$ é invertível (e, então, T é inversível). Assim, aplicando o algoritmo para obtenção de inversas via operações elementares sobre linhas na matriz aumentada $([T] \mid I)$, vamos obter

$$\begin{bmatrix} 1 & 1 & -1 & 1 & 0 & 0 \\ 1 & 0 & 1 & 0 & 1 & 0 \\ 0 & 2 & -1 & 0 & 0 & 1 \end{bmatrix} \xrightarrow{\ell_2 \hookrightarrow \ell_2 - \ell_1} \begin{bmatrix} 1 & 1 & -1 & 1 & 0 & 0 \\ 0 & -1 & 2 & -1 & 1 & 0 \\ 0 & 2 & -1 & 0 & 0 & 1 \end{bmatrix} \xrightarrow{\ell_2 \hookrightarrow -\ell_2}$$

$$\begin{bmatrix} 1 & 1 & -1 & 1 & 0 & 0 \\ 0 & 1 & -2 & 1 & -1 & 0 \\ 0 & 2 & -1 & 0 & 0 & 1 \end{bmatrix} \xrightarrow{\ell_3 \hookrightarrow \ell_3 - 2\ell_2} \begin{bmatrix} 1 & 1 & -1 & 1 & 0 & 0 \\ 0 & 1 & -2 & 1 & -1 & 0 \\ 0 & 0 & 3 & -2 & 2 & 1 \end{bmatrix} \xrightarrow{\ell_3 \hookrightarrow \frac{1}{3}\ell_3}$$

$$\begin{bmatrix} 1 & 1 & -1 & 1 & 0 & 0 \\ 0 & 1 & -2 & 1 & -1 & 0 \\ 0 & 0 & 1 & -\frac{2}{3} & \frac{2}{3} & \frac{1}{3} \end{bmatrix} \xrightarrow{\ell_2 \hookrightarrow \ell_2 + 2\ell_3}$$

$$\begin{bmatrix} 1 & 1 & -1 & 1 & 0 & 0 \\ 0 & 1 & 0 & -\frac{1}{3} & \frac{1}{3} & \frac{2}{3} \\ 0 & 0 & 1 & -\frac{2}{3} & \frac{2}{3} & \frac{1}{3} \end{bmatrix} \xrightarrow{\ell_1 \hookrightarrow \ell_1 + \ell_3} \begin{bmatrix} 1 & 1 & 0 & \frac{1}{3} & \frac{2}{3} & \frac{1}{3} \\ 0 & 1 & 0 & -\frac{1}{3} & \frac{1}{3} & \frac{2}{3} \\ 0 & 0 & 1 & -\frac{2}{3} & \frac{2}{3} & \frac{1}{3} \end{bmatrix} \xrightarrow{\ell_1 \hookrightarrow \ell_1 - \ell_2}$$

$$\begin{bmatrix} 1 & 0 & 0 & \frac{2}{3} & \frac{1}{3} & -\frac{1}{3} \\ 0 & 1 & 0 & -\frac{1}{3} & \frac{1}{3} & \frac{2}{3} \\ 0 & 0 & 1 & -\frac{2}{3} & \frac{2}{3} & \frac{1}{3} \end{bmatrix}.$$

Logo, concluímos que $[T^{-1}] = \begin{bmatrix} \frac{2}{3} & \frac{1}{3} & -\frac{1}{3} \\ -\frac{1}{3} & \frac{1}{3} & \frac{2}{3} \\ -\frac{2}{3} & \frac{2}{3} & \frac{1}{3} \end{bmatrix}$, ou seja, $T^{-1} : \mathbb{R}^3 \to \mathbb{R}^3$ é dada por

$$T^{-1}(x,y,z) = (\frac{2}{3}x + \frac{1}{3}y - \frac{1}{3}z, -\frac{1}{3}x + \frac{1}{3}y + \frac{2}{3}z, -\frac{2}{3}x + \frac{2}{3}y + \frac{1}{3}z) =$$

$$= (\frac{2x+y-z}{3}, \frac{y+2z-x}{3}, \frac{2y+z-2x}{3}),$$

conforme havíamos determinado anteriormente.

Exercícios

1. Determine a representação matricial de cada um dos seguintes operadores do $\mathbb{R}^2$ em relação às bases indicadas:

   (a) $F(x, y) = (2x, 3y - x)$ e base canônica.

   (b) $F(x, y) = (3x - 4y, x + 5y)$ e base $\beta = \{(1, 2), (2, 3)\}$.

2. Seja $T : \mathbb{R}^3 \to \mathbb{R}^2$ a transformação linear dada por

$$T(x, y, z) = (x + y, 2x - y + z).$$

   (a) Determine o núcleo de T, uma base para ele e sua dimensão.

   (b) Determine a imagem de T, uma base para ele e a sua dimensão.

   (c) Considerando as bases

$$\beta = \{(1, 1, 1), (-1, 0, 0), (0, 2, 0)\} \text{ e } \quad \gamma = \{(2, -1), (-1, 0)\}$$

   do $\mathbb{R}^3$ e do $\mathbb{R}^2$, respectivamente, determine a matriz da transformação $[T]_\gamma^\beta$.

3. *Seja $T : \mathbb{R}^3 \to \mathbb{R}^2$ a transformação dada por

$$T(x, y, z) = (2x + y - z, 3x - 2y + 4z).$$

   (a) Mostre que T é linear.

   (b) Determine $\ker(T)$, $\operatorname{Im}(T)$ e suas dimensões. T é injetiva? Justifique.

   (c) Sendo $\beta = \{(1, 1, 1); (-1, 0, 0); (1, 1, 0)\}$ e $\gamma = \{(1, 3); (1, 4)\}$, respectivamente, bases de $\mathbb{R}^3$ e $\mathbb{R}^2$, obtenha a matriz $[T]_\gamma^\beta$ da transformação.

4. Seja $T : \mathbb{R}^3 \to \mathbb{R}^2$ tal que $[T]_\gamma^\beta = \begin{bmatrix} 1 & 0 & -1 \\ -1 & 1 & 2 \end{bmatrix}$ onde

$$\beta = \{(0, 1, 1); (1, 0, 0); (1, 0, 1)\} \text{ e } \gamma = \{(-1, 0); (0, 2)\}$$

   são bases do $\mathbb{R}^3$ e $\mathbb{R}^2$, respectivamente.

(a) Obtenha a expressão de $T(x, y, z)$.

(b) Obtenha o núcleo e a imagem de $T(x, y, z)$ e verifique o teorema do núcleo e da imagem.

(c) T é injetiva? Justifique.

5. *Sejam $\alpha = \{(1, -1), (0, 2)\}$ e $\beta = \{(1, 0, -1), (0, 1, 2), (1, 2, 0)\}$ bases de $\mathbb{R}^2$ e $\mathbb{R}^3$, respectivamente, e

$$[T]^{\alpha}_{\beta} = \begin{bmatrix} 1 & 0 \\ 1 & 1 \\ 0 & -1 \end{bmatrix}.$$

(a) Ache T.

(b) Ache uma base γ tal que $[T]^{\alpha}_{\gamma} = \begin{bmatrix} 1 & 0 \\ 0 & 0 \\ 0 & 1 \end{bmatrix}$.

6. Se $[R] = \begin{bmatrix} 1 & 2 \\ -1 & 3 \end{bmatrix}$ e $[S] = \begin{bmatrix} 1 & 0 & -1 \\ 2 & 1 & 1 \end{bmatrix}$, ache $R \circ S$.

7. Seja $T : \mathbb{R}^3 \to \mathbb{R}^3$ a transformação linear dada por

$$T(x, y, z) = (-4x - 2z, y, 5x + y + 3z).$$

(a) Determine $\ker(T)$, $\operatorname{Im}(T)$ e suas dimensões.

(b) Sendo $\beta = \{(1, 1, 0); (1, 0, 1); (0, 2, -1)\}$ uma base de $\mathbb{R}^3$, determine $[T]^{\beta}_{\beta}$.

(c) Mostre que T é um isomorfismo e determine a transformação inversa T^{-1}.

8. Seja $T : \mathbb{R}^3 \to \mathbb{R}^3$ uma transformação linear cuja matriz com relação à base canônica seja

$$\begin{bmatrix} 1 & 1 & 0 \\ -1 & 0 & 1 \\ 0 & -1 & -1 \end{bmatrix}.$$

(a) Determine $T(x, y, z)$.

(b) Qual é a matriz do operador T com relação à base

$$\beta = \{(-1, 1, 0), (1, -1, 1), (0, 1, -1)\}\,?$$

(c) O operador T é invertível? Justifique.

9. Considere o conjunto $\beta = \{(1, 1, -1), (2, -1, 0), (3, 2, 0)\}$ de vetores do $\mathbb{R}^3$.

(a) Mostre que β é uma base para $\mathbb{R}^3$. Em seguida, encontre as coordenadas do vetor $\vec{u} = (1, 1, 1)$ nesta base. Encontre a matriz de mudança de base $[I]_{\beta}^{can}$, onde *can* denota a base canônica do $\mathbb{R}^3$.

(b) Encontre a transformação linear $L : \mathbb{R}^3 \to \mathbb{R}^2$ tal que $L(1, 1, -1) = (2, 2)$, $L(2, -1, 0) = (3, -1)$ e $L(3, 2, 0) = (1, 2)$.

(c) Calcule $\ker L$, $\mathrm{Im}(L)$ e suas dimensões. Dê uma interpretação geométrica para $\ker L$.

(d) Considerando $\gamma = \{(0, -1), (2, 1)\}$ base do $\mathbb{R}^2$, obtenha a matriz $[L]_{\gamma}^{\beta}$ da transformação.

10. **(Sel. Mestrado UFSM 2015/2)** Seja P_2 o espaço vetorial dos polinômios de grau menor ou igual a dois.

(a) Verifique que $\beta = \{1 + t, -1 + t, t^2\}$ é uma base de P_2.

(b) Verifique que $T : P_2 \to P_2$ definido por $T(f(t)) = \frac{df(t)}{dt} - f(t)$ é um operador linear.

(c) Encontre a matriz que representa T com relação à base β.

11. Seja $T : \mathbb{R}^3 \to \mathbb{R}^2$ a transformação linear dada por

$$T(x, y, z) = (x - y + 2z, y - z).$$

(a) Determine $\ker T$, $\dim \ker T$, $\mathrm{Im}(T)$ e $\dim \mathrm{Im}(T)$. Exiba um conjunto de vetores geradores para os subespaços $\ker T$ e $\mathrm{Im}(T)$.

(b) Determine $[T]_\gamma^\beta$, onde $\beta = \{(1,1,-1),(2,-1,0),(3,2,0)\}$ e $\gamma = \{(0,-1),(2,1)\}$ são bases, respectivamente, de $\mathbb{R}^3$ e $\mathbb{R}^2$.

12. *(**Sel. Mestrado UFBA 2016/1**) Seja T a aplicação linear com domínio P_2 (o conjunto dos polinômios reais de grau menor ou igual a 2) e contra-domínio $\mathbb{R}$ definida por $T(p) = \int_0^1 p(t)dt$. Determine a matriz T com respeito às bases $\{x^2, x, 1\}$ de P_2 e $\{1\}$ de $\mathbb{R}$.

13. (**Sel. Mestrado UFRGS 2008/1**) Seja P_n o espaço vetorial dos polinômios de grau menor ou igual a n:

$$P_n = \{f(t) = a_0 + a_1t + a_2t^2 + ... + a_nt^n,\ t \in \mathbb{R}, a_i \in \mathbb{R}\}.$$

(a) Obtenha uma base e a dimensão de P_4.

(b) Mostre que P_3 é um subespaço vetorial de P_4.

(c) Considere o operador linear $D : P_4 \to P_4$ definido como $Df(x) = \frac{df}{dx}(x)$. Obtenha a matriz da transformação linear D numa base conveniente de P_4.

(d) O operador D do item (c) é injetivo? É sobrejetivo?

14. *(**Sel. Mestrado UFSM 2012/1**) Seja $\beta = \{1, e^t, te^t\}$ uma base do espaço vetorial V sobre o corpo $\mathbb{R}$. Dado um número real c, considere $T : V \to V$ o operador definido por

$$T[f](t) = \frac{d^2f(t)}{dt^2} + cf(t).$$

(a) Mostre que T é um operador linear.

(b) Obtenha a matriz que representa o operador T na base β.

(c) Para quais valores de c temos que T não é bijetora?

Capítulo 5

Autovalores e autovetores

Neste capítulo estudaremos os conceitos de autovetor e autovalor associados a uma transformação linear. Estudaremos também a diagonalização de operadores.

5.1 Conceito

Seja $T : V \to V$ um operador linear (ou seja, uma transformação linear de V em si mesmo). Perguntamos: quais são os vetores $\vec{v} \in V$ que são deixados invariantes mediante T, ou seja, quais são os pontos fixos de T, i.e., os vetores $\vec{v} \in V$ tais que $T(\vec{v}) = \vec{v}$? Mais geralmente, e o que norteará este capítulo, estamos interessados em determinar todos aqueles vetores, se existirem, tais que mandam pela T o vetor $\vec{v} \in V$ a um múltiplo de si mesmo. Definimos, então:

Definição 5.1 Seja $T : V \to V$ um operador linear. Dizemos que $\vec{v} \in V$, $\vec{v} \neq \vec{0}$ é um *autovetor* associado a T se existir um $\lambda \in \mathbb{R}$ tal que $T(\vec{v}) = \lambda\vec{v}$. Nesse caso, o escalar $\lambda \in \mathbb{R}$ chama-se *autovalor* associado ao autovetor T.

Por exemplo, seja $T : \mathbb{R}^2 \to \mathbb{R}^2$ dada por $T(x, y) = (3x, 3y)$.

Nesse caso, vamos verificar se existe $\lambda \in \mathbb{R}$ tal que $T(\vec{v}) = \lambda\vec{v}$. Assim,

$$T(x, y) = \lambda(x, y) \Leftrightarrow (3x, 3y) = (\lambda x, \lambda y),$$

e disso obtemos o sistema

$$\begin{cases} 3x = \lambda x \\ 3y = \lambda y \end{cases}$$

que corresponde ao sistema linear homogêneo

$$\begin{cases} (3-\lambda)x = 0 \\ (3-\lambda)y = 0 \end{cases}.$$

Este possuirá uma solução não trivial quando seu determinante for zero (regra de Cramer). Isso porque $\Delta x = \Delta y = 0$. Então, para possuir infinitas soluções, $\Delta = 0$, ou seja,

$$\begin{vmatrix} 3-\lambda & 0 \\ 0 & 3-\lambda \end{vmatrix} = 0 \Leftrightarrow (3-\lambda)^2 = 0 \Leftrightarrow \lambda = 3,$$

ou seja, $\lambda = 3$ é um autovalor. Vamos determinar os autovetores associados a tal autovalor. De fato, quando $\lambda = 3$, temos

$$T(x,y) = 3(x,y) \Leftrightarrow (3x, 3y) = (3x, 3y),\ \forall (x,y) \in \mathbb{R}^2,$$

ou seja, $\lambda = 3$ é autovalor para todo vetor $(x,y) \in \mathbb{R}^2$.

Vejamos um segundo exemplo. Considere $T : \mathbb{R}^3 \to \mathbb{R}^3$ dada por

$$T(x,y,z) = (4x + z, 2x + 3y + 2z, x + 4z).$$

Primeiramente, para determinar os autovalores de T, equacionamos

$$T(x,y,z) = \lambda(x,y,z),$$

o que nos fornece o sistema

$$\begin{cases} 4x + z = \lambda x \\ 2x + 3y + 2z = \lambda y \\ x + 4z = \lambda z \end{cases},$$

ou seja, obtemos o sistema linear homogêneo

$$\begin{cases} (4-\lambda)x+z=0 \\ 2x+(3-\lambda)y+2z=0 \\ x+(4-\lambda)z=0 \end{cases}.$$

Obviamente a solução trivial $(0,0,0)$ não nos interessa. Como, pela regra de Cramer, $\Delta x = \Delta y = \Delta z = 0$, tal sistema possuirá infinitas soluções quando o determinante associado à matriz dos coeficientes for nula, ou seja, $\Delta = 0$. Assim,

$$\begin{vmatrix} 4-\lambda & 0 & 1 \\ 2 & 3-\lambda & 2 \\ 1 & 0 & 4-\lambda \end{vmatrix} = 0.$$

Da igualdade acima vamos determinar uma equação de terceiro grau na incógnita λ, cujas raízes fornecerão os autovalores procurados. Com eles, determinamos em seguida os autovetores associados.

Na próxima seção voltaremos a este exemplo, resolvendo-o por completo. Vamos apresentar, primeiramente, a técnica geral que encerra o procedimento de busca dos autovalores e respectivos autovetores.

5.2 Procedimento para obter autovalores e autovetores

Seja $T: V \to V$ uma transformação linear de V em V. Considere a matriz $[T]$ da transformação na base canônica de V (observe que tal matriz $[T]$ será quadrada):

$$[T] = \begin{bmatrix} a_{11} & \dots & a_{1n} \\ \dots & \dots & \dots \\ a_{n_1} & \dots & a_{nn} \end{bmatrix}.$$

Assim, queremos verificar se existe $\vec{v} = (x_1, ..., x_n) \in V$, com $\vec{v} \neq \vec{0}$, tal que $T(\vec{v}) = \lambda \vec{v}$, para algum $\lambda \in \mathbb{R}$.

Assumindo a igualdade acima, matricialmente, escrevemos

$$[T] \cdot \vec{v} = \lambda \vec{v} \Leftrightarrow [T] \cdot \vec{v} - \lambda \vec{v} = \vec{0} \Leftrightarrow$$

$$\Leftrightarrow ([T] - \lambda I) \cdot \vec{v} = \vec{0},$$

ou seja,

$$\left(\begin{bmatrix} a_{11} & ... & a_{1n} \\ ... & ... & ... \\ a_{n1} & ... & a_{nn} \end{bmatrix} - \begin{bmatrix} \lambda & ... & 0 \\ ... & ... & ... \\ 0 & 0 & \lambda \end{bmatrix} \right) \cdot \begin{bmatrix} x_1 \\ ... \\ x_n \end{bmatrix} = \begin{bmatrix} 0 \\ ... \\ 0 \end{bmatrix},$$

o que nos fornece

$$\begin{bmatrix} a_{11} - \lambda & ... & a_{1n} \\ ... & ... & ... \\ a_{n1} & ... & a_{nn} - \lambda \end{bmatrix} \cdot \begin{bmatrix} x_1 \\ ... \\ x_n \end{bmatrix} = \begin{bmatrix} 0 \\ ... \\ 0 \end{bmatrix}. \tag{5.1}$$

Como o sistema homogêneo acima possuirá solução não trivial (que nos interessa) se, e somente se, $\det([T] - \lambda I) = 0$, temos que os autovalores associados a T são determinados pelos zeros do polinômio $p(\lambda)$ definido por

$$p(\lambda) = \det([T] - \lambda I),$$

chamado de *polinômio característico.*

Assim, $p(\lambda) = 0$, chamada de *equação característica*, nos fornece os autovalores de T, ou seja, os autovalores de T são obtidos de

$$\begin{vmatrix} a_{11} - \lambda & a_{12} & ... & a_{1n} \\ a_{21} & a_{22} - \lambda & ... & a_{2n} \\ ... & ... & ... & ... \\ a_{n_1} & a_{n_2} & ... & a_{nn} - \lambda \end{vmatrix} = 0.$$

Sejam $\lambda_1, ..., \lambda_n$ os autovalores obtidos da equação acima. Para determinar os autovetores associados, precisamos resolver o sistema (5.1), para cada autovalor $\lambda = \lambda_j$, $j = 1, 2, ..., n$ encontrado.

Voltando ao exemplo da seção anterior, vamos determinar os autovalores e autovetores de $T : \mathbb{R}^3 \to \mathbb{R}^3$ dado por

$$T(x, y, z) = (4x + z, 2x + 3y + 2z, x + 4z).$$

Para isso, a matriz associada à T, nas bases canônicas, é

$$[T] = \begin{bmatrix} 4 & 0 & 1 \\ 2 & 3 & 2 \\ 1 & 0 & 4 \end{bmatrix}.$$

Assim, o polinômio característico será dado por

$$p(\lambda) = \det([T] - \lambda I) = \begin{vmatrix} 4-\lambda & 0 & 1 \\ 2 & 3-\lambda & 2 \\ 1 & 0 & 4-\lambda \end{vmatrix}.$$

Logo, os autovalores serão as raízes de $p(\lambda) = 0$, ou seja, quando

$$\begin{vmatrix} 4-\lambda & 0 & 1 \\ 2 & 3-\lambda & 2 \\ 1 & 0 & 4-\lambda \end{vmatrix} = 0,$$

o que nos fornece

$$(3 - \lambda)((4 - \lambda)^2 - 1) = 0,$$

donde segue que obtemos dois autovalores $\lambda_1 = \lambda_2 = 3$ e $\lambda_3 = 5$ (um deles tem *multiplicidade* 2).

Para determinar os autovetores associados a $\lambda_1 = 3$ e $\lambda_3 = 5$, resolvemos, aplicando a igualdade (5.1) para $\lambda_1 = 3$ e depois para $\lambda_3 = 5$:

- $\lambda_1 = 3$: Nesse caso, temos

$$\begin{bmatrix} 4-3 & 0 & 1 \\ 2 & 3-3 & 2 \\ 1 & 0 & 4-3 \end{bmatrix} \begin{bmatrix} x \\ y \\ z \end{bmatrix} = \begin{bmatrix} 0 \\ 0 \\ 0 \end{bmatrix},$$

o que nos fornece o sistema linear

$$\begin{cases} x + z = 0 \\ 2x + 2z = 0 \\ x + z = 0 \end{cases},$$

que corresponde apenas à equação $x + z = 0$, e disso $z = -x$. Portanto, temos que todo vetor (x, y, z) do $\mathbb{R}^3$ tal que $z = -x$ será um autovetor associado ao autovalor $\lambda_1 = 3$, i.e., $(x, y, -x)$, com $x, y, \in \mathbb{R}$, é autovalor associado ao autovetor $\lambda = 3$. Ou seja, o conjunto

$$\begin{aligned} V_{\lambda_1} &= \{(x, y, -x) \in \mathbb{R}^3 \, : \, x, y \in \mathbb{R}\} = \\ &= \{x(1, 0, -1) + y(0, 1, 0) \, : \, x, y \in \mathbb{R}\} = [(1, 0, -1); (0, 1, 0)], \end{aligned}$$

que é um subespaço vetorial do $\mathbb{R}^3$, chama-se o *autoespaço* V_{λ_1} dos autovetores associados ao autovalor $\lambda_1 = 3$.

- $\lambda_3 = 5$: Nesse caso, temos

$$\begin{bmatrix} 4-5 & 0 & 1 \\ 2 & 3-5 & 2 \\ 1 & 0 & 4-5 \end{bmatrix} \begin{bmatrix} x \\ y \\ z \end{bmatrix} = \begin{bmatrix} 0 \\ 0 \\ 0 \end{bmatrix},$$

o que nos fornece o sistema linear

$$\begin{cases} -x + z = 0 \\ 2x - 2y + 2z = 0 \\ x - z = 0 \end{cases},$$

que corresponde ao sistema linear

$$\begin{cases} x - y + z = 0 \\ x - z = 0 \end{cases}.$$

Disso, segue pela segunda equação que $x = z$. Logo, a primeira equação nos fornecerá $y = 2z$. Portanto, todo vetor (x, y, z) do $\mathbb{R}^3$ tal que $x = z$

e $y = 2x$ será um autovetor associado ao autovalor $\lambda = 5$. Ou seja, para cada $z \in \mathbb{R}$, $(z, 2z, z)$ é autovetor associado ao autovalor $\lambda = 5$. Ou seja, o conjunto

$$V_{\lambda_3} = \{(z, 2z, z) \in \mathbb{R}^3 : z \in \mathbb{R}\} = \{z(1, 2, 1) : z \in \mathbb{R}\} = [(1, 2, 1)],$$

que é um subespaço vetorial do $\mathbb{R}^3$, é o autoespaço V_{λ_3} dos autovetores associados ao autovalor $\lambda_3 = 5$.

No que segue, apresentamos uma propriedade referente a autovalores e autovetores.

Proposição 5.2 *Seja $T : V \to V$ um operador linear. Se $\vec{v} \in V$ é autovetor de T associado ao autovalor λ, então, para qualquer constante $k \neq 0$, temos que $k\vec{v}$ também será um autovetor de T associado ao mesmo autovalor λ.*

Demonstração. De fato, se $\vec{v} \in V$ é autovetor de T associado ao autovalor λ, então, temos que

$$T(\vec{v}) = \lambda\vec{v}.$$

Dado $k \neq 0$, observamos que, pela linearidade de T, vem

$$T(k\vec{v}) = kT(\vec{v}) = k(\lambda\vec{v}) = \lambda(k\vec{v}),$$

donde segue o resultado.

□

5.3 Autovalores e autovetores de matrizes

Como todo operador linear $T : V \to V$ associa-se a uma matriz, podemos determinar autovalores e autovetores de uma matriz quadrada A da mesma forma que feito na seção anterior. Ou seja, dada uma matriz quadrada $A_{n\times n}$, para obter $\lambda \in \mathbb{R}$ tal que $A \cdot \vec{v} = \lambda \cdot \vec{v}$, onde $\vec{v} \in \mathbb{R}^n$, basta resolver a equação característica

$$\det(A - \lambda I) = 0,$$

para determinar os autovalores $\lambda \neq 0$ e, em seguida, para cada λ obtido resolvemos o sistema $A \cdot \vec{v} = \lambda \cdot \vec{v}$, onde $\vec{v} = \begin{bmatrix} x_1 \\ x_2 \\ \vdots \\ x_n \end{bmatrix}$, para determinar os respectivos autovetores associados.

Definição 5.3 Dizemos que duas matrizes A e B, de mesmo tamanho, são ditas *semelhantes*se existir uma matriz inversível M tal que $B = M^{-1}AM$.

De posse da definição acima, provamos o seguinte resultado.

Proposição 5.4 *Se A e B forem duas matrizes semelhantes, então elas possuem o mesmo polinômio característico e, portanto, possuem mesmos autovalores.*

Demonstração. De fato, se A e B são semelhantes, segue que existe uma matriz invertível M tal que $B = M^{-1}AM$. Sejam $p_A(\lambda)$ e $p_B(\lambda)$, respectivamente, o polinômio característico de A e de B. Assim,

$$p_B(\lambda) = \det(B - \lambda I) = \det(M^{-1}AM - \lambda I) =$$

$$= \det(M^{-1}AM - \lambda M^{-1}M) = \det(M^{-1}AM - M^{-1}(\lambda I)M) =$$

$$\det(M^{-1}(A - \lambda I)M) = \det M^{-1} \cdot \det(A - \lambda I) \cdot \det M =$$

$$= \det(A - \lambda I) = p_A(\lambda).$$

Assim, possuindo o mesmo polinômio característico, segue que A e B possuirão os mesmos autovalores.

□

Exercícios

1. Determine os autovalores e autovetores associados a cada transformação linear abaixo:

   (a) $T : \mathbb{R}^2 \to \mathbb{R}^2$, $T(x, y) = (x + 2y, -x + 4y)$.

   (b) $T : \mathbb{R}^3 \to \mathbb{R}^3$, $T(x, y, z) = (x + y, x - y + 2z, 2x + y - z)$.

   (c) $T : \mathbb{R}^3 \to \mathbb{R}^3$, $T(x, y, z) = (x + y + z, 2y + z, 2y + 3z)$.

2. *Determine os autovalores e autovetores das seguintes matrizes:

   (a) $A = \begin{pmatrix} 1 & 3 \\ -1 & 5 \end{pmatrix}$ (b) $A = \begin{pmatrix} 2 & 1 \\ 3 & 4 \end{pmatrix}$ (c) $A = \begin{pmatrix} 1 & -1 & 0 \\ 2 & 3 & 2 \\ 1 & 1 & 2 \end{pmatrix}$

   (d) $A = \begin{pmatrix} 1 & 3 & -3 \\ 0 & 4 & 0 \\ -3 & 3 & 1 \end{pmatrix}$ (e) $A = \begin{pmatrix} 0 & 0 & 2 \\ 0 & -1 & 0 \\ 2 & 0 & 0 \end{pmatrix}$

3. *Se um operador linear $T : V \to V$ é tal que $\lambda = 0$ é um autovalor associado a T, mostre que o operador T não é inversível.

4. *Mostre que uma matriz A e a sua transposta A^t possuem os mesmos autovalores.

5. Defina o conjunto $V_\lambda = \{\vec{v} \in V \, : \, T(\vec{v}) = \lambda\vec{v}\}$, chamado de *subespaço associado ao autovalor* λ ou *autoespaço* de T. Mostre que V_λ é um subespaço vetorial de V.

6. Os autovalores de um operador linear $T : \mathbb{R}^2 \to \mathbb{R}^2$ são $\lambda_1 = 2$ e $\lambda_2 = -3$, sendo $\vec{v}_1 = (1, -1)$ e $\vec{v}_2 = (-1, 0)$ os respectivos autovetores. Determine a transformação T, seu núcleo e sua imagem.

7. *Sejam $A = \begin{pmatrix} 1 & 2 & 1 \\ 0 & -1 & 1 \\ 0 & 0 & -1 \end{pmatrix}$ e $B = \begin{pmatrix} 1 & 3 & 1 \\ 0 & 2 & 0 \\ 0 & 0 & 3 \end{pmatrix}$ matrizes inversíveis.

(a) Calcule $A \cdot B$ e $B \cdot A$ e observe que estes produtos são diferentes.

(b) Encontre os autovalores de $A \cdot B$ e os autovalores de $B \cdot A$. O que você observa?

(c) Encontre os autovetores de $A \cdot B$ e os autovetores de $B \cdot A$. O que você observa?

8. **(Sel. Mestrado UFSM 2012/2)** Considere o operador linear $T : \mathbb{R}^2 \to \mathbb{R}^2$ definido por $T(x, y) = (5x - 6y, x)$.

   (a) Calcule os autovalores e os autovetores de T.

   (b) Exiba uma base para cada um dos autoespaços[1] de T.

   (c) Calcule explicitamente $T^8(x, y)$.

9. ***(Sel. Mestrado UFSM 2010/1)** Prove que matrizes semelhantes possuem o mesmo polinômio característico. Use isso para provar que, se V é um espaço vetorial de dimensão finita sobre $\mathbb{R}$ e T um operador linear definido sobre V , então $[T]_\alpha^\alpha$ e $[T]_\beta^\beta$ produzem os mesmos autovalores para α e β bases quaisquer.

10. **(Sel. Mestrado UFSM 2015/1)** Considerando os operadores lineares $L : P_2 \to P_2$, $D : P_2 \to P_2$ e $T : P_2 \to P_2$ dados, respectivamente, por

$$L(p(t)) = p(2t+1), \ D(p(t)) = p'(t) \text{ e } T(p(t)) = (D \circ L)(p(t)), \ \forall p(t) \in P_2.$$

   (a) Mostre que $\ker T \subseteq \ker(T \circ T)$.

   (b) Encontre representações matriciais para L e D na base canônica. Use estas representações para obter representações matriciais para T e $T \circ T$.

   (c) Calcule (se houver) os autovalores e autovetores associados a T e $T \circ T$. Qual a relação entre os núcleos obtidos no item (a) e os autovetores de T e $T \circ T$?

[1] Um autoespaço V_λ é o conjunto de todos os autovetores associados ao autovalor λ. Veja também a Questão 5.

11. **(Sel. Mestrado UFRGS 2008/2)** Seja $B = \{1, t, t^2\}$ uma base do espaço dos polinômios $P_2 = \{a_0 + a_1 t + a_2 t^2 \ : \ t \in \mathbb{R}, a_i, \in \mathbb{R}\}$. Seja $T : P_2 \to P_2$ o operador definido por

$$T(f)(t) = \frac{df(t)}{dt} - f(t).$$

   (a) Mostre que T é um operador linear.

   (b) Obtenha a matriz que representa o operador T na base B.

   (c) O operador $T : P_2 \to P_2$ é uma bijeção?

   (d) A partir da matriz representação, ache os autovalores de T.

12. **(Sel. Mestr. UFSM 2018/1)** Seja $T : P^2(\mathbb{R}) \to P^2(\mathbb{R})$, definida por

$$T(p(x)) = p(0) + p(1)(x + x^2), \ \forall p(x) \in P^2(\mathbb{R}).$$

   (a) Mostre que T é uma transformação linear.

   (b) Determine o Núcleo e a Imagem de T. A seguir, para cada um deles, exiba uma base e dê sua dimensão.

   (c) T é um isomorfismo? Justifique.

   (d) Determine os autovalores de T.

5.4 Diagonalização de operadores

5.4.1 Preliminares

Seja $T : V \to V$ um operador linear. Nosso objetivo nesta seção é encontrar, se existir, uma base β ideal tal que a matriz da transformação $[T]_\beta^\beta$ seja uma matriz diagonal, que consiste na forma mais simples de representar a transformação. Veremos que o sucesso de tal proeza consiste em estudar os autovalores e autovetores de T.

Proposição 5.5 *Seja $T : V \to V$ operador linear. Então, autovetores associados a autovalores distintos são linearmente independentes.*

Demonstração. Sejam $\lambda_1, \lambda_2, ..., \lambda_k$ autovalores distintos de T e $\vec{v_1}, \vec{v_2}, ..., \vec{v_k}$ os respectivos autovetores associados.

Então, sejam $\alpha_1, \alpha_2, ..., \alpha_k \in \mathbb{R}$ escalares tais que

$$\alpha_1\vec{v_1} + \alpha_2\vec{v_2} + ... + \alpha_k\vec{v_k} = \vec{0}. \tag{5.2}$$

Para $j = 1, 2, ..., k-1$, defina os operadores $T_j : V \to V$ por

$$T_j(\vec{u}) = (T - \lambda_j I)(\vec{u}).$$

Obviamente todos estes operadores são lineares e $T_j(\vec{0}) = \vec{0}$, para $j = 1, 2, ..., k-1$ e deixaremos o leitor confirmar este fato.

Isto posto, vamos primeiramente aplicar T_1 em (5.2), obtendo

$$T_1(\alpha_1\vec{v_1} + \alpha_2\vec{v_2} + ... + \alpha_k\vec{v_k}) = T_1(\vec{0}) = \vec{0},$$

e, pela linearidade de T_1,

$$\alpha_1 T_1(\vec{v_1}) + ... + \alpha_k T_1(\vec{v_k}) = \vec{0},$$

ou seja,

$$\alpha_1(T(\vec{v_1}) - \lambda_1\vec{v_1}) + \alpha_2(T(\vec{v_2}) - \lambda_1\vec{v_2}) + ... + \alpha_k(T(\vec{v_k}) - \lambda_1\vec{v_k}) = \vec{0},$$

e como $T(\vec{v_i}) = \lambda_i \vec{v}_i$, para $i = 1, 2, ...k$, pois os $\vec{v}_i$'s são autovetores associados aos autovalores λ_i's respectivos, obtemos

$$\alpha_1(\lambda_1\vec{v}_1 - \lambda_1\vec{v}_1) + \alpha_2(\lambda_2\vec{v_2} - \lambda_1\vec{v}_2) + ... + \alpha_k(\lambda_k\vec{v_k} - \lambda_1\vec{v_k}) = \vec{0},$$

ou seja,

$$\alpha_2(\lambda_2 - \lambda_1)\vec{v}_2 + \alpha_3(\lambda_3 - \lambda_1)\vec{v_3} + ... + \alpha_k(\lambda_k - \lambda_1)\vec{v_k} = \vec{0}. \tag{5.3}$$

Observe que $\lambda_i - \lambda_j \neq 0$ para $i \neq j$, pois por hipótese os autovalores $\lambda_1, ..., \lambda_k$ são distintos.

Aplicando T_2 na igualdade (5.3), obtemos

$$T_2\left(\alpha_2(\lambda_2 - \lambda_1)\vec{v}_2 + \alpha_3(\lambda_3 - \lambda_1)\vec{v_3} + ... + \alpha_k(\lambda_k - \lambda_1)\vec{v_k}\right) = T_2(\vec{0}) = \vec{0},$$

i.e.,

$$\alpha_2(\lambda_2 - \lambda_1)T_2(\vec{v_2}) + \alpha_3(\lambda_3 - \lambda_1)T_2(\vec{v}_3) + ... + \alpha_k(\lambda_k - \lambda_1)T(\vec{v}_k) = \vec{0},$$

ou seja,

$$\alpha_2(\lambda_2 - \lambda_1)(T(\vec{v}_2) - \lambda_2\vec{v}_2) + \alpha_3(\lambda_3 - \lambda_1)(T(\vec{v}_3) - \lambda_2\vec{v}_3) + ...$$

$$... + \alpha_k(\lambda_k - \lambda_1)(T(\vec{v}_k) - \lambda_2\vec{v}_k) = \vec{0},$$

i.e.,

$$\alpha_2(\lambda_2 - \lambda_1)(\lambda_2\vec{v}_2 - \lambda_2\vec{v}_2) + \alpha_3(\lambda_3 - \lambda_1)(\lambda_3\vec{v}_3 - \lambda_2\vec{v}_3) + ...$$

$$... + \alpha_k(\lambda_k - \lambda_1)(\lambda_k\vec{v}_k - \lambda_2\vec{v}_k) = \vec{0},$$

ou seja, obtemos

$$\alpha_3(\lambda_3-\lambda_1)(\lambda_3-\lambda_2)\vec{v}_3+\alpha_4(\lambda_4-\lambda_1)(\lambda_4-\lambda_2)\vec{v}_4+...+\alpha_k(\lambda_k-\lambda_1)(\lambda_k-\lambda_2)\vec{v}_k = \vec{0},$$

onde $\lambda_i - \lambda_j \neq 0$ para $i \neq j$, pois os autovalores são dois a dois distintos, por hipótese.

Seguindo indutivamente, aplicando sucessivamente as transformações T_3, T_4, ..., T_{k-1}, vamos zerando, respectivamente, as contribuições de $\vec{v}_3$, $\vec{v}_4$, ..., $\vec{v}_{k-1}$, até obter a igualdade

$$\alpha_k(\lambda_k - \lambda_1)(\lambda_k - \lambda_2) \cdot ... \cdot (\lambda_k - \lambda_{k-1})\vec{v}_k = \vec{0},$$

e como $\lambda_k - \lambda_i \neq 0$ para $i = 1, 2, ..., k-1$ e $\vec{v}_k \neq \vec{0}$, por hipótese, concluímos que $\alpha_k = 0$. Assim, a combinação linear em (5.2) se resume a (pois já concluímos que $\alpha_k = 0$)

$$\alpha_1\vec{v}_1 + ... + \alpha_{k-1}\vec{v}_{k-1} = \vec{0}. \tag{5.4}$$

Se procedermos do mesmo modo como feito acima, aplicando T_1, T_2, ..., T_{k-2} em (5.4) vamos concluir que $\alpha_{k-1} = 0$, e então (5.4) se resume a

$$\alpha_1\vec{v}_1 + ... + \alpha_{k-2}\vec{v}_{k-2} = \vec{0}.$$

Seguindo indutivamente os mesmos raciocínios concluiremos, por fim, que

$$\alpha_1 = \alpha_2 = ... = \alpha_k = 0,$$

ou seja, olhando (5.2) e a conclusão acima segue que os autovetores $\vec{v}_1$, $\vec{v}_2$, ..., $\vec{v}_k$ são linearmente independentes, como desejávamos mostrar.

□

Uma consequência do resultado acima é o seguinte Corolário:

Corolário 5.6 *Seja $T : V \to V$ um operador linear em um espaço vetorial V, de dimensão n. Se T possuir n autovalores distintos, então os autovetores associados a eles formarão uma base para o espaço vetorial V.*

Demonstração. Como $\dim V = n$ e $T : V \to V$ possui n autovalores distintos, pela Proposição 5.5 segue que os autovetores associados aos respectivos autovalores formarão uma coleção de n vetores L.I. em V e, portanto, uma base para este espaço vetorial.

□

Vejamos um exemplo de aplicação.

Exemplo. Considere o operador linear $T : \mathbb{R}^3 \to \mathbb{R}^3$ dado por

$$T(x, y, z) = (x - y, 2y, x - z).$$

Vamos extrair uma base para V a partir dos autovetores associados a T.

A matriz associada à transformação T, nas bases canônicas, é

$$[T] = \begin{bmatrix} 1 & -1 & 0 \\ 0 & 2 & 0 \\ 1 & 0 & -1 \end{bmatrix}.$$

Assim, a equação característica será $p(\lambda) = \det([T] - \lambda I) = 0$, o que nos fornece

$$\begin{vmatrix} 1-\lambda & -1 & 0 \\ 0 & 2-\lambda & 0 \\ 1 & 0 & -1-\lambda \end{vmatrix} = 0$$

se, e somente se,

$$(1 - \lambda)(2 - \lambda)(-1 - \lambda) = 0,$$

determinando três autovalores distintos: $\lambda_1 = 1$, $\lambda_2 = 2$ e $\lambda_3 = -1$. Determinemos os autovalores associados a eles:

- Para $\lambda_1 = 1$: o sistema homogêneo $([T] - \lambda_1 I)\vec{v} = \vec{0}$ será

$$\begin{bmatrix} 0 & -1 & 0 \\ 0 & 1 & 0 \\ 1 & 0 & -2 \end{bmatrix} \begin{bmatrix} x \\ y \\ z \end{bmatrix} = \begin{bmatrix} 0 \\ 0 \\ 0 \end{bmatrix} \iff \begin{cases} -y = 0 \\ y = 0 \\ x - 2z = 0 \end{cases}$$

e, então, obtemos $y = 0$ e $x = 2z$. Logo, o autoespaço será

$$V_{\lambda_1} = \{(2z, 0, z) \,:\, z \in \mathbb{R}\} = [(2, 0, 1)].$$

- Para $\lambda_2 = 2$: o sistema homogêneo $([T] - \lambda_2 I)\vec{v} = \vec{0}$ será

$$\begin{bmatrix} -1 & -1 & 0 \\ 0 & 0 & 0 \\ 1 & 0 & -3 \end{bmatrix} \begin{bmatrix} x \\ y \\ z \end{bmatrix} = \begin{bmatrix} 0 \\ 0 \\ 0 \end{bmatrix} \iff \begin{cases} -x - y = 0 \\ x - 3z = 0 \end{cases},$$

donde segue que $y = -x$ e $z = \frac{1}{3}x$. Então, o autoespaço obtido será

$$V_{\lambda_2} = \{(x, -x, \frac{1}{3}x) \,:\, x \in \mathbb{R}\} = [(1, -1, \frac{1}{3})].$$

- Para $\lambda_3 = -1$, o sistema homogêneo $([T] - \lambda_3 I)\vec{v} = \vec{0}$ será

$$\begin{bmatrix} 2 & -1 & 0 \\ 0 & 3 & 0 \\ 1 & 0 & 0 \end{bmatrix} \begin{bmatrix} x \\ y \\ z \end{bmatrix} = \begin{bmatrix} 0 \\ 0 \\ 0 \end{bmatrix} \iff \begin{cases} 2x - y = 0 \\ 3y = 0 \\ x = 0 \end{cases},$$

donde segue que $x = 0$, $y = 0$ e $z \in \mathbb{R}$ (variável livre), ou seja, determinamos o autoespaço

$$V_{\lambda_3} = \{(0, 0, z) \,:\, z \in \mathbb{R}\} = [(0, 0, 1)].$$

Logo, pelo Corolário 5.6 segue que o conjunto

$$\beta = \{(2, 0, 1); (1, -1, \frac{1}{3}); (0, 0, 1)\}$$

forma uma base para $\mathbb{R}^3$, sendo cada componente da base um autovetor distinto de T.

5.4.2 Diagonalização

Nesta seção apresentaremos a técnica usada para diagonalizar uma transformação linear $T : V \to V$.

Definição 5.7 Um operador linear $T : V \to V$ chama-se *diagonalizável* se, e somente se, existir uma base β tal que $[T]_\beta^\beta$ for uma matriz diagonal.

Sejam V um espaço vetorial de dimensão n e $T : V \to V$ um operador linear possuindo n autovalores distintos: $\lambda_1, ...\lambda_n$. Associados a eles, temos n autovetores distintos $\vec{v}_1, ..., \vec{v}_n$. Seja $\beta = \{\vec{v}_1, \vec{v}_2, ..., \vec{v}_n\}$ a base formada pelos n autovetores distintos, conforme o Corolário 5.6.

Como $T(\vec{v}_i) = \lambda_i \vec{v}_i$, para $i = 1, 2, ..., n$, teremos que a matriz da transformação $[T]_\beta^\beta$ na base β será determinada pelas equações

$$T(\vec{v}_1) = \lambda_1 \vec{v}_1 = \lambda_1 \vec{v}_1 + 0\vec{v}_2 + 0\vec{v}_3 + ... + 0\vec{v}_n$$

$$T(\vec{v}_2) = \lambda_2 \vec{v}_2 = 0\vec{v}_1 + \lambda_2 \vec{v}_2 + 0\vec{v}_3 + ... + 0\vec{v}_n$$

$$\vdots$$

$$T(\vec{v}_n) = \lambda_n \vec{v}_n = 0\vec{v}_1 + 0\vec{v}_2 + 0\vec{v}_3 + ... + \lambda_n \vec{v}_n,$$

ou seja, acabamos de mostrar que

$$[T]_\beta^\beta = \begin{bmatrix} \lambda_1 & 0 & 0 & ... & 0 \\ 0 & \lambda_2 & 0 & ... & 0 \\ ... & ... & ... & ... & ... \\ 0 & 0 & 0 & ... & \lambda_n \end{bmatrix},$$

uma matriz diagonal onde os elementos da diagonal são os autovalores associados aos autovetores que formaram a base β, na mesma ordem em que aparecem na referida base.

Por exemplo, retomando o exemplo da seção anterior, determinamos para a transformação linear $T : \mathbb{R}^3 \to \mathbb{R}^3$ definida por $T(x, y, z) = (x - y, 2y, x - z)$ a base $\beta = \{(2, 0, 1); (1, -1, \frac{1}{3}); (0, 0, 1)\}$ formada, por autovetores determinados, respectivamente, pelos autovalores $\lambda_1 = 1$, $\lambda_2 = 2$ e $\lambda_3 = -1$. Assim, a matriz da transformação T, na base β obtida, será

$$[T]_\beta^\beta = \begin{bmatrix} 1 & 0 & 0 \\ 0 & 2 & 0 \\ 0 & 0 & -1 \end{bmatrix},$$

uma matriz diagonal!

Seja $T : V \to V$ um operador linear. Se β e β_1 forem duas bases distintas para V, então, em cada uma dessas bases teremos uma representação matricial para T, denotadas por

$$A = [T]_\beta^\beta \quad \text{e} \quad B = [T]_{\beta_1}^{\beta_1}.$$

Logo, A e B possuem os mesmos autovalores para as bases β e β_1 (veja o Exercício 9 da Seção 5.3).

Então, as matrizes A e B são semelhantes, i.e., existe uma matriz invertível M tal que

$$A = M^{-1}BM.$$

Isto posto, suponha que $T : V \to W$ seja diagonalizável, i.e., existe uma base γ tal que $[T]_\gamma^\gamma = D$, onde D representa uma matriz diagonal.

Então, denotando por $A = [T]_{can}^{can}$ a matriz de T nas bases canônicas, então segue que, por A e D serem semelhantes, existe uma matriz invertível M tal que

$$D = M^{-1}AM,$$

onde M denota uma matriz de mudança de base.

Vejamos um exemplo.

Exemplo. Dada $T : \mathbb{R}^2 \to \mathbb{R}^2$, $T(x, y) = (x + y, 3x - y)$, obtenha uma base β na qual T seja diagonal e determine $[T]_\beta^\beta$.

Solução. Na base canônica do $\mathbb{R}^2$ temos

$$A = [T] = \begin{bmatrix} 1 & 1 \\ 3 & -1 \end{bmatrix}.$$

O polinômio característico associado será

$$p(\lambda) = \begin{vmatrix} 1-\lambda & 1 \\ 3 & -1-\lambda \end{vmatrix} = \lambda^2 - 4,$$

e então os autovalores associados serão $\lambda_1 = 2$ e $\lambda_2 = -2$.

Os autovetores associados serão os vetores $\vec{v} = (x, y)$ tais que $A\vec{v} = \lambda_i \vec{v}$, $i = 1, 2$:

- $\lambda_1 = 2$:
$$\begin{pmatrix} 1 & 1 \\ 3 & -1 \end{pmatrix} \begin{pmatrix} x \\ y \end{pmatrix} = \begin{pmatrix} 2x \\ 2y \end{pmatrix},$$
donde segue que $x = y$. Assim, tem-se o autoespaço $V_{\lambda_1} = [(1, 1)]$, onde podemos tomar $\vec{v}_1 = (1, 1)$.

- $\lambda_1 = -2$:
$$\begin{pmatrix} 1 & 1 \\ 3 & -1 \end{pmatrix} \begin{pmatrix} x \\ y \end{pmatrix} = \begin{pmatrix} -2x \\ -2y \end{pmatrix},$$
donde segue que $y = -3x$. Assim, tem-se o autoespaço $V_{\lambda_2} = [(1, -3)]$, onde podemos tomar $\vec{v}_2 = (1, -3)$.

Logo, como $\beta = \{\vec{v}_1; \vec{v}_2\} = \{(1, 1); (1, -3)\}$ é L.I., segue pelo Corolário 5.6 que é uma base para $\mathbb{R}^2$. Assim, na base β obtida temos que $[T]_\beta^\beta$ será diagonal.

Além disso, a matriz de mudança M será

$$M = \left[[\vec{v}_1]^t, [\vec{v}_2]^t\right] = \begin{bmatrix} 1 & 1 \\ 1 & -3 \end{bmatrix}.$$

Como $M^{-1} = \begin{bmatrix} \frac{3}{4} & \frac{1}{4} \\ \frac{1}{4} & -\frac{1}{4} \end{bmatrix}$ (verifique!), segue que a matriz diagonal $D = [T]_\beta^\beta$ será

$$D = M^{-1}AM = \begin{bmatrix} \frac{3}{4} & \frac{1}{4} \\ \frac{1}{4} & -\frac{1}{4} \end{bmatrix} \begin{bmatrix} 1 & 1 \\ 3 & -1 \end{bmatrix} \begin{bmatrix} 1 & 1 \\ 1 & -3 \end{bmatrix} = \begin{bmatrix} 2 & 0 \\ 0 & -2 \end{bmatrix}.$$

Exercícios

1. Seja $T : \mathbb{R}^2 \to \mathbb{R}^2$ o operador linear dado por $T(x, y) = (7x-4y, -4x+y)$. Determine uma base β de $\mathbb{R}^2$ tal que a matriz T do operador seja diagonal. Em seguida, determine a matriz de T nessa base.

2. **(Sel. Mestrado UFSM 2017/1)** Seja $T : \mathbb{R}^2 \to \mathbb{R}^2$ uma transformação linear, com $T(1, -1) = (2, 3)$ e $T(2, 1) = (3, 2)$. Prove que T é diagonalizável.

3. *Verifique que a matriz A dada a seguir é diagonalizável. Em seguida, determine uma matriz M que diagonaliza A e calcule MDM^{-1}, onde D é a matriz diagonal a ser determinada.

$$A = \begin{bmatrix} 1 & 2 & 1 \\ -1 & 3 & 1 \\ 0 & 2 & 2 \end{bmatrix}.$$

4. ***(Sel. Mestrado UFSM 2013/2)** Seja T um operador linear sobre $\mathbb{R}^3$ o qual pode ser representado na forma matricial, em relação à base canônica do $\mathbb{R}^3$, por

$$\begin{pmatrix} -9 & 4 & 4 \\ -8 & 3 & 4 \\ -16 & 8 & 7 \end{pmatrix}.$$

Prove que T é diagonalizável.

5. **(Sel. Mestrado UFBA 2018/2)** Seja $T : \mathbb{R}^3 \to \mathbb{R}^3$ a transformação linear definida por

$$T(x, y, z) = (x, -x + 2y - z, -2x + 2y - z).$$

Determine a matriz A associada a T na base canônica do $\mathbb{R}^3$, verifique que A é diagonalizável e determine uma matriz de diagonalização P.

Capítulo 6

Espaços com produto interno

Neste capítulo vamos introduzir o conceito de produto interno, que consiste numa generalização do conceito de produto escalar entre vetores estudado num curso de Geometria Analítica. Do mesmo modo, vamos estudar o conceito de norma em um espaço vetorial, que corresponde a uma generalização do conceito de módulo de um vetor.

6.1 Produto interno

Definição 6.1 Seja V um espaço vetorial. Dizemos que uma aplicação

$$\langle .,. \rangle : V \times V \to \mathbb{R},$$

$$(\vec{u}, \vec{v}) \mapsto \langle \vec{u}, \vec{v} \rangle \in \mathbb{R}$$

é um *produto interno* em V se satisfizer as seguintes propriedades[1]: para todo $\vec{u}, \vec{v}, \vec{w} \in V$ e para todo $\lambda \in \mathbb{R}$ tivermos

(a) $\langle \vec{u}, \vec{u} \rangle \geq 0$ e $\langle \vec{u}, \vec{u} \rangle = 0 \Leftrightarrow \vec{u} = \vec{0}$. (positividade)

(b) $\langle \vec{u}, \vec{v} \rangle = \langle \vec{v}, \vec{u} \rangle$. (simetria)

[1]Estamos definindo produto interno em espaços vetoriais reais. Em espaço vetoriais complexos a definição é similar, bastando adaptar a propriedade simétrica: $\langle \vec{u}, \vec{v} \rangle = \overline{\langle \vec{v}, \vec{u} \rangle}$, onde a barra vertical denota a conjugação complexa. Tal propriedades chama-se *simetria hermitiana*.

(c) $\langle \vec{u}+\vec{v}, \vec{w}\rangle = \langle \vec{u}, \vec{w}\rangle + \langle \vec{v}, \vec{w}\rangle$. (bilinearidade)

(d) $\langle \lambda\vec{u}, \vec{v}\rangle = \lambda\langle \vec{u}, \vec{v}\rangle$. (bilinearidade)

Note que de (d) segue o seguinte resultado: $\langle \vec{0}, \vec{v}\rangle = 0$. De fato, basta observar que, para qualquer vetor $\vec{u} \in V$, tem-se

$$\langle \vec{0}, \vec{v}\rangle = \langle 0\cdot\vec{u}, \vec{v}\rangle = 0\langle \vec{u}, \vec{v}\rangle = 0.$$

A seguir apresentamos alguns exemplos de espaços com produto interno.

Exemplo 1. Seja $V = \mathbb{R}^3$. Dados $\vec{u} = (u_1, u_2, u_3)$ e $\vec{v} = (v_1, v_2, v_3)$, considere a aplicação $\langle \vec{u}, \vec{v}\rangle = \vec{u}\cdot\vec{v} = u_1v_1 + u_2v_2 + u_3v_3$, ou seja, o produto escalar usual de vetores em $\mathbb{R}^3$, c.f. o estudo em Geometria Analítica. Ou seja, vamos mostrar que o produto escalar usual do $\mathbb{R}^3$ é um produto interno. De fato, dados $\vec{u} = (u_1, u_2, u_3)$, $\vec{v} = (v_1, v_2, v_3)$ e $\vec{w} = (w_1, w_2, w_3)$ vetores e $\lambda \in \mathbb{R}$, temos:

(a) $\langle \vec{u}, \vec{u}\rangle \geq 0$, pois $\langle \vec{u}, \vec{u}\rangle = u_1u_1 + u_2u_2 + u_3u_3 = u_1^2 + u_2^2 + u_3^2 \geq 0$, e, além disso, $\langle \vec{u}, \vec{u}\rangle = 0$ se, e somente se, $u_1^2 + u_2^2 + u_3^2 = 0$, ou seja, se, e somente se, $(u_1, u_2, u_3) = (0, 0, 0)$.

(b) $\langle \vec{u}, \vec{v}\rangle = u_1v_1 + u_2v_2 + u_3v_3 = v_1u_1 + v_2u_2 + v_3u_3 = \langle \vec{v}, \vec{u}\rangle$.

(c) $\langle \vec{u}+\vec{v}, \vec{w}\rangle = \langle \vec{u}, \vec{w}\rangle + \langle \vec{v}, \vec{w}\rangle$: De fato, basta usar da distributividade do produto escalar usual:

$$\langle \vec{u}+\vec{v}, \vec{w}\rangle = (\vec{u}+\vec{v})\cdot\vec{w} = \vec{u}\cdot\vec{w} + \vec{v}\cdot\vec{w} = \langle \vec{u}, \vec{w}\rangle + \langle \vec{v}, \vec{w}\rangle.$$

(d) $\langle \lambda\vec{u}, \vec{v}\rangle = \lambda\langle \vec{u}, \vec{v}\rangle$: De fato,

$$\langle \lambda\vec{u}, \vec{v}\rangle = \langle(\lambda u_1, \lambda u_2, \lambda u_3), (v_1, v_2, v_3)\rangle = \lambda u_1v_1 + \lambda u_2v_2 + \lambda u_3v_3 =$$

$$= \lambda(u_1v_1 + u_2v_2 + u_3v_3) = \lambda\langle \vec{u}, \vec{v}\rangle.$$

Exemplo 2. Seja $V = C([a,b])$ o espaço vetorial das funções contínuas em $[a,b]$. Defina a aplicação $\langle , ., \rangle : V \times V \to \mathbb{R}$ por

$$\langle f, g\rangle = \int_a^b f(x)g(x)dx.$$

Afirmamos que tal aplicação define um produto interno em $V = C([a,b])$. De fato, dados $f, g, h \in V$ e $\lambda \in \mathbb{R}$, temos que

(a) $\langle f, f\rangle \geq 0$ pois

$$\langle f, f\rangle = \int_a^b f(x)f(x)dx = \int_a^b (f(x))^2 dx \geq 0,$$

e $\langle f, f\rangle = 0$ se, e somente se, $\int_a^b (f(x))^2 dx = 0$, se, e somente se, $f = 0$ (isto porque f é contínua).

(b) $\langle f, g\rangle = \langle g, f\rangle$, pois

$$\langle f, g\rangle = \int_a^b f(x)g(x)dx = \int_a^b g(x)f(x)dx = \langle g, f\rangle.$$

(c) $\langle f + g, h\rangle = \langle f, h\rangle + \langle g, h\rangle$, pois

$$\langle f + g, h\rangle = \int_a^b (f+g)(x)h(x)dx = \int_a^b (f(x) + g(x))h(x)\, dx =$$

$$= \int_a^b f(x)h(x)dx + \int_a^b g(x)h(x)dx = \langle f, h\rangle + \langle g, h\rangle.$$

(d) $\langle \lambda f, g\rangle = \lambda\langle f, g\rangle$, pois

$$\langle \lambda f, g\rangle = \int_a^b \lambda f(x)g(x)dx = \lambda \int_a^b f(x)g(x)dx = \lambda\langle f, g\rangle.$$

Exemplo 3. Seja $V = M_{2\times 2}(\mathbb{R})$ o espaço vetorial das matrizes 2×2 com entradas reais munido de suas operações usuais. Defina a aplicação

$$\langle ., .\rangle : V \times V \to \mathbb{R} \text{ por}$$

$$\langle A, B\rangle = \text{tr}(B^t \cdot A) = \text{tr}\left(\begin{bmatrix} b_{11} & b_{21} \\ b_{12} & b_{22} \end{bmatrix} \cdot \begin{bmatrix} a_{11} & a_{12} \\ a_{21} & a_{22} \end{bmatrix}\right) =$$

$$= a_{11}b_{11} + a_{12}b_{12} + a_{21}b_{21} + a_{22}b_{22}.$$

(convém lembrar que $\text{tr}(A) = \sum_{k=1}^{n} a_{kk}$ denota o traço de $A_{n\times n}$)

Assim, dados $A = (a_{ij})_{2\times 2}$, $B = (b_{ij})_{2\times 2}$, $C = (c_{ij})_{2\times 2}$ e $\lambda \in \mathbb{R}$, temos:

(a) $\langle A, A\rangle = a_{11}^2 + a_{12}^2 + a_{21}^2 + a_{22}^2 \geq 0$, e

$$\langle A, A\rangle = 0 \Leftrightarrow a_{11} = a_{22} = a_{21} = a_{22} = 0 \Leftrightarrow A = 0.$$

(b) $\langle A, B\rangle = a_{11}b_{11} + a_{12}b_{12} + a_{21}b_{21} + a_{22}b_{22} =$

$$= b_{11}a_{11} + b_{12}a_{12} + b_{21}a_{21} + b_{22}a_{22} = \langle B, A\rangle.$$

(c) $\langle A+B, C\rangle = (a_{11}+b_{11})c_{11}+(a_{12}+b_{12})c_{12}+(a_{21}+b_{21})c_{21}+(a_{22}+b_{22})c_{22} =$

$$= (a_{11}c_{11}+a_{12}c_{12}+a_{21}c_{21}+a_{22}c_{22})+(b_{11}c_{11}+b_{12}c_{12}+b_{21}c_{21}+b_{22}c_{22}) =$$

$$= \langle A, C\rangle + \langle B, C\rangle.$$

(d) $\langle \lambda A, B\rangle = (\lambda a_{11})b_{11} + (\lambda a_{12})b_{12} + (\lambda a_{21})b_{21} + (\lambda a_{22})b_{22} =$

$$= \lambda(a_{11}b_{11} + a_{12}b_{12} + a_{21}b_{21} + a_{22}b_{22}) = \lambda\langle A, B\rangle.$$

Portanto, $\langle A, B\rangle = \text{tr}(B^t \cdot A)$ define um produto interno em V.

Convém observar que podem ser definidos diferentes produtos internos num mesmo espaço vetorial. Por exemplo, considerando o espaço vetorial $V = \mathbb{R}^2$, temos o produto interno $\langle .\,, .\rangle$ dado pelo produto escalar usual: $\langle \vec{u}, \vec{v}\rangle = \vec{u} \cdot \vec{v}$. Ainda em V podemos considerar também a aplicação $\langle .\,, .\rangle_* :$ $V \times V \to \mathbb{R}$ dada por

$$\langle \vec{u}, \vec{v}\rangle_* = \frac{1}{4}u_1 \cdot v_1 + \frac{1}{9}u_2 \cdot v_2,$$

onde $\vec{u} = (u_1, u_2)$ e $\vec{v} = (v_1, v_2)$.

Não é difícil mostrar que $\langle .\,, .\rangle_*$ também define um produto interno no espaço vetorial $V = \mathbb{R}^2$. Deixamos para o leitor verificar.

Exercícios

1. Mostre que a aplicação $\langle , \rangle : \mathbb{R}^2 \times \mathbb{R}^2 \to \mathbb{R}$ dada por

$$\langle (x_1, x_2), (y_1, y_2) \rangle = x_2 y_2 + 4x_1 y_1$$

é um produto interno.

2. Dados $\vec{u} = (u_1, u_2)$ e $\vec{v} = (v_1, v_2)$, verifique se a expressão abaixo define um produto interno em $\mathbb{R}^2$:

$$\langle \vec{u}, \vec{v} \rangle = u_1 v_1 - u_1 v_2 - v_2 u_1 + 3u_2 v_2.$$

3. Sendo $\vec{u} = (u_1, u_2)$ e $\vec{v} = (v_1, v_2)$ vetores em $\mathbb{R}^2$, defina a aplicação

$$\langle \vec{u}, \vec{v} \rangle = \frac{u_1 v_1}{a^2} + \frac{u_2 v_2}{b^2},$$

onde $a, b \in \mathbb{R} \setminus \{0\}$ estão fixados. Prove que tal aplicação define um produto interno.

4. *Mostre que a aplicação $\langle . , . \rangle : P_2 \times P_2 \to \mathbb{R}$ dada por

$$\langle p, q \rangle = p(-1)q(-1) + p(0)q(0) + p(1)q(1)$$

define um produto interno no espaço vetorial P_2 dos polinômios de grau menor ou igual a 2.

5. Seja $V = C^1([a, b])$ o espaço vetorial das funções continuamente diferenciáveis. Para $f, g \in V$, a aplicação

$$\langle f, g \rangle = \int_a^b f'(x) g'(x)\, dx$$

define um produto interno em V? Justifique.

6. Seja V um espaço vetorial munido de um produto interno $\langle . , . \rangle$ e $T : V \to V$ um automorfismo. Mostre que a aplicação $f(. , .) : V \times V \to \mathbb{R}$ definida por $f(\vec{u}, \vec{v}) = \langle T(\vec{u}), T(\vec{v}) \rangle$ também define um produto interno em V.

7. Seja V um espaço vetorial real e considere $\langle .\,,. \rangle_1$ e $\langle .\,,. \rangle_2$ dois produtos internos em V. Prove que a aplicação $\langle .\,,. \rangle$ dada por

$$\langle \vec{u}, \vec{v} \rangle = \langle \vec{u}, \vec{v} \rangle_1 + \langle \vec{u}, \vec{v} \rangle_2; \ \ \forall\, \vec{u}, \vec{v} \in V$$

também define um produto interno em V.

8. Sejam o espaço vetorial $\mathbb{R}^n$ e a matriz diagonal D dada por

$$D = \text{diag}(d_1, d_2, ..., d_n)$$

com $d_j > 0$ para $j = 1, 2, ..., n$. Mostre que a aplicação

$$\langle \vec{u}, \vec{v} \rangle_D = \vec{v}^{\,t} \cdot D \cdot \vec{u}$$

define um produto interno em $\mathbb{R}^n$, considerando os elementos de $\mathbb{R}^n$ representados na forma de vetor coluna.

9. **(Sel. Mestrado UFBA 2017/1)** Seja V um espaço vetorial munido de um produto interno. Mostre que se $T : V \to V$ é uma função que preserva produto interno, ou seja, $\langle T(v), T(w) \rangle = \langle v, w \rangle$ para todo $v, w \in V$ então T é um operador linear injetivo.

6.2 Ortogonalidade

O próximo conceito generaliza a ideia de perpendicularismo de vetores.

Definição 6.2 Dizemos que dois vetores $\vec{u}$ e $\vec{v}$ em um espaço vetorial V são *ortogonais,* e escrevemos $\vec{u} \perp \vec{v}$ se, e somente se, $\langle \vec{u}, \vec{v} \rangle = 0$.

Por exemplo, em $\mathbb{R}^3$ temos que os vetores da base canônica são dois a dois ortogonais, considerando que o produto interno é o produto escalar usual da Geometria Analítica.

Um outro exemplo mais interessante é considerar $V = C([0, 2\pi])$, munido do produto interno definido por

$$\langle f, g \rangle = \int_0^{2\pi} f(x)g(x)dx.$$

Nesse caso, tomando como vetores as funções $f(x) = \operatorname{sen} x$ e $g(x) = \cos x$, temos que

$$\langle f, g\rangle = \int_0^{2\pi} \operatorname{sen} x \cos x dx = \int_0^{2\pi} (\operatorname{sen} x)^1 (\cos x dx) = \left.\frac{\operatorname{sen}^2 x}{2}\right|_0^{2\pi} =$$

$$= \frac{1}{2}(\operatorname{sen}^2 2\pi - \operatorname{sen}^2 0) = 0,$$

logo $f(x) = \operatorname{sen} x$ e $g(x) = \cos x$ são ortogonais em V, com o produto interno acima definido.

Como bem se pode observar na Definição 6.2, o conceito de ortogonalidade é relativo ao produto interno que está sendo considerado. Ou seja, dado um espaço vetorial V, um certo par de vetores $\vec{u}$ e $\vec{v}$ em V poderá ser ortogonal em relação a um produto interno, mas pode não ser ortogonal em relação a outro produto interno definido no mesmo espaço vetorial.

Por exemplo, considere $V = \mathbb{R}^2$ e os vetores $\vec{u} = (1, \frac{1}{4})$ e $\vec{v} = (\frac{1}{9}, -1)$ em V. Se considerarmos o produto interno em V como sendo o produto escalar usual, temos que $\vec{u}$ e $\vec{v}$ não são ortogonais, pois

$$\langle \vec{u}, \vec{v}\rangle = \vec{u} \cdot \vec{v} = 1 \cdot \frac{1}{9} + \frac{1}{4} \cdot (-1) \neq 0;$$

mas, se considerarmos em V o produto interno

$$\langle \vec{u}, \vec{v}\rangle_* = \frac{1}{4} u_1 v_1 + \frac{1}{9} u_2 v_2,$$

teremos

$$\langle \vec{u}, \vec{v}\rangle_* = \frac{1}{4} \cdot 1 \cdot \frac{1}{9} + \frac{1}{9} \cdot \frac{1}{4} \cdot (-1) = 0,$$

e então $\vec{u} = (1, \frac{1}{4})$ e $\vec{v} = (\frac{1}{9}, -1)$ são ortogonais em V para o produto interno $\langle \cdot\,, \cdot \rangle_*$.

Abaixo encerramos algumas propriedades sobre ortogonalidade de vetores.

Proposição 6.3 *Dados $\vec{u}, \vec{v}, \vec{w}$ em um espaço vetorial V munido de um produto interno $\langle .,. \rangle$, valem as seguintes propriedades de ortogonalidade de vetores:*

(a) *Para qualquer $\vec{u} \in V$, $\vec{u} \perp \vec{0}$.*

(b) *Se $\vec{u} \perp \vec{v}$, então $\vec{v} \perp \vec{u}$.*

(c) *Se $\vec{u} \perp \vec{v}$ e $\vec{u} \perp \vec{w}$, então $\vec{u} \perp (\vec{v} + \vec{w})$.*

Demonstração. Faremos apenas a prova do item (c) e deixaremos as demais propriedades como exercício para o leitor. Se $\vec{u} \perp \vec{v}$ e $\vec{u} \perp \vec{w}$, então segue que $\langle \vec{u}, \vec{v} \rangle = 0$ e $\langle \vec{u}, \vec{w} \rangle = 0$. Logo, pela bilinearidade do produto interno, vem

$$\langle \vec{u}, \vec{v} + \vec{w} \rangle = \langle \vec{u}, \vec{v} \rangle + \langle \vec{u}, \vec{w} \rangle = 0 + 0 = 0,$$

o que conclui a prova de (c).

□

Proposição 6.4 *Seja $\{\vec{v}_1, \vec{v}_2, ..., \vec{v}_n\}$ um conjunto de vetores não nulos dois a dois ortogonais. Então, tal conjunto é L.I.*

Demonstração. Seja $\{\vec{v}_1, ..., \vec{v}_n\}$ conjunto de vetores não nulos, dois a dois ortogonais, ou seja, tais vetores cumprem a propriedade

$$\langle \vec{v}_i, \vec{v}_j \rangle = 0, \quad \text{se} \quad i \neq j$$

(pois $\langle \vec{v}_j, \vec{v}_j \rangle > 0$ visto que $\vec{v}_j \neq 0$). Sejam $\alpha_1, \alpha_2, ..., \alpha_n \in \mathbb{R}$ tais que

$$\alpha_1 \vec{v}_1 + \alpha_2 \vec{v}_2 + ... + \alpha_n \vec{v}_n = \vec{0}. \tag{6.1}$$

Dessa forma, para cada $j \in \{1, 2, ..., n\}$ fixado, temos que

$$0 = \langle \vec{0}, \vec{v}_j \rangle = \langle \alpha_1 \vec{v}_1 + \alpha_2 \vec{v}_2 + ... + \alpha_n \vec{v}_n, \vec{v}_j \rangle.$$

Usando das propriedades da bilinearidade da definição de produto interno, vamos obter

$$\alpha_1\langle\vec{v}_1,\vec{v}_j\rangle + \alpha_2\langle\vec{v}_2,\vec{v}_j\rangle + ... + \alpha_j\langle\vec{v}_j,\vec{v}_j\rangle + ... + \alpha_n\langle\vec{v}_n,\vec{v}_j\rangle = 0,$$

e, como $\langle\vec{v}_i,\vec{v}_j\rangle = 0$ para $i \neq j$, restará apenas

$$\alpha_j\langle\vec{v}_j,\vec{v}_j\rangle = 0,$$

onde $\langle\vec{v}_j,\vec{v}_j\rangle \neq 0$ pois $\vec{v}_j \neq 0$, donde segue que $\alpha_j = 0$.

Como o procedimento acima vale para todo $j \in \{1, 2, ..., n\}$, concluímos que $\alpha_1 = \alpha_2 = ... = \alpha_n = 0$, o que, combinado com (6.1), segue que o conjunto $\{\vec{v}_1, \vec{v}_2, ..., \vec{v}_n\}$ é L.I.

□

Exercícios

1. Dados os vetores $\vec{u} = (1, 1, 1)$, $\vec{v} = (1, 2, -3)$ e $\vec{w} = (1, -4, 3)$ no espaço vetorial $\mathbb{R}^3$, munido com o produto interno usual, verifique quais pares são ortogonais.

2. Mostre que as funções $f(x) = \operatorname{sen} x$ e $g(x) = \cos x$ no espaço vetorial $C([-\pi, \pi])$ com produto interno definido por $\langle f, g\rangle = \int_{-\pi}^{\pi} f(x)g(x)dx$ são ortogonais.

3. *Considerando o produto interno usual do $\mathbb{R}^3$, determine o valor de k para que os vetores $\vec{u} = (k, -2, k)$ e $\vec{v} = (k, 3, 1)$ sejam ortogonais.

4. *Seja $V = C([-1, 1])$ munido do produto interno $\langle f, g\rangle = \displaystyle\int_{-1}^{1} f(x)g(x)\,dx$. Sejam $f(x) = x$ e $g(x) = \dfrac{3x^2 - 1}{3}$. Mostre que f e g são ortogonais.

6.2.1 Ortogonal de um conjunto

Definição 6.5 Seja S um subconjunto não vazio de um espaço vetorial V. Definimos o ortogonal de S, e denotamos por $S^{\perp}$, o conjunto

$$S^{\perp} = \{\vec{v} \in V : \langle\vec{v}, \vec{s}\rangle = 0, \forall\vec{s} \in S\}.$$

Ou seja, dado S um conjunto não vazio, em um espaço vetorial V, o ortogonal de S é o conjunto dos vetores de V que são ortogonais a todos os vetores de $S \neq \emptyset$, destacando $\vec{s} \in S$.

Note que $S^{\perp}$ é sempre não vazio, pois, dado $\vec{s}$ um vetor qualquer de S, pela Proposição 6.3 segue que $\vec{0} \perp \vec{s}$, logo, $\vec{0} \in S^{\perp}$. Portanto, temos que o ortogonal de S está bem definido.

Um resultado interessante que destacamos é: mesmo que S não possua estrutura de espaço vetorial, segue que $S^{\perp}$ será um subespaço vetorial de V. Ou seja, temos o resultado que segue.

Proposição 6.6 *Seja S um subconjunto não vazio de um espaço vetorial V. Então o ortogonal de S é um subespaço vetorial de V.*

Demonstração. De fato, dados $\vec{u}, \vec{v} \in S^{\perp}$ e $\alpha, \in \mathbb{R}$, segue que, $\forall \vec{s} \in S$, temos que

$$\langle \alpha\vec{u}, \vec{s} \rangle = \alpha \langle \vec{u}, \vec{s} \rangle = \alpha \cdot 0 = 0,$$

logo, $\alpha\vec{u} \in S^{\perp}$. Além disso,

$$\langle \vec{u} + \vec{v}, \vec{s} \rangle = \langle \vec{u}, \vec{s} \rangle + \langle \vec{v}, \vec{s} \rangle = 0 + 0 = 0,$$

e, portanto, $\vec{u} + \vec{v} \in S^{\perp}$. Isso conclui a prova da Proposição.

□

6.2.2 Ortogonalização de Gram-Schmidt

Nesta seção, dada uma base β de um espaço vetorial com um produto interno $\langle \cdot, \cdot \rangle$, vamos determinar um procedimento para, a partir de tal base, determinar uma base β' que seja ortogonal. Tal procedimento é chamado de *processo de ortogornalização de Gram-Schmidt.*

Definição 6.7 Dizemos que uma base $\gamma = \{\vec{v}_1, ..., \vec{v}_n\}$ de um espaço vetorial V com um produto interno $\langle\ ,\ \rangle$ é *ortogonal* se seus vetores forem dois a dois ortogonais, ou seja, quando $\langle \vec{v}_i, \vec{v}_j \rangle = 0$, se $i \neq j$.

Por exemplo, em $V = \mathbb{R}^3$ munido do produto interno sendo o produto escalar, temos que a base canônica $\beta = \{(1,0,0),(0,1,0),(0,0,1)\}$ é ortogonal, pois seus vetores são todos dois a dois ortogonais.

Seja $\gamma = \{\vec{v}_1, \vec{v}_2, ..., \vec{v}_n\}$ uma base ortogonal de um espaço vetorial V. Assim, dado $\vec{u} \in V$, segue que $\vec{u} = \alpha_1\vec{v}_1 + ... + \alpha_n\vec{v}_n$ e, devido à ortogonalidade da base, podemos escrever

$$\langle \vec{u}, \vec{v}_j \rangle = \langle \alpha_1\vec{v}_1 + ... + \alpha_n\vec{v}_n, \vec{v}_j \rangle =$$

$$= \alpha_1\langle \vec{v}_1, \vec{v}_j \rangle + ... + \alpha_j\langle \vec{v}_j, \vec{v}_j \rangle + ... + \alpha_n\langle \vec{v}_n, \vec{v}_j \rangle = \alpha_j\langle \vec{v}_j, \vec{v}_j \rangle,$$

pois $\langle \vec{v}_k, \vec{v}_j \rangle = 0$ se $k \neq j$. Ou seja, obtemos uma maneira de determinar os escalares α_j, $j = 1, 2, ..., n$:

$$\alpha_j = \frac{\langle \vec{u}, \vec{v}_j \rangle}{\langle \vec{v}_j, \vec{v}_j \rangle}. \tag{6.2}$$

Isto posto, vamos à dedução do processo de ortogonalização.

Seja $\beta = \{\vec{v}_1, ..., \vec{v}_n\}$ uma base qualquer de um espaço vetorial V. Vamos determinar, a partir de β, uma base que seja ortogonal. Vamos denotar tal base por $\beta' = \{\vec{v'}_1, ..., \vec{v'}_n\}$, onde tais vetores devem ser determinados a partir dos vetores de β, e deverão ser dois a dois ortogonais. Vamos considerar o primeiro vetor sendo igual ao primeiro vetor da base dada, ou seja, $\vec{v'}_1 = \vec{v}_1$. Observe a ilustração a seguir.

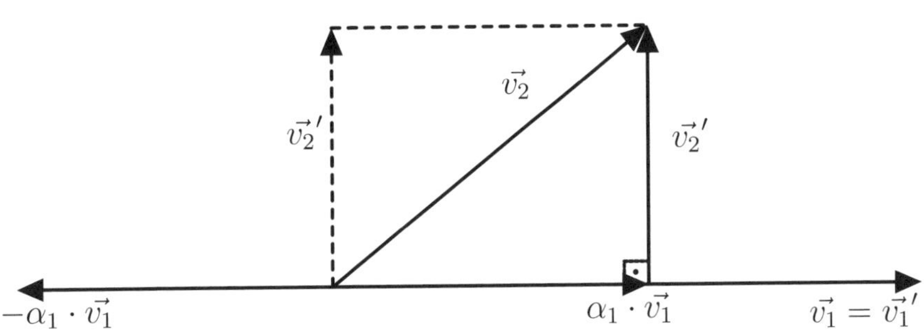

Figura 9 – Esquema geométrico para a ortogonalização.

Assim, para determinar $\vec{v'}_2$ temos que determinar o escalar α_1 tal que $\vec{v}_2 = \alpha_1\vec{v'}_1 + \vec{v'}_2$, ou seja,

$$\vec{v'}_2 = \vec{v}_2 - \alpha_1\vec{v'}_1.$$

Por (6.2) obtemos

$$\vec{v'}_2 = \vec{v}_2 - \frac{\langle \vec{v}_2, \vec{v'}_1\rangle}{\langle \vec{v'}_1, \vec{v'}_1\rangle}\cdot \vec{v'}_1.$$

Note que $\vec{v'}_2$ e $\vec{v'}_1$ são de fato ortogonais, pois

$$\langle \vec{v'}_2, \vec{v'}_1\rangle = \langle \vec{v}_2 - \alpha_1\vec{v'}_1, \vec{v'}_1\rangle = \langle \vec{v}_2, \vec{v'}_1\rangle - \alpha_1\langle \vec{v'}_1, \vec{v'}_1\rangle =$$

$$= \langle \vec{v}_2, \vec{v'}_1\rangle - \frac{\langle \vec{v}_2, \vec{v'}_1\rangle}{\langle \vec{v'}_1, \vec{v'}_1\rangle}\cdot \langle \vec{v'}_1, \vec{v'}_1\rangle = 0.$$

Seguindo o raciocínio, determinamos $\vec{v'}_3$ a partir dos vetores $\vec{v'}_1$ e $\vec{v'}_2$ determinados anteriormente. Ou seja, precisamos determinar $\alpha_1, \alpha_2 \in \mathbb{R}$ tais que

$$\vec{v'}_3 = \vec{v}_3 - \alpha_2\vec{v'}_2 - \alpha_1\vec{v'}_1,$$

de tal modo que $\langle \vec{v'}_3, \vec{v'}_1\rangle = \langle \vec{v'}_3, \vec{v'}_2\rangle = 0$. Felizmente, a escolha adequada para tais escalares é considerar α_1 o mesmo determinado acima e α_2 tendo a mesma configuração, ou seja, ambos são determinados conforme (6.2):

$$\alpha_1 = \frac{\langle \vec{v}_2, \vec{v'}_1\rangle}{\langle \vec{v'}_1, \vec{v'}_1\rangle} \quad \text{e} \quad \alpha_2 = \frac{\langle \vec{v}_3, \vec{v'}_2\rangle}{\langle \vec{v'}_2, \vec{v'}_2\rangle},$$

e, com isso, obtemos

$$\vec{v'}_3 = \vec{v}_3 - \frac{\langle \vec{v}_3, \vec{v'}_2\rangle}{\langle \vec{v'}_2, \vec{v'}_2\rangle}\cdot \vec{v'}_2 - \frac{\langle \vec{v}_2, \vec{v'}_1\rangle}{\langle \vec{v'}_1, \vec{v'}_1\rangle}\cdot \vec{v'}_1.$$

Não é difícil verificar, e por essa razão deixaremos para o leitor, que

$$\langle \vec{v'}_3, \vec{v'}_2\rangle = \langle \vec{v'}_3, \vec{v'}_1\rangle = 0.$$

Seguindo por indução, concluímos que, no passo k, $1 \leq k \leq n$, o vetor $\vec{v'}_k$ da base ortogonal procurada será da forma

$$\vec{v'}_k = \vec{v}_k - \sum_{j=2}^{k} \frac{\langle \vec{v}_j, \vec{v'}_{j-1}\rangle}{\langle \vec{v'}_{j-1}, \vec{v'}_{j-1}\rangle}\cdot \vec{v'}_{j-1},$$

onde $\langle \vec{v'}_k, \vec{v'}_j \rangle = 0$, para $j = 1, 2, ..., k-1$.

Convém observar ainda que, de acordo com a Proposição 6.4, temos que o conjunto $\beta' = \{\vec{v'}_1, ..., \vec{v'}_n\}$ é L.I., e como dim $V = n$, segue que β' realmente é uma base para V, e ortogonal, por construção.

Ou seja, acabamos de provar o Teorema:

Teorema 6.8 *(Processo de ortogonalização de Gram-Schmidt) Seja V um espaço vetorial munido de um produto interno $\langle \, , \rangle$ e $\beta = \{\vec{v}_1, ..., \vec{v}_n\}$ uma base qualquer de V. Então, podemos construir uma base ortogonal $\beta' = \{\vec{v'}_1, ..., \vec{v'}_n\}$ para V a partir da base β dada pondo*

$$\vec{v'}_1 = \vec{v}_1,$$

e para $k = 2, 3, ..., n$,

$$\vec{v'}_k = \vec{v}_k - \sum_{j=2}^{k} \frac{\langle \vec{v}_j, \vec{v'}_{j-1} \rangle}{\langle \vec{v'}_{j-1}, \vec{v'}_{j-1} \rangle} \cdot \vec{v'}_{j-1}. \qquad (*)$$

Vejamos um exemplo de aplicação.

Exemplo. Seja $\beta = \{(1,1,-1), (2,-1,0), (3,2,0)\}$ uma base de $\mathbb{R}^3$. Vamos determinar uma base ortogonal para $\mathbb{R}^3$ a partir da base β, considerando $\langle ., . \rangle$ o produto interno usual em $\mathbb{R}^3$, ou seja, o produto escalar. Denotando os vetores da base β por $\vec{v}_1 = (1,1,-1)$, $\vec{v}_2 = (2,-1,0)$ e $\vec{v}_3 = (3,2,0)$, pelo processo de Gram-Schmidt vamos obter

$$\vec{v'}_1 = \vec{v}_1 = (1,1,-1);$$

$$\vec{v'}_2 = \vec{v}_2 - \frac{\langle \vec{v}_2, \vec{v'}_1 \rangle}{\langle \vec{v'}_1, \vec{v'}_1 \rangle} \cdot \vec{v'}_1 = (2,-1,0) - \frac{\langle (2,-1,0), (1,1,-1) \rangle}{\langle (1,1,-1), (1,1,-1) \rangle}(1,1,-1) =$$

$$= (2,-1,0) - \frac{1}{3}(1,1,-1) = (2,-1,0) - (\frac{1}{3}, \frac{1}{3}, -\frac{1}{3}) = (\frac{5}{3}, -\frac{4}{3}, \frac{1}{3});$$

e

$$\vec{v'}_3 = \vec{v}_3 - \frac{\langle \vec{v}_3, \vec{v'}_2\rangle}{\langle \vec{v'}_2, \vec{v'}_2\rangle} \cdot \vec{v'}_2 - \frac{\langle \vec{v}_2, \vec{v'}_1\rangle}{\langle \vec{v'}_1, \vec{v'}_1\rangle} \cdot \vec{v'}_1 =$$

$$= (3,2,0) - \frac{\langle (3,2,0), (\frac{5}{3}, -\frac{4}{3}, \frac{1}{3})\rangle}{\langle (\frac{5}{3}, -\frac{4}{3}, \frac{1}{3}), (\frac{5}{3}, -\frac{4}{3}, \frac{1}{3})\rangle}(\frac{5}{3}, -\frac{4}{3}, \frac{1}{3}) - (\frac{1}{3}, \frac{1}{3}, -\frac{1}{3}) =$$

$$= (3,2,0) - \frac{1}{2}(\frac{5}{3}, -\frac{4}{3}, \frac{1}{3}) - (\frac{1}{3}, \frac{1}{3}, -\frac{1}{3}) = (\frac{11}{6}, \frac{7}{3}, \frac{1}{6}).$$

Ou seja, temos que $\beta' = \{(1,1,-1), (\frac{5}{3}, -\frac{4}{3}, \frac{1}{3}), (\frac{11}{6}, \frac{7}{3}, \frac{1}{6})\}$ é uma base ortogonal de $\mathbb{R}^3$ obtida a partir da base β. Observe que os vetores $\vec{v'}_1 = (1,1,-1)$, $\vec{v'}_2 = (\frac{5}{3}, -\frac{4}{3}, \frac{1}{3})$ e $\vec{v'}_3 = (\frac{11}{6}, \frac{7}{3}, \frac{1}{6})$ são dois a dois ortogonais.

Observação 6.9 Os vetores da forma

$$\alpha_j \vec{v'}_j = \frac{\langle \vec{v}_{j+1}, \vec{v'}_j\rangle}{\langle \vec{v'}_j, \vec{v'}_j\rangle} \cdot \vec{v'}_j$$

são chamados de projeção do vetor $\vec{v}_{j+1}$ sobre o vetor $\vec{v'}_j$, e denotamos por $\text{proj}_{\vec{v'}_j} \vec{v}_{j+1}$. Mais geralmente, dados dois vetores $\vec{v}, \vec{w}$ em um espaço vetorial V com produto interno $\langle .\,, .\rangle$, definimos o vetor *projeção* de $\vec{v}$ sobre $\vec{w}$, por

$$\text{proj}_{\vec{w}} \vec{v} = \frac{\langle \vec{v}, \vec{w}\rangle}{\langle \vec{w}, \vec{w}\rangle} \cdot \vec{w}.$$

Assim, por exemplo, as igualdades (*) do Teorema 6.8 podem ser escritas em termos de projeções como seguem:

$$\vec{v'}_k = \vec{v}_k - \sum_{j=2}^{k} \text{proj}_{\vec{v'}_{j-1}} \vec{v}_j \cdot \vec{v'}_{j-1}.$$

Repare que, no caso de $V = \mathbb{R}^3$ e o produto interno sendo o produto escalar, a fórmula projeção de um vetor $\vec{v}$ sobre um vetor $\vec{w}$ coincide com a fórmula estudada na Geometria Analítica, ou seja,

$$\text{proj}_{\vec{w}} \vec{v} = \frac{\vec{v} \cdot \vec{w}}{|\vec{w}|^2} \cdot \vec{w},$$

onde $|\cdot|$ denota o módulo de um vetor do $\mathbb{R}^3$ estudado na Geometria Analítica.

Exercícios

1. Seja $\beta = \{(1,1,1);(-1,1,0);(1,0,-1)\}$ uma base do $\mathbb{R}^3$, construa uma base ortogonal a partir de β, considerando os produtos internos:

   (a) $\langle \vec{u}, \vec{v} \rangle$ o produto escalar em $\mathbb{R}^3$.

   (b) $\langle \vec{u}, \vec{v} \rangle = u_1 \cdot v_1 + \frac{1}{4} u_2 \cdot v_2 + \frac{1}{8} u_3 \cdot v_3$.

2. Determine uma base ortogonal para o subespaço vetorial W do $\mathbb{R}^4$ definido por

$$W = \{(x,y,z,t) \in \mathbb{R}^4 \; : \; x - y - z = 0 \;\text{ e }\; z - 2t = 0\},$$

   considerando o produto interno sendo o produto escalar usual em $\mathbb{R}^4$.

3. Considerando os vetores $\vec{u} = (-1,3)$ e $\vec{w} = (2,-2)$ do $\mathbb{R}^2$, determine $\text{proj}_{\vec{w}}\vec{v}$, considerando os produtos internos:

   (a) $\langle \vec{u}, \vec{v} \rangle = \vec{u} \cdot \vec{v}$.

   (b) $\langle \vec{u}, \vec{v} \rangle = \dfrac{u_1 \cdot v_1}{9} + \dfrac{u_2 \cdot v_2}{4}$.

6.3 Norma

O próximo conceito generaliza a noção de módulo de um vetor.

Definição 6.10 Seja V um espaço vetorial com um produto interno $\langle .,. \rangle$. Definimos a *norma* como sendo a aplicação $|| \cdot || : V \to [0, +\infty)$ dada por

$$||\vec{v}|| = \sqrt{\langle \vec{v}, \vec{v} \rangle}.$$

Dessa forma, dizemos que, se V for um espaço vetorial munido de um produto interno $\langle .,. \rangle$, a norma $|| \cdot ||$ é *induzida* pelo produto interno como feito na definição acima.

Um espaço vetorial V que possui norma é chamado de *espaço vetorial normado.* Da mesma definição de norma, temos que todo espaço vetorial com produto interno é normado pois de fato induzimos uma norma a partir do produto interno escrevendo $||\vec{v}|| = \sqrt{\langle \vec{v}, \vec{v} \rangle}, \forall \vec{v} \in V$.

Como afirmamos antes da definição acima, o conceito de norma generaliza a noção de módulo de um vetor. Observe o primeiro exemplo dado a seguir.

Exemplo 1. Considere $V = \mathbb{R}^3$, munido do produto interno usual $\langle \vec{u}, \vec{v} \rangle = \vec{u} \cdot \vec{v}$, ou seja, o produto interno é o produto escalar usual de vetores. Dessa forma, o módulo de um vetor $\vec{v} = (v_1, v_2, v_3)$ corresponde à norma deste, pois nesse caso

$$||\vec{v}|| = \sqrt{\langle \vec{v}, \vec{v} \rangle} = \sqrt{v_1 \cdot v_1 + v_2 \cdot v_2 + v_3 \cdot v_3} = \sqrt{v_1^2 + v_2^2 + v_3^2} = |\vec{v}|,$$

onde $|\vec{v}|$ denota o módulo do vetor $\vec{v}$.

Exemplo 2. Seja $V = C[a, b]$ o espaço vetorial de todas as funções contínuas em $[a, b]$. Já vimos que podemos definir o seguinte produto interno em V:

$$\langle f, g \rangle = \int_a^b f(x)g(x)dx.$$

Logo, desse produto interno induzimos a norma

$$||f|| = \sqrt{\langle f, f \rangle} = \left(\int_a^b f(x)^2 dx \right)^{\frac{1}{2}}.$$

Assim, por exemplo, em $C([0, 1])$ temos que a norma de $f(x) = 2x$ será

$$||f|| = \sqrt{\langle f, f \rangle} = \left(\int_0^1 (2x)^2 dx \right)^{\frac{1}{2}} = \left(\int_0^1 4x^2 dx \right)^{\frac{1}{2}} =$$

$$= \left(\frac{4x^3}{3} \bigg|_0^1 \right)^{\frac{1}{2}} = \sqrt{\frac{4}{3} - 0} = \frac{2}{\sqrt{3}}.$$

A norma de um vetor satisfaz certas propriedades importantes, elencadas no Teorema abaixo.

Teorema 6.11 *Seja V um espaço vetorial com produto interno munido da norma $||\cdot||$ que provém do produto interno. Então, para quaisquer $\vec{u}, \vec{v} \in V$ e para qualquer $\lambda \in \mathbb{R}$, valem as propriedades:*

(a) $||\vec{u}|| \geq 0$ *e* $||\vec{u}|| = 0$ *se, e somente se,* $\vec{u} = \vec{0}$.

(b) $||\lambda \cdot \vec{u}|| = |\lambda| \cdot ||\vec{u}||$.

(c) $|\langle \vec{u}, \vec{v} \rangle| \leq ||\vec{u}|| \cdot ||\vec{v}||$ *(desigualdade de Cauchy-Schwarz)*

(d) $||\vec{u} + \vec{v}|| \leq ||\vec{u}|| + ||\vec{v}||$ *(desigualdade triangular)*

Antes da prova do Teorema acima, observe que convém comparar todas essas propriedades com as correspondentes estudadas na Geometria Analítica no $\mathbb{R}^3$, onde o produto interno deve ser substituído pelo produto escalar e a norma pelo módulo do vetor. Assim, por exemplo, a propriedade (a) nos diz que um vetor do $\mathbb{R}^3$ possui "tamanho" positivo e somente o vetor nulo possui tamanho nulo; já (b) refere-se ao que acontece com o módulo de um vetor se o multiplicarmos por um $\lambda \in \mathbb{R}$; (d) é a desigualdade triangular usual entre vetores (podemos desenhar um triângulo onde os dois lados menores são os vetores dados e o terceiro representa a sua soma). Vamos à prova do Teorema.

Demonstração do Teorema. Dados $\vec{u}, \vec{v} \in V$ e $\lambda \in \mathbb{R}$. Como a norma provém do produto interno, temos que

(a) $||\vec{u}|| = \sqrt{\langle \vec{u}, \vec{u} \rangle} \geq 0$, e $||\vec{u}|| = 0 \Leftrightarrow \sqrt{\langle \vec{u}, \vec{u} \rangle} = 0 \Leftrightarrow \langle \vec{u}, \vec{u} \rangle = 0 \Leftrightarrow \vec{u} = 0$.

(b) $||\lambda \cdot \vec{u}|| = \sqrt{\langle \lambda \cdot \vec{u}, \lambda \cdot \vec{u} \rangle} = \sqrt{\lambda \cdot \langle \vec{u}, \lambda \cdot \vec{u} \rangle} = \sqrt{\lambda \cdot \langle \lambda \cdot \vec{u}, \vec{u} \rangle} =$

$$= \sqrt{\lambda^2 \cdot \langle \vec{u}, \vec{u} \rangle} = \sqrt{\lambda^2}\sqrt{\langle \vec{u}, \vec{u} \rangle} = |\lambda| \cdot ||\vec{u}||.$$

(c) $|\langle \vec{u}, \vec{v} \rangle| \leq ||\vec{u}|| \cdot ||\vec{v}||$ (conhecida como desigualdade de Cauchy-Schwarz): Dado $t \in \mathbb{R}$, usando da bilinearidade do produto interno, podemos escrever

$$0 \leq \langle t\vec{u} + \vec{v}, t\vec{u} + \vec{v} \rangle = \langle t\vec{u} + \vec{v}, t\vec{u} \rangle + \langle t\vec{u} + \vec{v}, \vec{v} \rangle =$$

$$= \langle t\vec{u}, t\vec{u}\rangle + \langle \vec{v}, t\vec{u}\rangle + \langle t\vec{u}, \vec{v}\rangle + \langle \vec{v}, \vec{v}\rangle =$$

$$= t^2\langle \vec{u}, \vec{u}\rangle + t\langle \vec{u}, \vec{v}\rangle + t\langle \vec{v}, \vec{u}\rangle + \langle \vec{v}, \vec{v}\rangle =$$

$$= t^2\langle \vec{u}, \vec{u}\rangle + 2t\langle \vec{u}, \vec{v}\rangle + \langle \vec{v}, \vec{v}\rangle,$$

ou seja, obtemos que

$$t^2\langle \vec{u}, \vec{u}\rangle + 2\langle \vec{u}, \vec{v}\rangle t + \langle \vec{v}, \vec{v}\rangle \geq 0,$$

que é uma inequação de segundo grau na variável t. Considerando a função $f(t) = t^2\langle \vec{u}, \vec{u}\rangle + 2\langle \vec{u}, \vec{v}\rangle t + \langle \vec{v}, \vec{v}\rangle$, temos que seu gráfico é uma parábola, e como $f(t) \geq 0$, segue que ela não intercepta o eixo horizontal t. Logo, para isso acontecer, o discriminante $\Delta = b^2 - 4ac$ da equação deve ser não positivo, ou seja,

$$\Delta \leq 0,$$

o que equivale a dizer que

$$(2\langle \vec{u}, \vec{v}\rangle)^2 - 4 \cdot \langle \vec{u}, \vec{u}\rangle \cdot \langle \vec{v}, \vec{v}\rangle \leq 0,$$

e daí

$$(\langle \vec{u}, \vec{v}\rangle)^2 \leq \cdot\langle \vec{u}, \vec{u}\rangle \cdot \langle \vec{v}, \vec{v}\rangle.$$

Extraindo a raiz quadrada, e notando que $\langle \vec{u}, \vec{u}\rangle, \langle \vec{v}, \vec{v}\rangle \geq 0$, vem

$$\sqrt{(\langle \vec{u}, \vec{v}\rangle)^2} \leq \sqrt{\langle \vec{u}, \vec{u}\rangle \cdot \langle \vec{v}, \vec{v}\rangle} = \sqrt{\langle \vec{u}, \vec{u}\rangle} \cdot \sqrt{\langle \vec{v}, \vec{v}\rangle},$$

ou seja,

$$|\langle \vec{u}, \vec{v}\rangle| \leq ||\vec{u}|| \cdot ||\vec{v}||,$$

como queríamos mostrar.

(d) $||\vec{u} + \vec{v}|| \leq ||\vec{u}|| + ||\vec{v}||$ (desigualdade triangular): Basta notar que

$$||\vec{u} + \vec{v}||^2 = \langle \vec{u} + \vec{v}, \vec{u} + \vec{v}\rangle = \langle \vec{u} + \vec{v}, \vec{u}\rangle + \langle \vec{u} + \vec{v}, \vec{v}\rangle =$$

$$= \langle \vec{u}, \vec{u}\rangle + \langle \vec{v}, \vec{u}\rangle + \langle \vec{u}, \vec{v}\rangle + \langle \vec{v}, \vec{v}\rangle = \langle \vec{u}, \vec{u}\rangle + 2 \cdot \langle \vec{u}, \vec{v}\rangle + \langle \vec{v}, \vec{v}\rangle =$$

$$= ||\vec{u}||^2 + 2 \cdot \langle \vec{u}, \vec{v}\rangle + ||\vec{v}||^2,$$

e, como $\langle\vec{u},\vec{v}\rangle \leq |\langle\vec{u},\vec{v}\rangle|$, obtemos

$$||\vec{u}+\vec{v}||^2 \leq ||\vec{u}||^2 + 2|\langle\vec{u},\vec{v}\rangle| + ||\vec{v}||^2.$$

Pela desigualdade de Cauchy-Schwarz, vamos obter

$$||\vec{u}+\vec{v}||^2 \leq ||\vec{u}||^2 + 2|\langle\vec{u},\vec{v}\rangle| + ||\vec{v}||^2 \leq ||\vec{u}||^2 + 2||\vec{u}||\cdot||\vec{v}|| + ||\vec{v}||^2,$$

ou seja, $||\vec{u}+\vec{v}||^2 \leq (||\vec{u}||+||\vec{v}||)^2$, e, extraindo a raiz quadrada, segue que

$$||\vec{u}+\vec{v}|| \leq |\vec{u}|| + ||\vec{v}||, \quad \text{como queríamos mostrar.}$$

□

Abaixo apresentamos um exemplo de aplicação da desigualdade de Cauchy-Schwarz.

Exemplo. Use a desigualdade de Cauchy-Schwarz em $\mathbb{R}^3$ para mostrar que, dados valores reais positivos a_1, a_2 e a_3, vale

$$(a_1+a_2+a_3)\left(\frac{1}{a_1}+\frac{1}{a_2}+\frac{1}{a_3}\right) \geq 9.$$

Solução. Como $a_1, a_2, a_3 > 0$, vamos considerar os seguintes vetores do $\mathbb{R}^3$

$$\vec{u} = (\sqrt{a_1}, \sqrt{a_2}, \sqrt{a_3}) \text{ e } \vec{v} = (\frac{1}{\sqrt{a_1}}, \frac{1}{\sqrt{a_2}}, \frac{1}{\sqrt{a_3}}).$$

Assim, considerando a norma $||\cdot||$ de um vetor como sendo o proveniente do produto interno (no caso, escalar) usual do $\mathbb{R}^3$, obteremos

$$||\vec{u}|| = \sqrt{a_1+a_2+a_3} \text{ e } ||\vec{v}|| = \sqrt{\frac{1}{a_1}+\frac{1}{a_2}+\frac{1}{a_3}}.$$

Pela desigualdade de Cauchy-Schwarz $|\langle\vec{u},\vec{v}\rangle| \leq ||\vec{u}||\cdot||\vec{v}||$, obtemos

$$\sqrt{a_1}\cdot\frac{1}{\sqrt{a_1}} + \sqrt{a_2}\cdot\frac{1}{\sqrt{a_2}} + \sqrt{a_3}\cdot\frac{1}{\sqrt{a_3}} \leq \sqrt{a_1+a_2+a_3}\cdot\sqrt{\frac{1}{a_1}+\frac{1}{a_2}+\frac{1}{a_3}},$$

ou seja,

$$3 \leq \sqrt{a_1 + a_2 + a_3} \cdot \sqrt{\frac{1}{a_1} + \frac{1}{a_2} + \frac{1}{a_3}}.$$

Por fim, elevando ambos os membros ao quadrado, obtemos

$$(a_1 + a_2 + a_3)\left(\frac{1}{a_1} + \frac{1}{a_2} + \frac{1}{a_3}\right) \geq 9.$$

Observação 6.12 É importante registrar nesse ponto que o conceito de norma em um espaço vetorial é mais geral do que está expresso na Definição 6.10. Mais precisamente, existem espaços vetoriais que são normados sem a existência de produto interno. No entanto, isso não é estudado em um primeiro curso de Álgebra Linear. Nesse caso, uma norma $||\cdot|| : V \to [0, +\infty)$ é definida como toda a aplicação que satisfizer as propriedades (a), (b) e (d) do Teorema 6.11. Fica apenas como curiosidade esta observação.

Observação 6.13 Conforme visto na Seção 6.1, um espaço vetorial V pode estar munido de mais de um produto interno. Dessa forma, existirão, consequentemente, vários tipos de normas no mesmo espaço. Porém, algumas serão equivalentes num certo sentido, mas isso também foge de um primeiro curso de Álgebra Linear.

Por exemplo, em $V = \mathbb{R}^2$, dado o vetor $\vec{u} = (u_1, u_2)$, podemos induzir as normas

$$||\vec{u}|| = \sqrt{\langle \vec{u}, \vec{u} \rangle} = \sqrt{u_1^2 + u_2^2},$$

e

$$||\vec{u}||_* = \sqrt{\langle \vec{u}, \vec{u} \rangle_*} = \sqrt{\frac{1}{4}u_1^2 + \frac{1}{9}u_2^2} = \frac{\sqrt{9u_1^2 + 4u_2^2}}{6},$$

onde $||\cdot||$ provém do produto interno usual, i.e., o produto escalar, e $||\cdot||_*$ provém do produto interno $\langle \vec{u}, \vec{v} \rangle_* = \frac{1}{4}u_1 \cdot v_1 + \frac{1}{9}u_2 \cdot v_2$ visto no final da Seção 6.1.

Apenas a título de curiosidade, apresentamos o conceito de normas equivalentes em um espaço vetorial:

Definição 6.14 Dizemos que duas normas $||\cdot||_1$ e $||\cdot||_2$ num mesmo espaço vetorial V são equivalentes se, e somente se, existirem escalares $K_1, K_2 > 0$ tais que

$$K_1 \cdot ||\vec{v}||_2 \leq ||\vec{v}||_1 \leq K_2 \cdot ||\vec{v}||_2,$$

para qualquer vetor $\vec{v} \in V$.

Por exemplo, considerando $V = \mathbb{R}^2$ e as normas $||\vec{u}|| = \sqrt{u_1^2 + u_2^2}$ e $||\vec{u}||_* = \frac{\sqrt{9u_1^2+4u_2^2}}{6}$ acima apresentadas, afirmamos que elas são equivalentes, pois, dado $\vec{u} = (u_1, u_2) \in \mathbb{R}^2$, temos por um lado que

$$||\vec{u}||_* = \frac{\sqrt{9u_1^2 + 4u_2^2}}{6} \leq \frac{\sqrt{9u_1^2 + 9u_2^2}}{6} = \frac{3}{6}\sqrt{u_1^2 + u_2^2} = \frac{1}{2} \cdot ||\vec{u}||,$$

e, por outro lado,

$$||\vec{u}||_* = \frac{\sqrt{9u_1^2 + 4u_2^2}}{6} \geq \frac{\sqrt{4u_1^2 + 4u_2^2}}{6} = \frac{2}{6}\sqrt{u_1^2 + u_2^2} = \frac{1}{3} \cdot ||\vec{u}||,$$

ou seja, concluímos que

$$\frac{1}{3} \cdot ||\vec{u}|| \leq ||\vec{u}||_* \leq \frac{1}{2} \cdot ||\vec{u}||,$$

indicando que as normas $||\cdot||$ e $||\cdot||_*$ são equivalentes no sentido acima definido.

Para encerrar, apresentamos o conceito de base ortonormal.

Definição 6.15 Dizemos que uma base $\gamma = \{\vec{v}_1, ..., \vec{v}_n\}$ de um espaço vetorial V com um produto interno $\langle \cdot, \cdot \rangle$ é *ortonormal* se seus vetores forem unitários (de norma 1) e dois a dois ortogonais, ou seja, quando

$$\langle \vec{v}_i, \vec{v}_j \rangle = \begin{cases} 1 \text{ , se } i = j \\ 0 \text{ , se } i \neq j \end{cases} .$$

Por exemplo, a base canônica do $\mathbb{R}^3$ é ortonormal, visto que os vetores $\vec{i} = (1, 0, 0)$, $\vec{j} = (0, 1, 0)$ e $\vec{k} = (0, 0, 1)$ são ortogonais e todos unitários.

Do mesmo modo que na Geometria Analítica, pode-se normalizar um vetor dividindo suas coordenadas pela sua norma. Ou seja, dado o vetor $\vec{u}$ em V, onde $\langle \cdot, \cdot \rangle$ o produto interno destacado em V, tem-se que o vetor unitário de mesma direção e sentido de $\vec{v}$ será

$$\vec{v}_1 = \frac{1}{||\vec{v}||} \cdot \vec{v},$$

onde $||\vec{v}|| = \sqrt{\langle \vec{v}, \vec{v} \rangle}$.

Exercícios

1. Para cada vetor $\vec{v}$ do $\mathbb{R}^3$ dado a seguir, determine as normas que provêm do produto interno usual.

   (a) $\vec{v} = (1, -2, 0)$ (b) $\vec{v} = (2, 1, -3)$ (c) $\vec{v} = (2, 0, 0)$

2. Seja $C([a, b])$ o espaço vetorial de todas as funções $f : [a, b] \to \mathbb{R}$ contínuas. Mostre que a aplicação $\langle f, g \rangle = \int_a^b f(x)g(x)\, dx$ é um produto interno. Induza daí uma norma $||.||$ e calcule $||f||$, sendo $f(x) = x - 1$.

3. Considere $f(t) = 3t - 5$ e $g(t) = t^2$ no espaço dos polinômios $P(t)$ munido com o produto interno $\langle f, g \rangle = \int_0^1 f(t)g(t)\, dt$.

   (a) Calcule $\langle f, g \rangle$.

   (b) Calcule $||f||$ e $||g||$.

   (c) Usando os itens anteriores, verifique o Teorema de Cauchy-Schwarz.

4. **(Sel. Mestrado UFSM 2010/1)** Seja V o espaço vetorial real dado pelas funções contínuas no intervalo $[0, 2\pi]$.

   (a) Mostre que $\langle f, g \rangle = \int_0^{2\pi} f(x)g(x)dx$ é um produto interno em V.

   (b) Exiba dois vetores não nulos ortogonais em relação ao produto interno dado no item (a).

   (c) Considere $[f, g] = \int_0^{2\pi} f(x)g(2\pi - x)dx$. Então $[f, g]$ define um produto interno em V?

5. *Dados $a, b, c > 0$, use a desigualdade de Cauchy-Schwarz para provar que

$$\sqrt{\frac{a+b}{a+b+c}} + \sqrt{\frac{a+c}{a+b+c}} + \sqrt{\frac{b+c}{a+b+c}} \leq \sqrt{6}.$$

6. Use a desigualdade de Cauchy-Schwarz para provar que para três números reais positivos a, b, c tais que $a + b + c \leq 3$, então

$$\frac{1}{\sqrt{a}} + \frac{1}{\sqrt{b}} + \frac{1}{\sqrt{c}} \geq 3.$$

7. Dados $a, b \geq 0$ e os vetores $\vec{u} = (\sqrt{a}, \sqrt{b})$ e $\vec{v} = (\sqrt{b}, \sqrt{a})$, utilize a desigualdade de Cauchy-Schwarz para comparar as médias aritmética e geométrica entre a e b.

8. *Sejam f, g funções contínuas em $[0, 1]$. Prove que

$$\left[\int_0^1 f(t) \cdot g(t) dt\right]^2 \leq \left(\int_0^1 f(t)^2 dt\right) \cdot \left(\int_0^1 g(t)^2 dt\right).$$

9. *Usando a desigualdade de Cauchy-Schwarz, prove que

$$\int_0^\pi x^n \operatorname{sen} x \, dx \leq \frac{\pi^{n+1}}{\sqrt{4n+2}}.$$

10. Prove que

$$16 \leq (a+b+c+d)\left(\frac{1}{a} + \frac{1}{b} + \frac{1}{c} + \frac{1}{d}\right),$$

para quaisquer números positivos a, b, c, d.

11. ***(Sel. Mestrado UFRGS 2007/2)** Se $a_1, a_2, ..., a_N$ são números reais, $N \in \mathbb{N}$, então prove que

$$\left(\frac{1}{\sqrt{N}} \sum_{i=1}^{N} a_i\right)^2 \leq \sum_{i=1}^{N} a_i^2.$$

12. Prove que

$$\left(\sum_{j=1}^{n} a_j b_j\right)^2 \leq \left(\sum_{j=1}^{n} j a_j^2\right)\left(\sum_{j=1}^{n} \frac{b_j^2}{j}\right),$$

para quaisquer números reais $a_1, ..., a_n$ e $b_1, ..., b_n$.

13. *Mostre que em um espaço vetorial V com um produto interno vale a lei do paralelogramo:[2]

$$||\vec{u}+\vec{v}||^2 + ||\vec{u}-\vec{v}||^2 = 2||\vec{u}||^2 + 2||\vec{v}||^2,$$

onde $||\cdot||$ é a norma induzida do produto interno.

14. Seja V um espaço vetorial com um produto interno. Para quaisquer vetores $\vec{u}, \vec{v} \in V$, prove que os vetores $||\vec{u}||\vec{v} + ||\vec{v}||\vec{u}$ e $||\vec{u}||\vec{v} - ||\vec{v}||\vec{u}$ são ortogonais.

15. Considere a aplicação $\langle .,. \rangle : \mathbb{R}^2 \times \mathbb{R}^2 \to \mathbb{R}$ definida por

$$\langle \vec{u}, \vec{v} \rangle = \frac{1}{9} u_1 \cdot v_1 + \frac{1}{4} u_2 \cdot v_2$$

(a) Mostre que $\langle .,. \rangle$ define um produto interno em $\mathbb{R}^2$.

(b) Verifique que os vetores $\vec{u} = (3, -8)$ e $\vec{v} = (-3, -\frac{1}{2})$ são ortogonais no sentido do produto interno acima definido, mas não são ortogonais no sentido do produto interno usual do $\mathbb{R}^2$.

(c) Induza uma norma do produto interno dado e calcule a norma do vetor $\vec{u} = (2, -1)$.

(d) Desenhe a bola unitária $B_{\mathbb{R}^2} = \{\vec{u} \in \mathbb{R}^2 : ||\vec{u}|| < 1\}$, onde $||\cdot||$ é a norma induzida do produto interno acima.

16. Seja V um espaço vetorial munido de um produto interno $\langle . , . \rangle$. Prove que, para quaisquer $\vec{u}, \vec{v} \in V$,

$$||\vec{u}|| = ||\vec{v}|| \;\Leftrightarrow\; \langle \vec{u}+\vec{v}, \vec{u}-\vec{v} \rangle = 0$$

17. Prove o Teorema de Pitágoras: seja $\{\vec{v}_1, \vec{v}_2, ..., \vec{v}_n\}$ um conjunto de vetores em um espaço vetorial V munido de um produto interno, cujos vetores $\vec{v}_1$, ..., $\vec{v}_n$ são dois a dois ortogonais. Então

$$||\vec{v}_1 + \vec{v}_2 + ... + \vec{v}_n||^2 = ||\vec{v}_1||^2 + ||\vec{v}_2||^2 + ... + ||\vec{v}_n||^2.$$

[2]Este resultado é conhecido como *Teorema de Von Newmann.*

De acordo com o Teorema acima, podemos afirmar que

$$\int_0^{2\pi} (\operatorname{sen} t + \cos t)^2 dt = \int_0^{2\pi} \operatorname{sen}^2 t\, dt + \int_0^{2\pi} \cos^2 t\, dt.$$

Explique.

18. Seja $A_{2\times n}$ matriz onde $\vec{u}$, $\vec{v}$ denotam as linhas, ou seja,

$$A = \begin{bmatrix} \vec{u} \\ \vec{v} \end{bmatrix} = \begin{bmatrix} u_1 & \dots & u_n \\ v_1 & \dots & v_n \end{bmatrix}.$$

(a) Mostre que $AA^t = \begin{bmatrix} ||\vec{u}||^2 & \vec{u}\cdot\vec{v} \\ \vec{u}\cdot\vec{v} & ||\vec{v}||^2 \end{bmatrix}$

(b) Mostre que $\det(AA^t) \geq 0$.

19. *Se o conjunto $\{\vec{u}, \vec{v}\}$ é ortonormal, mostre que $||\vec{u} - \vec{v}|| = \sqrt{2}$.

Apêndice A

Resoluções e respostas de alguns exercícios

Neste anexo apresentamos as respostas e resoluções de exercícios que foram indicados por um asterisco (*) nas diversas listas que foram propostas ao longo do livro.

Capítulo 1

Página 25

03. Denote $D = (d_{ij})_{3\times 3} = \begin{pmatrix} a & 0 & 0 \\ 0 & b & 0 \\ 0 & 0 & c \end{pmatrix}$, como $AD = \begin{pmatrix} 2 & 3 & 10 \\ 6 & 12 & 25 \\ 4 & 9 & 20 \end{pmatrix}$, efetuando o referido produto e observando a igualdade de matrizes, vamos obter, por fim, as respostas $x = 1$, $y = z = 4$.

04. Basta efetuar o produto entre as referidas matrizes e recordar das fórmulas de adição de arcos da Trigonometria:

$$T_\alpha \cdot T_\beta = \begin{pmatrix} \cos\alpha & -\operatorname{sen}\alpha \\ \operatorname{sen}\alpha & \cos\alpha \end{pmatrix} \begin{pmatrix} \cos\beta & -\operatorname{sen}\beta \\ \operatorname{sen}\beta & \cos\beta \end{pmatrix} =$$

$$= \begin{pmatrix} \cos\alpha\cos\beta - \operatorname{sen}\alpha\operatorname{sen}\beta & -(\operatorname{sen}\alpha\cos\beta + \operatorname{sen}\beta\cos\alpha) \\ \operatorname{sen}\alpha\cos\beta + \operatorname{sen}\beta\cos\alpha & \cos\alpha\cos\beta - \operatorname{sen}\alpha\operatorname{sen}\beta \end{pmatrix} =$$

$$= \begin{pmatrix} \cos(\alpha+\beta) & -\operatorname{sen}(\alpha+\beta) \\ \operatorname{sen}(\alpha+\beta) & \cos(\alpha+\beta) \end{pmatrix} = T_{\alpha+\beta}$$

05. É falso, pois, por exemplo, tomando as matrizes $A = \begin{pmatrix} 0 & 1 \\ 0 & 0 \end{pmatrix}$ e $B = \begin{pmatrix} 1 & 0 \\ 0 & 0 \end{pmatrix}$, teremos $AB = 0_{2\times 2}$, mas $BA = \begin{pmatrix} 0 & 1 \\ 0 & 0 \end{pmatrix} \neq 0$.

09. Sendo $A = (a_{ij})_{m\times m}$ e $B = (b_{ij})_{m\times m}$, teremos $A + B = (a_{ij} + b_{ij})_{m\times m}$. Assim,

$$tr(A+B) = (a_{11} + b_{11}) + (a_{22} + b_{22}) + ... + (a_{mm} + b_{mm}) =$$

$$= (a_{11} + a_{22} + ... + a_{mm}) + (b_{11} + b_{22} + ... + b_{mm}) = tr(A) + tr(B).$$

10. (a) Escreva $AB = C$, e então $c_{ij} = \sum_{k=1}^{n} a_{ik}b_{kj}$. Escreva $BA = D$, e então $d_{ij} = \sum_{k=1}^{n} b_{ik}a_{kj}$. Assim, teremos

$$tr(AB) = tr(C) = \sum_{\ell=1}^{n} c_{\ell\ell} = \sum_{\ell=1}^{n}\sum_{k=1}^{n} a_{\ell k}b_{k\ell} = \sum_{\ell=1}^{n}\sum_{k=1}^{n} b_{k\ell}a_{\ell k} = \sum_{k=1}^{n}\sum_{\ell=1}^{n} b_{k\ell}a_{\ell k} =$$

$$\sum_{k=1}^{n} d_{kk} = tr(D) = tr(BA).$$

(note que usamos a "comutatividade" do somatório duplo)

(b) Pelo exercício anterior e pelo item (a) temos

$$tr(AB - BA) = tr(AB) - tr(BA) = 0,$$

e, por outro lado,

$$tr(I_n) = \sum_{k=1}^{n} \delta_{kk} = \sum_{k=1}^{n} 1 = n \neq 0,$$

logo, a igualdade $AB - BA = I$ nunca pode ocorrer, visto que o traço da matriz $AB - BA$ dá zero e o traço da identidade de ordem n resulta em n.

Página 29

01. $AA^t = \begin{pmatrix} 5 & 1 \\ 1 & 26 \end{pmatrix}$ e $A^tA = \begin{pmatrix} 10 & -1 & 12 \\ -1 & 5 & -4 \\ 12 & -4 & 16 \end{pmatrix}$.

02. $x = 1$.

04. Como A e B são simétricas, temos que $A^t = A$ e $B^t = B$. Isso posto, temos por propriedade aditiva da transposição: $(A+B)^t = A^t + B^t = A + B$, onde a última igualdade provém do fato de que A e B são simétricas. Isso resolve o item (a).

Para resolver o item (b), basta observar que (lembrando que estamos assumindo $AB = BA$)

$$(AB)^t = B^t A^t = BA = AB,$$

o que mostra que AB também é simétrica.

Página 34

02. Como A é invertível, segue que existe A^{-1} tal que $AA^{-1} = I$ e $A^{-1}A = I$. Sendo $AB = AC$, multiplicando esta igualdade à esquerda por A^{-1}, vamos obter $A^{-1}AB = A^{-1}AC$, ou seja, $(A^{-1}A)B = (A^{-1}A)C$, i.e., $B = C$. Porém, se $A = \begin{pmatrix} 1 & 0 \\ 0 & 0 \end{pmatrix}$, $B = \begin{pmatrix} 2 & 0 \\ 0 & 1 \end{pmatrix}$ e $C = \begin{pmatrix} 2 & 0 \\ 0 & 2 \end{pmatrix}$, teremos $AB = AC = \begin{pmatrix} 2 & 0 \\ 0 & 0 \end{pmatrix}$, mas $B \neq C$. [De fato, isso aconteceu pois, neste exemplo, retiramos a hipótese de A ser invertível: a matriz A dada para este "contraexemplo" não é invertível]

03. Por um lado, tem-se

$$(A+B)A^{-1}(A-B) = (A+B)(A^{-1}A - A^{-1}B) = (A+B)(I - A^{-1}B) =$$
$$= (A+B)I - (A+B)A^{-1}B = A + B - AA^{-1}B - BA^{-1}B =$$
$$= A + B - B - BA^{-1}B = A - BA^{-1}B.$$

Por outro lado, tem-se

$$(A-B)A^{-1}(A+B) = (A-B)(A^{-1}A + A^{-1}B) = (A-B)(I + A^{-1}B) =$$
$$= (A-B)I + (A-B)A^{-1}B = A - B + AA^{-1}B - BA^{-1}B = A - B + B - BA^{-1}B =$$
$$= A - BA^{-1}B.$$

Portanto, segue a igualdade desejada.

Página 43

02. (a) $x_1 = 3$, $x_2 = 1$, $x_3 = 2$. (b) $x_1 = \frac{-1-3x_3}{7}$ e $x_2 = \frac{1-4x_3}{7}$.

04. (a) $x_1 = 2$, $x_2 = -1$, $x_3 = 1$. (b) Não existe solução.
(c) $x_1 = -3 - x_3$, $x_2 = 2 + 2x_3$.

Página 55

01. Seja $A_{3\times 3}$. Vamos achar B tal que BA resulte em efetuar as seguintes operações elementares sobre linhas em A: primeiro $\ell_1 \leftrightarrow \ell_2$ e depois $\ell_3 \hookrightarrow 6 \cdot \ell_3$. Ou seja, teremos, respectivamente, as seguintes matrizes elementares associadas às operações elementares acima:

$$E_1 = \begin{pmatrix} 0 & 1 & 0 \\ 1 & 0 & 0 \\ 0 & 0 & 1 \end{pmatrix}; \ E_2 = \begin{pmatrix} 1 & 0 & 0 \\ 0 & 1 & 0 \\ 0 & 0 & 6 \end{pmatrix}.$$

Escreva $E_2E_1A = BA$, onde $B = E_2E_1$, isto é,

$$B = E_2E_1 = \begin{pmatrix} 1 & 0 & 0 \\ 0 & 1 & 0 \\ 0 & 0 & 6 \end{pmatrix}\begin{pmatrix} 0 & 1 & 0 \\ 1 & 0 & 0 \\ 0 & 0 & 1 \end{pmatrix} = \begin{pmatrix} 0 & 1 & 0 \\ 1 & 0 & 0 \\ 0 & 0 & 6 \end{pmatrix}.$$

05. Sendo $A = \begin{pmatrix} 1 & 0 & 0 \\ 0 & 1 & 0 \\ a & b & 1 \end{pmatrix}$ uma matriz elementar, então a terceira linha resulta de apenas uma operação elementar sobre linhas de I_3, podendo ser:

(i) $\ell_3 \hookrightarrow \ell_3 + b \cdot \ell_2$, e então tem-se $a = 0$ e $b \in \mathbb{R}$, donde segue que $ab = 0$.

(ii) $\ell_3 \hookrightarrow \ell_3 + a \cdot \ell_1$, e então tem-se $a \in \mathbb{R}$ e $b = 0$, donde segue que $ab = 0$.

(iii) $\ell_3 \hookrightarrow 1 \cdot \ell_3$, e então $a = b = 0$, donde segue que $ab = 0$.

Em qualquer dos casos possíveis acima segue que $ab = 0$.

06. Sejam A, B e C matrizes $n \times n$ tais que $A = B \cdot C$. Suponha B invertível. Logo, existe uma sequência de operações elementares sobre linhas que reduz B a I_n. Como a cada operação elementar sobre linhas está associada a uma matriz elementar, segue que existem E_1, E_2,..., E_k matrizes elementares tais que

$$E_k \cdot ... \cdot E_1 \cdot B = I.$$

Multiplicando à direita por C, obtemos

$$(E_k \cdot ... \cdot E_1 \cdot B) \cdot C = C,$$

o que, por associatividade,

$$E_k \cdot ... \cdot E_1 \cdot (BC) = C;$$

e, como $A = BC$, temos

$$E_k \cdot ... \cdot E_1 \cdot A = C,$$

ou seja, a mesma sequência de operações elementares sobre linhas que reduz B a I_n também reduz A a C.

08. Se $a_i \neq 0$, para todo $i \in \{1, 2, 3, ..., n\}$. A inversa será $A^{-1} = \text{diag}\left(\frac{1}{a_1}, \frac{1}{a_2}, ..., \frac{1}{a_n}\right)$.

09. (a) Aplicando operações elementares sobre linhas na matriz aumentada do sistema, vamos obter

$$\begin{pmatrix} 1 & 1 & 1 & 6 \\ 1 & -1 & 2 & 2 \\ 2 & 1 & -1 & 3 \end{pmatrix} \xrightarrow{\ell_2 \hookrightarrow \ell_2 - \ell_1} \begin{pmatrix} 1 & 1 & 1 & 6 \\ 0 & -2 & 1 & -4 \\ 2 & 1 & -1 & 3 \end{pmatrix} \xrightarrow{\ell_3 \hookrightarrow \ell_3 - 2\ell_1}$$

$$\begin{pmatrix} 1 & 1 & 1 & 6 \\ 0 & -2 & 1 & -4 \\ 0 & -1 & -3 & -9 \end{pmatrix} \xrightarrow{\ell_2 \leftrightarrow \ell_3} \begin{pmatrix} 1 & 1 & 1 & 6 \\ 0 & -1 & -3 & -9 \\ 0 & -2 & 1 & -4 \end{pmatrix} \xrightarrow{\ell_2 \hookrightarrow -1 \cdot \ell_2}$$

$$\begin{pmatrix} 1 & 1 & 1 & 6 \\ 0 & 1 & 3 & 9 \\ 0 & -2 & 1 & -4 \end{pmatrix} \xrightarrow{\ell_3 \hookrightarrow \ell_3 + 2\ell_2} \begin{pmatrix} 1 & 1 & 1 & 6 \\ 0 & 1 & 3 & 9 \\ 0 & 0 & 7 & 14 \end{pmatrix} \xrightarrow{\ell_3 \hookrightarrow \frac{1}{7}\ell_3} \begin{pmatrix} 1 & 1 & 1 & 6 \\ 0 & 1 & 3 & 9 \\ 0 & 0 & 1 & 2 \end{pmatrix}.$$

Logo, concluímos que $z = 2$; $y + 3z = 9$, donde segue que $y = 3$, e que $x + y + z = 6$, donde segue que $x = 1$. Ou seja, a solução do sistema é

$$S = \{(x, y, z) = (1, 3, 2)\}.$$

(b) Abrindo a notação matricial, tem-se

$$Ax = b \Leftrightarrow \begin{pmatrix} 1 & 1 & 1 \\ 1 & -1 & 2 \\ 2 & 1 & -1 \end{pmatrix} \begin{pmatrix} x \\ y \\ z \end{pmatrix} = \begin{pmatrix} 6 \\ 2 \\ 3 \end{pmatrix}.$$

Se A for invertível, a solução será, multiplicando por A^{-1} à esquerda para isolar o x:

$$A^{-1}Ax = A^{-1}b \Rightarrow x = A^{-1}b,$$

e, para obter A^{-1}, vamos utilizar o algoritmo para inversão de matrizes:

$$(A|I) = \begin{pmatrix} 1 & 1 & 1 & 1 & 0 & 0 \\ 1 & -1 & 2 & 0 & 1 & 0 \\ 2 & 1 & -1 & 0 & 0 & 1 \end{pmatrix} \xrightarrow{\ell_2 \hookrightarrow \ell_2 - \ell_1} \begin{pmatrix} 1 & 1 & 1 & 1 & 0 & 0 \\ 0 & -2 & 1 & -1 & 1 & 0 \\ 2 & 1 & -1 & 0 & 0 & 1 \end{pmatrix} \xrightarrow{\ell_3 \hookrightarrow \ell_3 - 2\ell_1}$$

$$\begin{pmatrix} 1 & 1 & 1 & 1 & 0 & 0 \\ 0 & -2 & 1 & -1 & 1 & 0 \\ 0 & -1 & -3 & -2 & 0 & 1 \end{pmatrix} \xrightarrow{\ell_2 \leftrightarrow \ell_3} \begin{pmatrix} 1 & 1 & 1 & 1 & 0 & 0 \\ 0 & -1 & -3 & -2 & 0 & 1 \\ 0 & -2 & 1 & -1 & 1 & 0 \end{pmatrix} \xrightarrow{\ell_2 \hookrightarrow -\ell_2}$$

$$\begin{pmatrix} 1 & 1 & 1 & 1 & 0 & 0 \\ 0 & 1 & 3 & 2 & 0 & -1 \\ 0 & -2 & 1 & -1 & 1 & 0 \end{pmatrix} \xrightarrow{\ell_3 \hookrightarrow \ell_3 + 2\ell_2} \begin{pmatrix} 1 & 1 & 1 & 1 & 0 & 0 \\ 0 & 1 & 3 & 2 & 0 & -1 \\ 0 & 0 & 7 & 3 & 1 & -2 \end{pmatrix} \xrightarrow{\ell_3 \hookrightarrow \frac{1}{7}\ell_3}$$

$$\begin{pmatrix} 1 & 1 & 1 & 1 & 0 & 0 \\ 0 & 1 & 3 & 2 & 0 & -1 \\ 0 & 0 & 1 & \frac{3}{7} & \frac{1}{7} & -\frac{2}{7} \end{pmatrix} \xrightarrow{\ell_2 \hookrightarrow \ell_2 - 3\ell_3} \begin{pmatrix} 1 & 1 & 1 & 1 & 0 & 0 \\ 0 & 1 & 0 & \frac{5}{7} & -\frac{3}{7} & -\frac{1}{7} \\ 0 & 0 & 1 & \frac{3}{7} & \frac{1}{7} & -\frac{2}{7} \end{pmatrix} \xrightarrow{\ell_1 \hookrightarrow \ell_1 - \ell_2}$$

$$\begin{pmatrix} 1 & 0 & 1 & \frac{2}{7} & \frac{3}{7} & \frac{1}{7} \\ 0 & 1 & 0 & \frac{5}{7} & -\frac{3}{7} & -\frac{1}{7} \\ 0 & 0 & 1 & \frac{3}{7} & \frac{1}{7} & -\frac{2}{7} \end{pmatrix} \xrightarrow{\ell_1 \hookrightarrow \ell_1 - \ell_3} \begin{pmatrix} 1 & 0 & 0 & -\frac{1}{7} & \frac{2}{7} & \frac{3}{7} \\ 0 & 1 & 0 & \frac{5}{7} & -\frac{3}{7} & -\frac{1}{7} \\ 0 & 0 & 1 & \frac{3}{7} & \frac{1}{7} & -\frac{2}{7} \end{pmatrix}.$$

Logo, tem-se que

$$A^{-1} = \begin{pmatrix} -\frac{1}{7} & \frac{2}{7} & \frac{3}{7} \\ \frac{5}{7} & -\frac{3}{7} & -\frac{1}{7} \\ \frac{3}{7} & \frac{1}{7} & -\frac{2}{7} \end{pmatrix},$$

e então a solução $x = A^{-1}b$ será

$$x = A^{-1}b = \begin{pmatrix} -\frac{1}{7} & \frac{2}{7} & \frac{3}{7} \\ \frac{5}{7} & -\frac{3}{7} & -\frac{1}{7} \\ \frac{3}{7} & \frac{1}{7} & -\frac{2}{7} \end{pmatrix} \begin{pmatrix} 6 \\ 2 \\ 3 \end{pmatrix} = \begin{pmatrix} -\frac{6}{7} + \frac{4}{7} + \frac{9}{7} \\ \frac{30}{7} - \frac{6}{7} - \frac{3}{7} \\ \frac{18}{7} + \frac{2}{7} - \frac{6}{7} \end{pmatrix} = \begin{pmatrix} 1 \\ 3 \\ 2 \end{pmatrix},$$

ou seja, a solução será $x = 1$, $y = 3$ e $z = 2$, a mesma encontrada no item anterior.

Capítulo 2

Página 64

01. (a) 13 (b) 5 (c) 73

02. Desenvolvendo o determinante sobre a primeira linha, vem:

$$\begin{vmatrix} 1 & x & x^2 \\ 1 & y & y^2 \\ 1 & z & z^2 \end{vmatrix} = (-1)^{1+1} \cdot 1 \cdot \begin{vmatrix} y & y^2 \\ z & z^2 \end{vmatrix} + (-1)^{1+2} \cdot x \cdot \begin{vmatrix} 1 & y^2 \\ 1 & z^2 \end{vmatrix} + (-1)^{1+3} \cdot x^2 \cdot \begin{vmatrix} 1 & y \\ 1 & z \end{vmatrix} =$$

$$= yz^2 - zy^2 - x(z^2 - y^2) + x^2(z - y) =$$

$$= yz(z - y) - x(z + y)(z - y) + x^2(z - y) =$$

$$= (z-y)[yz - x(z+y) + x^2] =$$
$$= (z-y)[yz - xz - xy + x^2] =$$
$$= (z-y)(z(y-x) - x(y-x)) =$$
$$= (z-y)(y-x)(z-x).$$

Página 74

03. Seja M matriz quadrada tal que $\det M \neq 0$. Então, M é invertível. Logo, existe a matriz M^{-1}, inversa de M. Sendo $MN = MP$, multiplicando à esquerda por M^{-1}, obtemos

$$M^{-1}(MN) = M^{-1}(MP),$$

ou seja, por associatividade, temos

$$(M^{-1}M)N = (M^{-1}M)P \Rightarrow IN = IP \Rightarrow N = P.$$

04. Como, por propriedade dos determinantes, dadas duas matrizes quadradas de mesmo tamanho A e B, tem-se que $\det(A \cdot B) = \det A \cdot \det B$, em particular para a matriz A e sua inversa A^{-1}, teremos

$$\det(A \cdot A^{-1}) = \det A \cdot \det A^{-1},$$

e como $\det A \neq 0$ (pois A é invertível), observando que $\det I = 1$, concluímos que

$$1 = \det I = \det(A \cdot A^{-1}) = \det A \cdot \det A^{-1} \Rightarrow \det A^{-1} = \frac{1}{\det A}.$$

07. Observando o resultado do exercício 04, teremos:

$$\det B = \det(P^{-1}AP) = \det P^{-1} \cdot \det A \cdot \det P = \frac{1}{\det P} \cdot \det A \cdot \det P = \det A.$$

08. Como por hipótese $A^2 = A$, ou seja, $A \cdot A = A$, calculando o determinante de A, vamos obter:

$$\det A = \det(A^2) = \det(A \cdot A) = \det A \cdot \det A.$$

Se $\det A \neq 0$, então teremos, simplificando a igualdade acima, $\det A = 1$.

10. De fato, sendo $AA^t = I$, então

$$\det A \cdot \det A^t = \det I = 1,$$

e como por proposição $\det A^t = \det A$, segue que

$$\det A \cdot \det A = 1,$$

ou seja, $(\det A)^2 = 1$, donde segue que $\det A = \pm 1$.

11. Calculando o determinante da igualdade dada, vamos obter

$$\det(A^t B^t) = \begin{vmatrix} 3 & 4 \\ 4 & 6 \end{vmatrix} = 18 - 16 = 2,$$

ou seja,

$$\det A^t \cdot \det B^t = 2.$$

Como $\det A^t = \det A$, $\det B^t = \det B$ e por hipótese vale que $\det B = 2$, segue da igualdade acima que

$$\det A \cdot \det B = 2 \Rightarrow \det A \cdot 2 = 2 \Rightarrow \det A = 1.$$

12. Se $AM = MB$, então $AM - MB = 0$, e como para qualquer escalar λ vale que $\lambda M = M\lambda$, subtraindo e somando este fator à esquerda da igualdade $AM - MB = 0$, vamos obter

$$AM - \lambda M + M\lambda - MB = 0,$$

ou seja,

$$(A - \lambda I)M + M(\lambda I - B) = 0,$$

i.e.,

$$(A - \lambda I)M = M(B - \lambda I).$$

Assim,

$$\det[(A - \lambda I)M] = \det[M(B - \lambda I)],$$

ou seja,

$$\det(A\lambda I) \cdot \det M = \det M \cdot \det(B - \lambda I),$$

e como M é invertível, por hipótese, segue que $\det M \neq 0$, e daí podemos simplificar a igualdade acima (dividi-la por $\det M$), resultando em

$$\det(A - \lambda I) = \det(B - \lambda I),$$

a igualdade desejada.

Página 82

01. (b) Temos que

$$A_{11} = (-1)^{1+1} \begin{vmatrix} 2 & 1 \\ 1 & 3 \end{vmatrix} = 5; \qquad A_{12} = (-1)^{1+2} \begin{vmatrix} 0 & 1 \\ 5 & 3 \end{vmatrix} = 5;$$

$$A_{13} = (-1)^{1+3} \begin{vmatrix} 0 & 2 \\ 5 & 1 \end{vmatrix} = -10; \qquad A_{21} = (-1)^{2+1} \begin{vmatrix} 1 & -3 \\ 1 & 3 \end{vmatrix} = -6;$$

$$A_{22} = (-1)^{2+2} \begin{vmatrix} 2 & -3 \\ 5 & 3 \end{vmatrix} = 21; \qquad A_{23} = (-1)^{2+3} \begin{vmatrix} 2 & 1 \\ 5 & 1 \end{vmatrix} = 3;$$

$$A_{31} = (-1)^{3+1} \begin{vmatrix} 1 & -3 \\ 2 & 1 \end{vmatrix} = 7; \qquad A_{32} = (-1)^{3+2} \begin{vmatrix} 2 & -3 \\ 0 & 1 \end{vmatrix} = -2;$$

$$A_{33} = (-1)^{3+3} \begin{vmatrix} 2 & 1 \\ 0 & 2 \end{vmatrix} = 4.$$

Assim, obtemos

$$\operatorname{adj} A = \begin{pmatrix} A_{11} & A_{21} & A_{31} \\ A_{12} & A_{22} & A_{32} \\ A_{13} & A_{23} & A_{33} \end{pmatrix} = \begin{pmatrix} 5 & -6 & 7 \\ 5 & 21 & -2 \\ -10 & 3 & 4 \end{pmatrix}$$

Como

$$\det A = 2A_{11} + 0A_{21} + 5A_{31} = 2 \cdot 5 + 0 \cdot (-6) + 5 \cdot 7 = 10 + 0 + 35 = 45,$$

concluímos que

$$A^{-1} = \frac{1}{\det A} \operatorname{adj} A = \frac{1}{45} \begin{pmatrix} 5 & -6 & 7 \\ 5 & 21 & -2 \\ -10 & 3 & 4 \end{pmatrix}.$$

03. De fato, $A = \begin{pmatrix} a & b \\ c & d \end{pmatrix}$ é invertível se, e somente se, $\det A \neq 0$, ou seja, se, e somente se,

$$\det A = ad - bc \neq 0.$$

A matriz adjunta será

$$\operatorname{adj} A = \begin{pmatrix} A_{11} & A_{21} \\ A_{12} & A_{22} \end{pmatrix},$$

onde

$$A_{11} = (-1)^{1+1} \det(d) = d; \quad A_{12} \det(c) = -c;$$

$$A_{21} = (-1)^{2+1} \det(b) = -b; \quad A_{22} = (-1)^{2+2} \det(a) = a.$$

Assim,

$$A^{-1} = \frac{1}{\det A}\operatorname{adj} A = \frac{1}{ad-bc}\begin{pmatrix} d & -b \\ -c & a \end{pmatrix}.$$

08. Escrevemos

$$\det A = \Delta = \begin{vmatrix} 3 & 2 & 1 \\ 1 & k & 1 \\ 1 & 1 & 2 \end{vmatrix} = 5k - 4,$$

$$\det A_1 = \Delta_x = \begin{vmatrix} 4 & 2 & 1 \\ p & k & 1 \\ 2 & 1 & 2 \end{vmatrix} = 6k - 3p,$$

$$\det A_2 = \Delta_y = \begin{vmatrix} 3 & 4 & 1 \\ 1 & p & 1 \\ 1 & 2 & 2 \end{vmatrix} = 5p - 8,$$

$$\det A_3 = \Delta_z = \begin{vmatrix} 3 & 2 & 4 \\ 1 & k & p \\ 1 & 1 & 2 \end{vmatrix} = 2k - p.$$

Assim, temos,

(a) para o sistema ser compatível e determinado, deve-se ter $\det A = \Delta \neq 0$, ou seja,

$$5k - 4 \neq 0 \Rightarrow k \neq \frac{4}{5};$$

(b) para ser compatível e indeterminado, deve-se ter

$$\Delta = \Delta_x = \Delta_y = \Delta_z = 0,$$

ou seja,

$$5k - 4 = 0 \Rightarrow k = \frac{4}{5};$$

$$6k - 3p = 0 \Rightarrow 6 \cdot \frac{4}{5} - 3p = 0 \Rightarrow p = \frac{8}{5},$$

e as demais igualdades $5p - 8 = 0$ e $2k - p = 0$ conduzem às mesmas conclusões.

(c) para ser incompatível, deve-se ter

$$\Delta_x, \Delta_y, \Delta_z \neq 0, \quad \text{mas} \quad \Delta = 0,$$

ou seja, vamos concluir que $k = \frac{4}{5}$ e $p \neq \frac{8}{5}$

Capítulo 3

Página 91

02. A1: Vale a associatividade? Ou seja, é verdade que $\vec{u} \oplus (\vec{v} \oplus \vec{w}) = (\vec{u} \oplus \vec{v}) \oplus \vec{w}$? Mostraremos que a associatividade é falsa. De fato, basta observar que

$$\vec{u} \oplus (\vec{v} \oplus \vec{w}) = \vec{u} \oplus (\vec{v} - \vec{w}) = \vec{u} - (\vec{v} - \vec{w}) = \vec{u} - \vec{v} + \vec{w} =$$

$$= (\vec{u} - \vec{v}) + \vec{w} = (\vec{u} \oplus \vec{v}) + \vec{w} = (\vec{u} \oplus \vec{v}) - (-\vec{w}) = (\vec{u} \oplus \vec{v}) \oplus (-\vec{w}),$$

ou seja, a adição dada não é associativa.

A2: Vale a comutatividade? Ou seja, é verdade que $\vec{u} \oplus \vec{v} = \vec{v} \oplus \vec{u}$? Observe que

$$\vec{u} \oplus \vec{v} = \vec{u} - \vec{v} \neq \vec{v} - \vec{u} = \vec{v} \oplus \vec{u},$$

logo, a adição $\oplus$ também não é comutativa.

A3: Existência do neutro aditivo: perguntamos: existe $\vec{0} \in V$ tal que $\vec{u} \oplus \vec{0} = \vec{u} = \vec{0} \oplus \vec{u}$? (verificaremos as duas igualdades, pois vimos acima que $\oplus$ não é comutativo). Observe que:

$$\vec{u} \oplus \vec{x} = \vec{u} \Leftrightarrow \vec{u} - \vec{x} = \vec{u} \Leftrightarrow \vec{x} = \vec{0},$$

ou seja, o neutro à direita de $\vec{u}$ é o vetor nulo, mas

$$\vec{0} \oplus \vec{u} = \vec{0} - \vec{u} = -\vec{u} \neq \vec{u},$$

ou seja, $\vec{0}$ não serve como neutro à esquerda para o vetor $\vec{u}$. E, como deve existir um neutro (e deve ser único), este deve ser válido operando à esquerda e à direita. Conclui-se, então, que não existe um elemento neutro para $\oplus$.

A4: Como esta propriedade fica dependente do neutro aditivo e não o temos aqui, esta propriedade automaticamente também é falsa (simetria).

M1: A associatividade do produto $\odot$ será verdadeira, e deixamos o leitor verificar.

M2: A distributividade $(\alpha + \beta) \odot \vec{u} = \alpha \odot \vec{u} \oplus \beta \odot \vec{u}$ será falsa, pois, por um lado, tem-se

$$(\alpha + \beta) \odot \vec{u} = -(\alpha + \beta)\vec{u},$$

mas, por outro lado,

$$= \alpha \odot \vec{u} \oplus \beta \odot \vec{u} = \alpha\vec{u} \oplus (-\beta\vec{u}) = -\alpha\vec{u} - (-\beta\vec{u}) = -(\alpha - \beta)\vec{u}.$$

Logo, $M2$ é falsa.

M3: A associatividade $\alpha \odot (\beta \odot \vec{u}) = (\alpha\beta) \odot \vec{u}$ será verdadeira e deixamos o leitor verificar.

M4: É verdade que $1 \odot \vec{u} = \vec{u}$? Não, pois

$$1 \odot \vec{u} = -1\vec{u} = -\vec{u}.$$

Conclusão: valem apenas M1 e M3.

04. Sejam V_1 e V_2 espaços vetoriais e defina em $E = V_1 \times V_2$ o produto cartesiano entre V_1 e V_2. Vamos definir as operações de adição entre vetores e produto de escalar por vetor em E, respectivamente, por:

$$\tilde{+} : E \times E \to E$$

$$(v_1, v_2), (w_1, w_2) \overset{\tilde{+}}{\mapsto} (v_1 + w_1, v_2 \oplus w_2),$$

onde $+$ é a adição usual em V_1 e $\oplus$ a adição usual em V_2; e

$$\tilde{\cdot} : \mathbb{R} \times E \to E$$

$$(\alpha, (v_1, v_2)) \overset{\tilde{\cdot}}{\mapsto} (\alpha \cdot v_1, \alpha \odot v_2),$$

onde $\cdot$ denota o produto usual em V_1 e $\odot$ o produto usual em V_2.

Assim, basta verificar as oito propriedades da definição de espaço vetorial para $(E, \tilde{+}, \tilde{\cdot})$, e elas ficam para o leitor.

Página 99

02. Considere o plano cartesiano $\mathbb{R}^2$. Então, o conjunto W será o segundo e o quarto quadrantes, incluindo os eixos coordenados (deixamos o leitor fazer este desenho). W não é um subespaço vetorial do $\mathbb{R}^2$ pois, por exemplo, $\vec{u} = (1, 0)$ e $\vec{v} = (0, 1)$ são vetores em W, mas $\vec{u} + \vec{v} = (1, 1) \notin W$.

04. Não. Por exemplo, o neutro aditivo, que é a matriz nula 0, deveria pertencer a W, e, no entanto, sabemos que a matriz nula não é invertível, ou seja, temos que $0 \notin W$.

05. Vamos mostrar que V_p é subespaço de V e deixaremos a outra para o leitor. Dadas $f, g \in V_p$ e $\alpha \in \mathbb{R}$, temos que

(i) $f + g \in V_p$: de fato, $\forall x \in \mathbb{R}$, temos que

$$(f+g)(x) = f(x) + g(x) = f(-x) + g(-x) = (f+g)(-x).$$

(ii) $\alpha f \in V_p$: de fato, $\forall x \in \mathbb{R}$, temos que

$$(\alpha f)(x) = \alpha \cdot f(x) = \alpha \cdot f(-x) = (\alpha f)(-x).$$

Logo, de (i) e (ii) segue que V_p é um subespaço vetorial de V.

06. Sejam $f, g \in W$. Logo, $\exists M_1, M_2 > 0$ tais que

$$|f(x)| \leq M_1 \quad \text{e} \quad |g(x)| \leq M_2, \ \forall x \in A.$$

Como, $\forall x \in A$ vale, pela desigualdade triangular do módulo,

$$|(f+g)(x)| = |f(x) + g(x)| \leq |f(x)| + |g(x)| \leq M_1 + M_2 := M,$$

ou seja, $\exists M > 0$ tal que $|(f+g)(x)| \leq M$, $\forall x \in A$, segue que

$$f + g \in W \qquad (\star)$$

ou seja, a soma de funções limitadas resulta em uma função limitada; e, como $\forall x \in A$ e $\forall \alpha \in \mathbb{R} \setminus \{0\}$, tem-se que

$$|(\alpha \cdot f)(x)| = |\alpha \cdot f(x)| = |\alpha| \cdot |f(x)| \leq |\alpha| M_1 := \tilde{M}$$

e, se $\alpha = 0$, $|(\alpha f)(x)| = 0 \leq 1$, segue que

$$\alpha f \in W \qquad (\star\star)$$

ou seja, se f é limitada e $\alpha \in \mathbb{R}$ fixado, então αf também é limitada.

Por $(\star)$ e $(\star\star)$ segue que W é um subespaço vetorial de V.

08. Dados $A, B \in \mathcal{S}$. Então, $A = -A^t$ e $B = -B^t$. Assim, temos que, por propriedades da matriz transposta e pelo exposto acima:

$$-(A+B)^t = -(A^t + B^t) = -A^t - B^t = A + B,$$

ou seja, $-(A+B)^t = A + B$, mostrando que $A + B \in \mathcal{S}$. (I).

E, $\forall \alpha \in \mathbb{R}$, $\forall A \in \mathcal{S}$, tem-se que

$$-(\alpha A)^t = -\alpha A^t = \alpha(-A^t) = \alpha A,$$

ou seja, $-(\alpha A)^t = \alpha A$, mostrando que $\alpha A \in \mathcal{S}$ (II).

Por (I) e (II) segue que $\mathcal{S}$ é um subespaço vetorial de $\mathcal{M}$.

Página 106

02. Seja $p(t) = \alpha t^2 + \beta t + \gamma \in P_2$. Então

$$p(t) = \underbrace{(\gamma + \alpha t^2)}_{\in U} + \underbrace{(\beta t)}_{\in W} \in U + W.$$

Resta, então, mostrar que $U \cap W = \{o\}$, onde o denota o polinômio identicamente nulo em P_2. Note que $o \in U$ e $o \in W$, pois U e W são subespaços de P_2. Portanto, $o \in U \cap W$.

Mostremos que o único vetor presente em $U \cap W$ é o polinômio identicamente nulo o: se $q(t) = \alpha t^2 + \beta t + \gamma \in U \cap W$, como em particular $q(t) \in U = \{a + bt^2 \, : \, a, b \in \mathbb{R}\}$, concluímos que $\gamma = 0$. Como também tem-se $q(t) \in W = \{ct \, : \, c \in \mathbb{R}\}$, concluímos que $\alpha = \beta = 0$. Logo, se $q(t) \in U \cap W$, segue que $q(t) = o(t)$, ou seja, q é o polinômio identicamente nulo, concluindo assim que $U \cap W = \{0\}$. Disso, concluímos que P_2 é uma soma direta de U e W, ou seja,

$$P_2 = U \oplus W.$$

Página 111

01. Escreva $A = \alpha M + \beta N + \gamma P$. Logo,

$$\begin{pmatrix} 3 & 1 \\ 1 & -1 \end{pmatrix} = \alpha \begin{pmatrix} 1 & 1 \\ 1 & 0 \end{pmatrix} + \beta \begin{pmatrix} 0 & 0 \\ 1 & 1 \end{pmatrix} + \gamma \begin{pmatrix} 0 & 2 \\ 0 & -1 \end{pmatrix},$$

donde segue que

$$\begin{cases} \alpha = 3 \\ \alpha + 2\gamma = 1 \\ \beta - \gamma = -1 \end{cases}$$

e então obtemos $\alpha = 3, \beta = -2$ e $\gamma = -1$, e com isso

$$\begin{pmatrix} 3 & 1 \\ 1 & -1 \end{pmatrix} = 3 \begin{pmatrix} 1 & 1 \\ 1 & 0 \end{pmatrix} - 2 \begin{pmatrix} 0 & 0 \\ 1 & 1 \end{pmatrix} - 1 \begin{pmatrix} 0 & 2 \\ 0 & -1 \end{pmatrix}.$$

04. Escreva

$$\alpha(\vec{u} + \vec{v}) + \beta(\vec{v} + \vec{w}) + \gamma(\vec{u} + \vec{w}) = \vec{0} \qquad (\star).$$

Então,

$$(\alpha+\gamma)\vec{u}+(\alpha+\beta)\vec{v}+(\beta+\gamma)\vec{w}=\vec{0},$$

e, como por hipótese os vetores $\vec{u},\vec{v}$ e $\vec{w}$ são L.I., segue que

$$\begin{cases}\alpha+\gamma=0\\ \alpha+\beta=0\\ \beta+\gamma=0\end{cases},$$

donde segue que $\alpha=\beta=\gamma=0$, ou seja, a combinação linear em $(\star)$ é nula se, e somente se, os escalares α,β e γ forem todos iguais a zero, i.e., os vetores $\vec{u}+\vec{v}$, $\vec{v}+\vec{w}$ e $\vec{u}+\vec{w}$ também são L.I.

06. Escreva

$$a(2\vec{u}-\vec{v}+\vec{w})+b(\vec{u}+2\vec{v}-3\vec{w})+c(3\vec{u}-4\vec{v}+5\vec{w})=\vec{0}.$$

Então, rearranjando a soma acima em termos dos vetores, vamos obter

$$(2a+b+3c)\vec{u}+(-a+2b-4c)\vec{v}+(a-3b+5c)\vec{w}=\vec{0},$$

e, como os vetores $\vec{u}$, $\vec{v}$ e $\vec{w}$ são por hipótese L.I., determinamos o sistema homogêneo:

$$\begin{cases}2a+b+3c=0\\ -a+2b-4c=0\\ a-3b+5c=0\end{cases},$$

o qual admite a solução geral $a=-2c$ e $b=c$, indicando que o conjunto de vetores $\{2\vec{u}-\vec{v}+\vec{w},\vec{u}+2\vec{v}-3\vec{w},3\vec{u}-4\vec{v}+5\vec{w}\}$ é L.D.

07. (a) Sejam $\alpha,\beta\in\mathbb{R}$ tais que $\alpha t+\beta t^2=0$. Derivando em t, vamos obter

$$\alpha+2\beta t=0 \qquad \text{(I)},$$

e, derivando novamente em t, vem

$$2\beta=0\Rightarrow\beta=0.$$

Disso, levando para (I), obtemos

$$\alpha+2\cdot 0\cdot t=0\Rightarrow\alpha=0.$$

Portanto, temos que $\alpha t+\beta t^2=0$ implica em $\alpha=\beta=0$, concluindo assim que os vetores t e t^2 são L.I.

(b) Sejam $\alpha, \beta \in \mathbb{R}$ tais que

$$\alpha te^t + \beta e^{2t} = 0. \qquad \text{(I)}$$

Derivando em t, obtemos

$$\alpha te^t + \alpha e^t + 2\beta e^{2t} = 0. \quad \text{(II)}$$

Observe que o aditivo em (I) está em (II), ou seja,

$$0 = \alpha t + e^t + \alpha e^t + 2\beta e^{2t} = \alpha e^t + \beta e^{2t} + \underbrace{(\alpha te^t + \beta e^{2t})}_{=0},$$

ou seja,

$$\alpha e^t + \beta e^{2t} = 0. \qquad \text{(III)}$$

Derivando (III) em t, vem

$$\alpha e^t + 2\beta e^{2t} = 0. \qquad \text{(IV)}$$

Como (III) está em (IV), vem

$$- = \alpha e^t + 2\beta e^{2t} = \underbrace{(\alpha e^t + \beta e^{2t})}_{=0} + \beta e^{2t},$$

ou seja, concluímos que $\beta e^{2t} = 0$. E, como $e^{2t} > 0$, $\forall t$, segue que $\beta = 0$.

Sendo $\beta = 0$, de (III) obtemos $\alpha e^t = 0$, e, como $e^t > 0$, $\forall t$, concluímos que $\alpha = 0$.

Portanto, $\alpha = \beta = 0$, mostrando que os vetores te^t e e^{2t} são L.I.

(c) Sejam $\alpha, \beta \in \mathbb{R}$ tais que

$$\alpha \operatorname{sen} t + \beta \cos t = 0. \qquad \text{(I)}$$

Derivando em t, vem

$$\alpha \cos t - \beta \operatorname{sen} t = 0. \qquad \text{(II)}$$

Elevando (I) ao quadrado, vamos obter

$$(\alpha \operatorname{sen} t + \beta \cos t)^2 = 0^2 = 0,$$

ou seja,

$$\alpha^2 \operatorname{sen}^2 t + 2\alpha\beta \ \operatorname{sen} t \cos t + \beta^2 \cos^2 t = 0 \qquad \text{(III)}$$

e, elevando (II) ao quadrado, vamos obter

$$(\alpha \cos t - \beta \operatorname{sen} t)^2 = 0^2 = 0,$$

ou seja,

$$\alpha^2 \cos^2 t - 2\alpha\beta \operatorname{sen} t \cos t + \beta^2 \operatorname{sen}^2 t = 0. \qquad \text{(IV)}$$

Somando (III) com (IV), obtemos

$$\alpha^2(\operatorname{sen}^2 t + \cos^2 t) + \beta^2(\operatorname{sen}^2 t + \cos^2 t) = 0,$$

ou seja,

$$\alpha^2 + \beta^2 = 0,$$

donde segue que $\alpha = \beta = 0$, mostrando que os vetores $\operatorname{sen} t$ e $\cos t$ são L.I.

(c) Deixamos para o leitor.

08. Precisamos mostrar que

$$(u \star v) \star w = u \star (v \star w) \Leftrightarrow u = w.$$

Primeiramente, suponha que vale $u = w$. Então, por um lado, temos

$$(u \star v) \star w = (u \star v) \star u = (\frac{1}{2}u + \frac{1}{2}v) \star u = \frac{1}{2}(\frac{1}{2}u + \frac{1}{2}v) + \frac{1}{2}u = \frac{3}{4}u + \frac{1}{4}v, \qquad \text{(I)}$$

e, por outro lado, temos

$$u \star (v \star w) = u \star (v \star u) = u \star (\frac{1}{2}v + \frac{1}{2}u) = \frac{1}{2}u + \frac{1}{2}(\frac{1}{2}v + \frac{1}{2}u) = \frac{3}{4}u + \frac{1}{4}v. \qquad \text{(II)}$$

Logo, de (I) e (II) segue a igualdade desejada, ou seja, segue que $(u \star v) \star w = u \star (v \star w)$.

Mostremos a necessidade, ou seja, suponha que vale a associatividade para a média $\star$:

$$(u \star v) \star w = u \star (v \star w).$$

Vamos mostrar que $u = w$. Abrindo a associatividade, temos

$$\frac{1}{2}(\frac{1}{2}u + \frac{1}{2}v) + \frac{1}{2}w = \frac{1}{2}u + \frac{1}{2}(\frac{1}{2}v + \frac{1}{2}w),$$

donde vem

$$\frac{1}{4}u + \frac{1}{4}v + \frac{1}{2}w = \frac{1}{2}u + \frac{1}{4}v + \frac{1}{4}w.$$

Subtraindo $\frac{1}{4}$ chega-se em

$$\frac{1}{2}w - \frac{1}{4}w = \frac{1}{2}u - \frac{1}{4}w,$$

e então,

$$\frac{1}{4}w = \frac{1}{4}u,$$

i.e.,

$$w = u,$$

como queríamos mostrar.

Página 128

03. (a) Eles são L.I. De fato, montando a combinação linear

$$\alpha(1,1,1) + \beta(1,1,0) + \gamma(0,1,1) = (0,0,0),$$

vamos obter o sistema linear homogêneo

$$\begin{cases} \alpha + \beta = 0 \\ \alpha + \beta + \gamma = 0 \\ \alpha + \gamma = 0 \end{cases},$$

donde segue que a única solução é $\alpha = \beta = \gamma = 0$ e, portanto, os referidos vetores são L.I.

(b) $\mathbb{R}^3 = [(1,1,1);(1,1,0);(0,1,1)]$: De fato, como $[(1,1,1);(1,1,0);(0,1,1)] \subset \mathbb{R}^3$, resta mostrar que $\mathbb{R}^3 \subset [(1,1,1);(1,1,0);(0,1,1)]$. Dado $(x,y,z) \in \mathbb{R}^3$. Assim,

$$(x,y,z) = \alpha(1,1,1) + \beta(1,1,0) + \gamma(0,1,1), \qquad \text{(I)}$$

donde segue que

$$\begin{cases} \alpha + \beta = x \\ \alpha + \beta + \gamma = y \\ \alpha + \gamma = z \end{cases},$$

o que, juntando as duas primeiras equações, vem $x + \gamma = y$ e então $\gamma = y - x$. Assim, na terceira equação, fornece

$$\alpha + (y - x) = z \Rightarrow \alpha = x - y + z,$$

e, pela primeira equação, vem

$$\beta = x - \alpha = x - (x - y + x) = y - z.$$

Assim, (I) fica:

$$(x,y,z) = (x - y + z)(1,1,1) + (y - z)(1,1,0) + (y - x)(0,1,1);\ \forall (x,y,z) \in \mathbb{R}^3.$$

De (a) e (b) segue o resultado.

06. (a) $\dim V = 5$.

(b) $\dim V < 5$, pois sendo os cinco vetores L.D., pelo menos um deles é combinação linear dos demais, sendo, portanto, desnecessário para compor uma base, podendo assim ser descartado.

08. Como $S = [(1,-1,2);(2,1,1)]$, então $\dim S \leq 2$ (se forem L.I., teremos $\dim S = 2$). Assim,

$$\alpha(1,-1,2) + \beta(2,1,1) = (0,0,0),$$

donde vem o sistema homogêneo

$$\begin{cases} \alpha - 2\beta = 0 \\ -\alpha + \beta = 0 \\ 2\alpha + \beta = 0 \end{cases},$$

no que implica em $\alpha = \beta = 0$. Logo, os dois vetores são L.I., e disso segue que $\dim S = 2$.

Para o subespaço $T = [(0,1,-1);(1,2,1)]$, temos que $\dim T \leq 2$, analogamente mostra-se que os vetores $(0,1,-1)$ e $(1,2,1)$ são L.I. e então conclui-se que $\dim V = 2$.

Estudemos a dimensão para U. Note que

$$U = \{(x,y,z) \in \mathbb{R}^3 \,:\, x+y = 4x - z = 0\} = \{(x,y,z) \in \mathbb{R}^3 \,:\, y = -x \text{ e } z = 4x\} =$$

$$\{(x,-x,4x) \in \mathbb{R}^3 \,:\, x \in \mathbb{R}\} = \{x(1,-1,4) \,:\, x \in \mathbb{R}\} = [(1,-1,4)],$$

e então $\dim U = 1$ (pois um único vetor não nulo sempre é L.I.).

Para o subespaço V:

$$V = \{(x,y,z) \in \mathbb{R}^3 \,:\, 3x - y - z = 0\} = \{(x,y,z) \in \mathbb{R}^3 \,:\, y = z - 3x\} =$$

$$= \{(x, z-3x, z) \,:\, x,z \in \mathbb{R}\} = \{(x,-3x,0) + (0,z,z) \,:\, x,z \in \mathbb{R}\} =$$

$$= \{x(1,-3,0) + z(0,1,1) \,:\, x,z \in \mathbb{R}\} = [(1,-3,0);(0,1,1)],$$

e, como estes vetores são L.I. (verifique!) segue que $\dim V = 2$.

No que segue, vamos determinar a dimensão de $S+T$. Note que

$$S + T = [(1,-1,2);(2,1,1);(0,1,-1);(1,2,1)],$$

que consistiu em "juntar" as bases dos dois subespaços gerados. Porém, como $S, T \subset \mathbb{R}^3$, então $\dim(S+T) \leq 3$. Logo, certamente o conjunto acima é L.D., pois listam-se quatro vetores. De fato, observe que escrevendo

$$(2,1,1) = \alpha(1,-1,2) + \beta(0,1,-1) + \gamma(1,2,1),$$

montando-se um sistema linear vamos obter $\alpha = 2$, $\beta = 3$ e $\gamma = 0$. Logo, estes 4 vetores são L.D. e pela combinação linear acima montada tem-se que o vetor $(2,1,1)$ pode ser descartado. Assim,

$$S + T = [(1,-1,2);(0,1,-1);(1,2,1)].$$

Não é difícil ver que estes três vetores são L.I., e disso segue que $\dim(S+T) = 3$.

Por fim, vamos determinar a dimensão para o subespaço $S \cap T$. Como

$$S = [(1,-1,2);(2,1,1)]$$

gera um plano em $\mathbb{R}^3$ e $T = [(0,1,-1);(1,2,1)]$ também, e a interseção destes planos gera uma reta, e a dimensão de uma reta é 1, segue que $\dim(S \cap T) = 1$.

10. Seja $\mathcal{D} = \{\operatorname{diag}(x,y)_{2\times 2} : x, y \in \mathbb{R}\}$. Assim,

$$\mathcal{D} = \{\begin{pmatrix} x & 0 \\ 0 & y \end{pmatrix} : x, y \in \mathbb{R}\} = \{\begin{pmatrix} x & 0 \\ 0 & 0 \end{pmatrix} + \begin{pmatrix} 0 & 0 \\ 0 & y \end{pmatrix} : x, y \in \mathbb{R}\} =$$

$$[\begin{pmatrix} 1 & 0 \\ 0 & 0 \end{pmatrix}; \begin{pmatrix} 0 & 0 \\ 0 & 1 \end{pmatrix}],$$

e, como estes dois vetores são L.I., segue que $\dim \mathcal{D} = 2$.

Página 142

04. Como são três vetores em $\mathbb{R}^3$, para verificar se formam uma base basta verificar se são L.I. Escrevendo a combinação linear

$$\alpha v_1 + \beta v_2 + \gamma v_3 = 0,$$

montamos o sistema homogêneo

$$\begin{cases} 2\alpha + \beta - 2\gamma = 0 \\ 6\alpha + 5\beta + \gamma = 0 \\ 3\alpha + 4\beta + 7\gamma = 0 \end{cases},$$

o qual possui $\alpha = \beta = \gamma = 0$ como solução geral. Logo, v_1, v_2 e v_3 são L.I. e, portanto, formam uma base para $\mathbb{R}^3$. Denotemos por $\theta = \{v_1, v_2, v_3\}$ tal base.

Dado $v = (3, 7, 1)$, então, escrevendo-o como uma combinação linear na base θ, vamos obter

$$(3, 7, 1) = \alpha v_1 + \beta v_2 + \gamma v_3,$$

ou seja,

$$\begin{cases} 2\alpha + \beta - 2\gamma = 3 \\ 6\alpha + 5\beta + \gamma = 7 \\ 3\alpha + 4\beta + 7\gamma = 1 \end{cases},$$

obtendo $\alpha = -\frac{1}{5}$, $\beta = \frac{9}{5}$ e $\gamma = -\frac{4}{5}$, ou seja,

$$(3, 7, 1) = -\frac{1}{5}(2, 6, 3) + \frac{9}{5}(1, 5, 4) - \frac{4}{5}(-2, 1, 7),$$

e então as coordenadas de $(3, 7, 1)$ na base θ serão dadas por

$$[(3, 7, 1)]_\theta = \begin{bmatrix} -\frac{1}{5} \\ \frac{9}{5} \\ -\frac{4}{5} \end{bmatrix}.$$

09. Vamos determinar a matriz da mudança da base β para a base γ, i.e., $[I]^\beta_\gamma$.

Sendo $\beta = \{(1, 1, 0); (0, 1, 0); (0, 0, 3)\}$ e $\gamma = \{(1, 1, 1); (1, 0, 1); (1, 0, -1)\}$, teremos

$$(1, 1, 0) = a_{11}(1, 1, 1) + a_{21}(1, 0, 1) + a_{31}(1, 0, -1) \qquad \text{(I)};$$

$$(0, 1, 0) = a_{12}(1, 1, 1) + a_{22}(1, 0, 1) + a_{32}(1, 0, -1) \qquad \text{(II)};$$

$$(0, 0, 3) = a_{13}(1, 1, 1) + a_{23}(1, 0, 1) + a_{33}(1, 0, -1) \qquad \text{(III)}.$$

De (I) tem-se o sistema linear

$$\begin{cases} a_{11} + a_{21} + a_{31} = 1 \\ a_{11} = 1 \\ a_{11} + a_{21} - a_{31} = 0 \end{cases},$$

donde segue que $a_{11} = 1$, $a_{21} = -\frac{1}{2}$ e $a_{31} = \frac{1}{2}$.

De (II) tem-se o sistema linear

$$\begin{cases} a_{12} + a_{22} + a_{32} = 0 \\ a_{12} = 1 \\ a_{12} + a_{22} - a_{32} = 0 \end{cases},$$

donde segue que $a_{12} = 1$, $a_{22} = -1$ e $a_{32} = 0$.

De (III) tem-se o sistema linear

$$\begin{cases} a_{13} + a_{23} + a_{33} = 0 \\ a_{13} = 0 \\ a_{11} + a_{21} - a_{31} = 0 \end{cases},$$

donde segue que $a_{11} = 1$, $a_{23} = -2$ e $a_{33} = -\frac{3}{2}$.

Logo, $[I]_{\beta}^{\beta_1} = \begin{bmatrix} 1 & -\frac{1}{2} & \frac{1}{2} \\ 1 & -1 & 0 \\ 0 & 2 & -\frac{3}{2} \end{bmatrix}$. Já a matriz de mudança da base β para a base β_1 será

$$[I]_{\beta_1}^{\beta} = ([I]_{\beta}^{\beta_1})^{-1} = \begin{bmatrix} \frac{6}{7} & \frac{1}{7} & \frac{2}{7} \\ \frac{6}{7} & -\frac{6}{7} & \frac{2}{7} \\ \frac{8}{7} & -\frac{8}{7} & -\frac{2}{7} \end{bmatrix}.$$

Observação: deixamos o leitor efetuar os cálculos para obtenção da matriz inversa, conforme estudado no Capítulo 1.

10. (a) Sejam $\alpha \in \mathbb{R}$ e $u = (u_1, u_2), v = (v_1, v_2) \in V$. Então

$$\alpha \cdot (u + v) = \alpha \cdot ((u_1, u_2) + (v_1, v_2)) = \alpha \cdot (u_1 \cdot u_2, v_1 \cdot v_2) = (u_1^{\alpha} \cdot v_1^{\alpha}, u_2^{\alpha} \cdot v_2^{\alpha}) =$$

$$= (u_1^{\alpha}, v_1^{\alpha}) + (u_2^{\alpha}, v_2^{\alpha}) = \alpha \cdot (u_1, u_2) + \alpha(v_1, v_2) = \alpha \cdot u + \alpha \cdot v.$$

O neutro aditivo: seja $w = (w_1, w_2) \in V$ tal que $u + w = u$. Assim,

$$u + w = u \Leftrightarrow (u_1, u_2) + (w_1, w_2) = (u_1, u_2) \Leftrightarrow (u_1 \cdot w_1, u_2 \cdot w_2) = (u_1, u_2) \Leftrightarrow$$

$$\leftrightarrow \begin{cases} u_1 \cdot w_1 = u_1 \\ u_2 \cdot w_2 = u_2 \end{cases} \Leftrightarrow \begin{cases} w_1 = 1 \\ w_2 = 1 \end{cases}$$

(simplificações possíveis pois $u_1, u_2, v_1, v_2 > 0$, c.f. a Def. de V)

e entãao $w = (1, 1)$ é o neutro aditivo.

Simétrico de $u = (u_1, u_2)$: seja $w = (w_1, w_2) \in V$ tal que $u + w = (1, 1)$. Então,

$$(u_1 \cdot w_1, u_2, w_2) = (1, 1),$$

e disso,

$$u_1 \cdot w_1 = 1 \Rightarrow w_1 = \frac{1}{u_1}$$

e

$$u_2 \cdot w_2 = 1 \Rightarrow w_2 = \frac{1}{u_2}.$$

Logo, o simétrico de $u = (u_1, u_2)$ é $w = (\frac{1}{u_1}, \frac{1}{w_1})$.

(b) Vamos considerar os vetores $(1, 2)$ e $(2, 1)$. Eles são L.I., pois [lembre que o neutro aditivo é $(1, 1)$]

$$\alpha(1, 2) + \beta(2, 1) = (1, 1)$$

se, e só se,

$$(1^\alpha, 2^\alpha) + (2^\beta, 1^\beta) = (1, 1) \Leftrightarrow (1 \cdot 2^\beta, 2^\alpha \cdot 1) = (1, 1) \Leftrightarrow 2^\beta = 1 \text{ e } 2^\alpha = 1 \Leftrightarrow \alpha = \beta = 0.$$

Resta mostrar que $V \subset [(1, 2), (2, 1)]$. Para isso, seja $(x, y) \in V$ tal que $(x, y) = \alpha(1, 2) + \beta(2, 1)$. Assim,

$$(x, y) = (1^\alpha, 2^\alpha) + (2^\beta, 1^\beta) = (1 \cdot 2^\beta, 2^\alpha \cdot 1) = (2^\beta, 2^\alpha),$$

donde segue que $x = 2^\beta$ e $y = 2^\alpha$, ou seja,

$$\beta = \log_2 x \quad \text{e} \quad \alpha = \log_2 y.$$

Portanto,

$$(x, y) = \log_2 y(1, 2) + \log_2 x(2, 1),$$

o que, devido à arbitrariedade da escolha de $(x, y) \in V$ segue que $\{(1, 2), (2, 1)\}$ é uma base para V. Segue também que $\dim V = 2$.

(c) Basta observar, pelo feito acima, que

$$(3, 5) = \log_2 5(1, 2) + \log_2 3(2, 1).$$

(d) dados $u = (1, 2^x)$ e $v = (1, 2^y)$ em U e $\alpha \in \mathbb{R}$, temos que

- $u + v = (1, 2^x) + (1, 2^y) = (1 \cdot 1, 2^x \cdot 2^y) = (1, 2^{x+y}) \in U$;
- $\alpha u = \alpha(1, 2^x) = (1^\alpha, (2^x)^\alpha) = (1, 2^{\alpha x}) \in U$.

Logo, U é subespaço de V.

Capítulo 4

Página 151

03. Dados $X, Y \in V$ duas matrizes de ordem n e $\alpha \in \mathbb{R}$. Então

(i) $\varphi_B(X+Y) = (X+Y)B - B(X+Y) = XB + YB - BX - BY =$

$$= XB - BX + YB - BY = \varphi_B(X) + \varphi_B(Y).$$

(ii) $\varphi_B(\alpha X) = (\alpha X)B - B(\alpha X) = \alpha(XB) - \alpha(BX) = \alpha(XB - BX) = \alpha\varphi_B(X)$.

Logo, por (i) e (ii) segue que a transformação φ_B é linear.

06. Seja $C = \{\vec{v} \in V : T(\vec{v}) = \vec{v}\}$. Como $T(\vec{0}) = \vec{0}$, segue que $C \neq \emptyset$, i.e., C está bem definido.
Dados $\vec{u}, \vec{v} \in C$. Então, como T é linear e como $T(\vec{u}) = \vec{u}$ e $T(\vec{v}) = \vec{v}$, pois $\vec{u}, \vec{v} \in C$, segue que

(a) $T(\vec{u} + \vec{v}) = T(\vec{u}) + T(\vec{v}) = \vec{u} + \vec{v}$, e então $\vec{u} + \vec{v} \in C$;

(b) $T(\alpha\vec{u}) = \alpha T(\vec{u}) = \alpha\vec{u}$, e então $\alpha\vec{u} \in C$.

Portanto, de (a) e (b) segue que C é um subespaço vetorial de V.

07. Observe que $\{(1,0,0); (1,1,0); (0,1,1)\}$ é uma base para $\mathbb{R}^3$, pois é uma coleção de 3 vetores L.I. Por proposição, tem-se que existe uma única transformação linear $L : \mathbb{R}^3 \to \mathbb{R}^3$ tal que

$$L(1,0,0) = (3,0,0); \; L(1,1,0) = (3,3,0) \; \text{ e } \; L(0,1,1) = (0,3,3).$$

Assim, dado $(x,y,z) \in \mathbb{R}^3$, tem-se que, representando-o como uma combinação linear da base dada, vem:

$$(x,y,z) = a(1,0,0) + b(1,1,0) + c(0,1,1),$$

obtendo

$$\begin{cases} a + b = x \\ b + c = y \\ c = z \end{cases},$$

donde vem que $a = x - y + z$, $b = y - z$ e $c = z$. Logo,

$$(x, y, z) = (x - y + z)(1, 0, 0) + (y - z)(1, 1, 0) + z(0, 1, 1).$$

Aplicando L, e observando que ela deve ser linear, vamos obter

$$L(x, y, z) = (x - y + z)L(1, 0, 0) + (y - z)L(1, 1, 0) + zL(0, 1, 1) =$$

$$= (x - y + z)(3, 0, 0) + (y - z)(3, 3, 0) + z(0, 3, 3) = (3x, 3y, 3z).$$

Página 156

02. Basta montar as composições como segue:

$$(S \circ T)(x, y) = S((T(x, y))) = S(x, 0) = (0, x) \neq (0, 0),$$

e

$$(T \circ S)(x, y) = T(S(x, y)) = T(0, x) = (0, 0).$$

Por fim,

$$T^2(x, y) = (T \circ T)(x, y) = T(T(x, y)) = T(x, 0) = (x, 0) = T(x, y).$$

03. Pelo esquema

$$\mathbb{R}^3 \xrightarrow{T} M_{2\times 2}(\mathbb{R}) \xrightarrow{S} P_3,$$

temos que $S \circ T : \mathbb{R}^3 \to P_3$ será dada por

$$(S \circ T)(x, y, z) = S(T(x, y, z)) = S\begin{pmatrix} x & 2x - y \\ z & x + y - z \end{pmatrix} =$$

$$= x + (2x - y)t - zt^2 - (x + y - z)t^3.$$

Página 167

02. Sejam $F, G : V \to V$ operadores lineares. Dado $\vec{u} \in \ker G$. Vamos mostrar que $\vec{u} \in \ker(F \circ G)$.

Como $\vec{u} \in \ker G$, então $G(\vec{u}) = \vec{0}$, e disso segue que

$$(F \circ G)(\vec{u}) = F(G(\vec{u})) = F(\vec{0}) = \vec{0},$$

ou seja, $\vec{u} \in \ker(F \circ G)$. Pela arbitrariedade da escolha de $\vec{u}$ concluímos que $\ker G \subset \ker(F \circ G)$.

Vejamos agora um exemplo para a igualdade $\ker G = \ker(F \circ G)$. Para isso, por exemplo, tome $F, G : \mathbb{R}^2 \to \mathbb{R}^2$ dadas por

$$F(x, y) = (x, y) \quad \text{e} \quad G(x, y) = (x + y, y).$$

Assim,

$$(F \circ G)(x, y) = F(G(x, y)) = F(x + y, y) = (x + y, y) = G(x, y),$$

ou seja, temos que $F \circ G = G$, e então $\ker(F \circ G) = \ker G$.

04. (a) $\ker T = \{(x, y, z) \in \mathbb{R}^3 : T(x, y, z) = (0, 0, 0)\} = \{(x, y, z) \in \mathbb{R}^3 : (z, x-y, -z) = (0, 0, 0)\}$, ou seja, $\ker T$ é a solução do sistema homogêneo

$$\begin{cases} z = 0 \\ x - y = 0 \\ -z = 0 \end{cases},$$

que é $(x, y, z) = (x, x, 0)$, ou seja,

$$\ker T = \{(x, x, 0) : x \in \mathbb{R}\} = \{x(1, 1, 0) : x \in \mathbb{R}\} = [(1, 1, 0)].$$

Como $\ker T$ é gerado pelo vetor não nulo $(1, 1, 0)$, e como um único vetor não nulo é sempre L.I., segue que $\{(1, 1, 0)\}$ é uma base para $\ker T$. Observe também que $\dim \ker T = 1$.

(b) Pelo teorema da dimensão,

$$\dim V = \dim \ker T + \dim \operatorname{Im} T,$$

ou seja,

$$3 = 1 + \dim \operatorname{Im} T \Rightarrow \dim \operatorname{Im} T = 2.$$

(c) Como $T : \mathbb{R}^3 \to \mathbb{R}^3$, e então domínio e contradomínio possuem mesma dimensão, segue pelo Corolário 4.17 que T não é sobrejetiva, pois, como pelo item (a) $\ker T \neq \{\vec{0}\}$, segue que T não é injetiva.

(d) Deixamos para o leitor, observando que, em $\mathbb{R}^3$, $\ker T = [(1, 1, 0)]$ será uma reta passando pela origem, possuindo o vetor $\vec{u} = (1, 1, 0)$ como vetor diretor, enquanto que

Im T será um plano passando pela origem.

06. Primeiramente, precisamos determinar a $T : \mathbb{R}^2 \to P_2(\mathbb{R})$. Tem-se que $T(1,0) = 1-t$ e $T(0,1) = 1 - t^2$ e, como $\{(1,0);(0,1)\}$ é uma base para $\mathbb{R}^2$, segue que $\forall (x,y) \in \mathbb{R}^2$, e escrevemos

$$(x,y) = x(1,0) + y(0,1).$$

Aplicando a T, que deve ser linear, vamos obter

$$T(x,y) = xT(1,0) + yT(0,1) = x(1-t) + y(1-t^2),$$

ou seja, obtemos

$$T(x,y) = (x+y) - xt - yt^2.$$

Assim, temos:

(a) $\ker T = \{(x,y) \in \mathbb{R}^2 \,:\, T(x,y) = 0\} =$

$$\{(x,y) \in \mathbb{R}^2 \,:\, (x+y) - xt - yt^2 = 0 + 0t + 0t^2\},$$

i.e., $\ker T$ é a solução do sistema homogêneo

$$\begin{cases} x + y = 0 \\ -x = 0 \\ -y = 0 \end{cases},$$

que é $x = y = 0$, ou seja, obtemos $\ker T = \{(0,0)\}$.

A imagem de T será

$$\operatorname{Im} T = \{(x+y) - xt - yt^2 \,:\, x,y \in \mathbb{R}\} = \{(x - xt) + (y - yt^2) \,:\, x,y \in \mathbb{R}\} =$$

$$= \{x(1-t) + y(1-t^2) \,:\, x,y \in \mathbb{R}\} = [(1-t);(1-t)^2],$$

ou seja, Im T é o subespaço gerado pelos vetores $1 - t$ e $1 - t^2$.

(b) T é injetiva pois $\ker T = \{\vec{0}\}$, mas não é sobrejetiva pois, por exemplo, dado $p(t) = 1 + t + t^2 \in P_2$, segue que não existe $(x,y) \in \mathbb{R}^2$ tal que $T(x,y) = p(t)$. De fato, se existisse, teríamos

$$(x+y) - xt - yt^2 = 1 + t + t^2,$$

o que, pela igualdade entre polinômios acima, segue o sistema homogêneo

$$\begin{cases} x + y = 1 \\ x = -1 \\ y = -1 \end{cases},$$

que é incompatível, uma vez que $x = y = -1$ não implica em $x + y = 1$. Logo, T não pode ser realmente sobrejetiva.

Não sendo sobrejetiva, segue que T não é bijetiva.

07. (a) Sejam $\alpha_1, ..., \alpha_k \in \mathbb{R}$ tais que

$$\alpha_1\vec{u}_1 + ... + \alpha_k\vec{u}_k = \vec{0}. \qquad \text{(I)}$$

Aplicando a T, que é linear, vem:

$$T(\alpha_1\vec{u}_1 + ... + \alpha_k\vec{u}_k) = T(\vec{0}) = \vec{0},$$

i.e.,

$$\alpha_1 T(\vec{u}_1) + ... + \alpha_k T(\vec{u}_k) = \vec{0}, \qquad \text{(II)}$$

e, como por hipótese o conjunto $\{T(\vec{u}_1), ..., T()\vec{u}_k\}$ é L.I., segue de (II) que $\alpha_1 = \alpha_2 = ... = \alpha_k = 0$.

Mas então obtemos que $\alpha_1\vec{u}_1 + ... + \alpha_k\vec{u}_k = \vec{0}$ é tal que $\alpha_1 = ... = \alpha_k = 0$, ou seja, o conjunto $S = \{\vec{u}_1, ..., \vec{u}_k\}$ é L.I.

(b) Como T é injetiva, então $\ker T = \{\vec{0}\}$. Sejam $\alpha_1, ..., \alpha_k \in \mathbb{R}$ tais que

$$\alpha_1 T(\vec{u}_1) + ... + \alpha_k T(\vec{u}_k) = \vec{0}.$$

Pela linearidade da T, vem

$$T(\alpha_1\vec{u}_1 + ... + \alpha_k\vec{u}_k) = \vec{0},$$

e então $\alpha_1\vec{u}_1 + ... + \alpha_k\vec{u}_k \in \ker T$, e como $\ker T = \{\vec{0}\}$, segue que

$$\alpha_1\vec{u}_1 + ... + \alpha_k\vec{u}_k = \vec{0},$$

e sendo $\{\vec{u}_1, ..., \vec{u}_k\}$ L.I., por hipótese, conclui-se que $\alpha_1 = ... = \alpha_k = 0$.

Ou seja, se $\alpha_1 T(\vec{u}_1) + ... + \alpha_k T(\vec{u}_k) = \vec{0}$, concluímos que $\alpha_1 = ... = \alpha_k = 0$, i.e., o conjunto $\{T(\vec{u}_1), ..., T(\vec{u}_k)\}$ é L.I.

Página 176

02. (a) $\ker T = \{(x, y, z) \in \mathbb{R}^3 : T(x, y, z) = (0, 0, 0)\}=$

$$= \{(x, y, z) \in \mathbb{R}^3 : (3x, x - y, 2x + y + z) = (0, 0, 0)\},$$

ou seja, $\ker T$ é a solução do sistema homogêneo

$$\begin{cases} 3x = 0 \\ x - y = 0 \\ 2x + y + z = 0 \end{cases},$$

que resulta apenas em $x = y = z = 0$, ou seja, $\ker T = \{(0,0,0)\}$, e disso segue que $\dim \ker T = 0$.

A imagem de T será dada por

$$\operatorname{Im} T = \{(3x, x - y, 2x + y + z) \,:\, x, y, z \in \mathbb{R}\} =$$

$$= \{x(3,1,2) + y(0,-1,1) + z(0,0,1) \,:\, x, y, z \in \mathbb{R}\} = [(3,1,2); (0,-1,1); (0,0,1)],$$

e, como os três vetores que compõem este subespaço gerado são L.I., segue que $\dim \operatorname{Im} T = 3$ [uma outra maneira de se concluir isso seria usar o teorema da dimensão: $3 = \dim \mathbb{R}^3 = \dim \ker T + \dim \operatorname{Im} T = 0 + \dim \operatorname{Im} T$, donde segue que $\dim \operatorname{Im} T = 3$].

(b) Como $T : V \to W$, com $V = W = \mathbb{R}^3$, e então possuem mesma dimensão, e como T é injetiva (pois $\ker T = \{\vec{0}\}$), segue pelo Corolário 4.17 que T também é sobrejetiva. Então, T é linear e bijetiva e, disso, é inversível. Assim, existe $T^{-1} : \mathbb{R}^3 \to \mathbb{R}^3$.

Pelo Corolário 4.18, T manda base em base, i.e., tomando a base canônica

$$\{(1,0,0); (0,1,0); (0,0,1)\}$$

do domínio, então o conjunto

$$\beta' = \{T(1,0,0); T(0,1,0); T(0,0,1)\}$$

será uma base para o contradomínio, i.e.,

$$\beta' = \{(3,1,2); (0,-1,1); (0,0,1)\}$$

é a base do contradomínio [observe que é exatamente a base da imagem obtida no item (a)].

Assim, $T^{-1} : \mathbb{R}^3 \to \mathbb{R}^3$ será tal que

$$T^{-1}(3,1,2) = (1,0,0)$$

$$T^{-1}(0,-1,1) = (0,1,0) \qquad \text{(I)}$$

$$T^{-1}(0,0,1) = (0,0,1)$$

Dado $(x,y,z) \in \mathbb{R}^3$, escrevendo-o na base do contradomínio, vem

$$(x,y,z) = a(3,1,2) + b(0,-1,1) + c(0,0,1), \qquad \text{(II)}$$

o qual, montando um sistema linear comparando-se as componentes de mesma posição na igualdade de vetores acima, monta-se um sistema linear cuja solução será (verifique!):

$$a = \frac{x}{3};\ b = \frac{x-3y}{3} \quad \text{e} \quad c = -x + y + z.$$

Então, (II) fica

$$(x,y,z) = \frac{x}{3}(3,1,2) + \frac{x-3y}{3}(0,-1,1) + (-x+y+z)(0,0,1).$$

Aplicando a T^{-1}, que deve ser linear, e observando (I), vamos por fim obter $T^{-1} : \mathbb{R}^3 \to \mathbb{R}^3$:

$$T^{-1}(x,y,z) = (\frac{x}{3}, \frac{x-3y}{3}, -x+y+z).$$

03. Defina $T : \mathbb{R}^3 \times M_{2\times 2}(\mathbb{R}) \to \mathbb{R}^7$ por

$$T((x,y,z), \begin{pmatrix} a & b \\ c & d \end{pmatrix}) = (x,y,z,a,b,c,d).$$

Basta verificar que T é linear e bijetiva.

04. Não, ao calcular $\ker T$ veremos que T não é injetiva.

06. Sendo $A : V \to W$ um isomorfismo, vamos mostrar que $\varphi : \mathcal{L}(V) \to \mathcal{L}(L)$ dada por $\varphi(B) = ABA^{-1}$ é um isomorfismo.

(i) φ é linear, pois $\forall X, Y \in \mathcal{L}(V)$, temos

$$\varphi(X+Y) = A(X+Y)A^{-1} = (AX + AY)A^{-1} = AXA^{-1} + AYA^{-1} = \varphi(X) + \varphi(Y),$$

e para $\alpha \in \mathbb{K}$, tem-se

$$\varphi(\alpha X) = A(\alpha X)A^{-1} = (A\alpha)XA^{-1} = (\alpha A)XA^{-1} = \alpha(AXA^{-1}) = \alpha\varphi(X).$$

(ii) φ é injetiva pois, dados $B, C \in V$, mostraremos que

$$\varphi(B) = \varphi(C) \Rightarrow B = C.$$

De fato, se $\varphi(B) = \varphi(C)$, então temos que $ABA^{-1} = ACA^{-1}$.

Compondo à esquerda por $A^{-1} : W \to V$ e à direita por $A : V \to W$, vem

$$A^{-1}(ABA^{-1})A = A^{-1}(ACA^{-1})A,$$

ou seja, $(A^{-1}A)B(A^{-1}A) = (A^{-1}A)C(A^{-1}A)$, i.e.,

$$id_V \circ B \circ id_V = id_V \circ C \circ id_C,$$

donde segue que $B = C$, provando a injetividade.

(iii) φ é sobrejetiva: afirmamos que, para qualquer operador $T : W \to W$, existe um operador $B \in \mathcal{L}(V)$ tal que $\varphi(B) = T$. De fato, basta tomar $B : V \to V$ dado por

$$B(\vec{v}) = (A^{-1}TA)(\vec{v}),$$

e então

$$\varphi(B) = A(A^{-1}TA)A^{-1} = (AA^{-1})T(AA^{-1}) = id_V \circ T \circ id_V = T,$$

como queríamos mostrar.

Portanto, por (i), (ii) e (iii) segue que φ é um isomorfismo entre $\mathcal{L}(V)$ e $\mathcal{L}(W)$.

Página 186

03. (a) Dados $\vec{u} = (a, b, c)$, $\vec{v} = (x, y, z)$ e $\alpha \in \mathbb{R}$, temos

(i) $T(\vec{u} + \vec{v}) = T((a, b, c) + (x, y, z)) = T(a + x, b + y, c + z) =$

$$= (2(a + x) + b + y - (c + z), 3(a + x) - 2(b + y) + 4(c + z)) =$$

$$= (2a + b - c, 3a - 2b + 4c) + (2x + y - z, 3x - 2y + 4z) = T(\vec{u}) + T(\vec{v}),$$

(ii) $T(\alpha\vec{u}) = T(\alpha(a, b, c)) = (2(\alpha a) + \alpha b - \alpha c, 3(\alpha a) - 2(\alpha n) + 4(\alpha c)) =$

$$= \alpha(2a + b - c, 3a - 2b + 4c) = \alpha T(\vec{u}).$$

Logo, T é linear.

(b) $\ker T = \{(x, y, z) \in \mathbb{R}^3 \, : \, T(x, y, z) = (0, 0)\} =$

$$= \{(x, y, z) \in \mathbb{R}^3 \, : \, (2x + y - z, 3x - 2y + 4z) = (0, 0, 0)\},$$

i.e., $\ker T$ é a solução do sistema homogêneo

$$\begin{cases} 2x + y - z = 0 \\ 3x - 2y + 4z = 0 \end{cases},$$

que fornece a solução $y = -\frac{11}{2}x$ e $z = -\frac{7}{2}x$, ou seja,

$$\ker T = \{(x, -\frac{11}{2}x, -\frac{7}{2}x) : x \in \mathbb{R}\} = [(1, -\frac{11}{2}, -\frac{7}{2})].$$

Logo, $\dim \ker T = 1$. Disso, conclui-se que T não é injetiva, pois $\ker T =\neq \{(0,0)\}$.

$$\operatorname{Im} T = \{T(x,y,z) : x,y,z \in \mathbb{R}\} = \{(2x + y - z, 3x - 2y + 4z) : x,y,z \in \mathbb{R}\} =$$

$$= \{(2x, 3x) + (y, -2y) + (-z, 4z) : x,y,z \in \mathbb{R}\} = [(2,3); (1,-2); (-1,4)],$$

e, como são três vetores do $\mathbb{R}^2$, eles são L.D. De fato, basta observar que, por exemplo,

$$(2,3) = \frac{11}{2}(1,-2) + \frac{7}{2}(-1,4).$$

Além disso, pelo teorema da dimensão,

$$3 = \dim \mathbb{R}^3 = \dim \ker T + \dim \ \operatorname{Im} T,$$

i.e.,

$$3 = 1 + \dim \ \operatorname{Im} T \Rightarrow \dim \ \operatorname{Im} T = 2.$$

Então, podemos escrever

$$\operatorname{Im} T = [(1,-2); (-1,4)].$$

(c) Primeiramente, observe que, como $T : \mathbb{R}^3 \to \mathbb{R}^2$, segue que $[T]_\gamma^\beta$ será uma matriz 2×3, ou seja,

$$[T]_\gamma^\beta = \begin{bmatrix} a_{11} & a_{12} & a_{13} \\ a_{21} & a_{22} & a_{23} \end{bmatrix},$$

onde

$$T(1,1,1) = a_{11}(1,3) + a_{21}(1,4) \qquad \text{(I)}$$

$$T(-1,0,0) = a_{12}(1,3) + a_{22}(1,4) \qquad \text{(II)}$$

$$T(1,1,0) = a_{13}(1,3) + a_{23}(1,4) \qquad \text{(III)}$$

De (I), vem:

$$T(1,1,1) = (2,5) = a_{11}(1,3) + a_{21}(1,4),$$

donde segue o sistema

$$\begin{cases} a_{11} + a_{21} = 2 \\ 3a_{11} + 4a_{21} = 5, \end{cases}$$

que fornece a solução $a_{11} = 3$ e $a_{21} = -1$.

De (II), vem:

$$T(-1,0,0) = (-2,-3) = a_{12}(1,3) + a_{22}(1,4),$$

donde segue o sistema

$$\begin{cases} a_{12} + a_{22} = -2 \\ 3a_{12} + 4a_{22} = -3, \end{cases}$$

que fornece a solução $a_{12} = -5$ e $a_{22} = 3$.

De (III), vem:

$$T(1,1,0) = (3,1) = a_{13}(1,3) + a_{23}(1,4),$$

donde segue o sistema

$$\begin{cases} a_{13} + a_{23} = 3 \\ 3a_{13} + 4a_{23} = 1, \end{cases}$$

que fornece a solução $a_{13} = 11$ e $a_{23} = -8$.

Portanto, obtemos

$$[T]_\gamma^\beta = \begin{bmatrix} 3 & -5 & 11 \\ -1 & 3 & -8 \end{bmatrix}.$$

05. Sendo $[T]_\beta^\alpha = \begin{bmatrix} 1 & 0 \\ 1 & 1 \\ 0 & -1 \end{bmatrix} = \begin{bmatrix} a_{11} & a_{12} \\ a_{21} & a_{22} \\ a_{31} & a_{32} \end{bmatrix}_{3\times 2}$, então $T : \mathbb{R}^2 \to \mathbb{R}^3$ será tal que

- $T(1,-1) = a_{11}(1,0,-1) + a_{21}(0,1,2) + a_{31}(1,2,0) =$

$$= 1(1,0,-1) + 1(0,1,2) + 0(1,2,0) = (1,1,1);$$

- $T(0,2) = a_{12}(1,0,-1) + a_{22}(0,1,2) + a_{32}(1,2,0) =$

$$= 0(1,0,-1) + 1(0,1,2) - 1(1,2,0) = (-1,-1,2).$$

Ou seja, $T : \mathbb{R}^2 \to \mathbb{R}^3$ será tal que

$$T(1,-1) = (1,1,1) \quad \text{e} \quad T(0,2) = (-1,-1,2) \qquad (*).$$

Então, $\forall(x,y) \in \mathbb{R}^2$, temos

$$(x,y) = a(1,-1) + b(0,2),$$

que fornece o sistema linear

$$\begin{cases} a = x \\ -a + 2b = y \end{cases},$$

que possui a solução $x = a$ e $y = \frac{x+y}{2}$, e então

$$(x,y) = x(1,-1) + \frac{x+y}{2}(0,2).$$

Aplicando a T, que deve ser linear, e observando (*), vamos obter

$$T(x,y) = xT(1,-1) + \frac{x+y}{2}T(0,2) = (\frac{x-y}{2}, \frac{x-y}{2}, 2x+y).$$

(b) Pelo item (a), temos $T : \mathbb{R}^2 \to \mathbb{R}^3$,

$$T(x,y) = (\frac{x-y}{2}, \frac{x-y}{2}, 2x+y).$$

Sendo $\alpha = \{(1,-1); (0,2)\}$, queremos obter uma base γ tal que

$$[T]^{\alpha}_{\gamma} = \begin{bmatrix} 1 & 0 \\ 0 & 0 \\ 0 & 1 \end{bmatrix} = \begin{bmatrix} a_{11} & a_{12} \\ a_{21} & a_{22} \\ a_{31} & a_{32} \end{bmatrix}$$

Neste caso, sendo $\gamma = \{\vec{w}_1, \vec{w}_2, \vec{w}_3\}$ a base procurada, tem-se que

$$T(1,-1) = a_{11}\vec{w}_1 + a_{21}\vec{w}_2 + a_{31}\vec{w}_3$$

e

$$T(0,2) = a_{12}\vec{w}_1 + a_{22}\vec{w}_2 + a_{32}\vec{w}_3,$$

ou seja,

$$(1,1,1) = 1 \cdot \vec{w}_1 + 0 \cdot \vec{w}_2 + 0 \cdot \vec{w}_3$$

e

$$(-1,-1,2) = 0 \cdot \vec{w}_1 + 0 \cdot \vec{w}_2 + 1 \cdot \vec{w}_3,$$

i.e., vamos concluir que $\vec{w}_1 = (1,1,1)$, $\vec{w}_3 = (-1,-1,2)$, e $\vec{w}_2$ fica um vetor "livre" no sentido de que será qualquer tal que $\gamma = \{\vec{w}_1, \vec{w}_2, \vec{w}_3\}$ seja L.I. Por exemplo, podemos tomar $\vec{w}_2 = (0,1,0)$ e é fácil ver que $\gamma = \{(1,1,1); (0,1,0); (-1,-1,2)\}$ é L.I.; deixamos para o leitor verificar.

12. Seja $T : P_2 \to \mathbb{R}$ a transformação linear $T(p) = \int_0^1 p(t)dt$, com as bases $\beta = \{x^2, x, 1\}$ de P_2 e $\gamma = \{1\}$ de $\mathbb{R}$. Vamos determinar a matriz $[T]^{\beta}_{\gamma}$, que será uma matriz 1×3 da

forma $[a_{11} \ \ a_{12} \ \ a_{13}]$.

Temos que

- $T(x^2) = \int_0^1 t^2 dt = \frac{1}{3}$,
- $T(x) = \int_0^1 t dt = \frac{1}{2}$,
- $T(1) = \int_0^1 1\, dt = 1$

Então, teremos

- $T(x^2) = \frac{1}{3} = a_{11} \cdot (1) \Rightarrow a_{11} = \frac{1}{3}$,
- $T(x) = \frac{1}{2} = a_{12} \cdot (1) \Rightarrow a_{12} = \frac{1}{2}$,
- $T(1) = 1 = a_{13} \cdot (1) \Rightarrow a_{13} = 1$.

Portanto, a matriz da transformação T nas bases β e γ será

$$[T]_\gamma^\beta = [a_{11} \ \ a_{12} \ \ a_{13}] = \begin{bmatrix} \frac{1}{3} & \frac{1}{2} & 1 \end{bmatrix}$$

14. (a) Dados $f, g \in V$ e $\alpha \in \mathbb{R}$, temos que

- $T[f+g](t) = \dfrac{d^2}{dt^2}(f+g)(t) + c(f+g)(t) = \dfrac{d^2}{dt^2}(f(t)+g(t)) + c(f(t)+g(t)) =$

$$= \frac{d^2}{dt^2}f(t) + \frac{d^2}{dt^2}g(t) + cf(t) + cg(t) = \frac{d^2}{dt^2}f(t) + cf(t) + \frac{d^2}{dt^2}g(t) + cg(t) =$$

$$= T[f](t) + T[g](t),$$

- $T[\alpha f](t) = \dfrac{d^2}{dt^2}(\alpha f)(t) + c(\alpha f)(t) = \alpha \dfrac{d^2}{dt^2}f(t) + \alpha c f(t) = \alpha \left(\dfrac{d^2}{dt^2}f(t) + cf(t) \right) =$ $\alpha T[f](t)$.

Logo, T é linear.

(b) Vamos determinar $[T]_\beta^\beta = \begin{bmatrix} a_{11} & a_{12} & a_{13} \\ a_{21} & a_{22} & a_{23} \\ a_{31} & a_{32} & a_{33} \end{bmatrix}$, onde $\beta = \{1, e^t, te^t\}$. Assim, montando as equações:

$$T(1) = a_{11} \cdot 1 + a_{21} \cdot e^t + a_{31} \cdot te^t \qquad (*),$$

$$T(e^t) = a_{12} \cdot 1 + a_{22} \cdot e^t + a_{32} \cdot te^t \qquad (**),$$

e

$$T(te^t) = a_{13} \cdot 1 + a_{23} \cdot e^t + a_{33} \cdot te^t \qquad (***),$$

onde

$$T(1)=\frac{d^2}{dt^2}(1)+c\cdot 1=c;$$

$$T(e^t)=\frac{d^2}{dt^2}(e^t)+c\cdot e^t=e^t+ce^t=(c+1)e^t,$$

e

$$T(te^t)=\frac{d^2}{dt^2}(te^t)+cte^t=(te^t+1\cdot e^t)'+cte^t=2e^t+(c+1)te^t.$$

Assim, de (*) vem

$$c=a_{11}+a_{21}e^t+a_{31}te^t,$$

donde vem que

$$\begin{cases} a_{11}=c \\ a_{21}=0 \\ a_{31}=0 \end{cases}.$$

De (**) vem

$$(c+1)e^t=a_{12}+a_{22}e^t+a_{32}te^t,$$

donde vem que

$$\begin{cases} a_{12}=0 \\ a_{22}=c+1 \\ a_{32}=0 \end{cases}.$$

De (***) vem

$$2e^t+(c+1)te^t=a_{13}+a_{23}e^t+a_{33}te^t,$$

donde vem que

$$\begin{cases} a_{13}=0 \\ a_{23}=2 \\ a_{33}=c+1 \end{cases}.$$

Assim, concluímos que

$$[T]_\beta^\beta=\begin{bmatrix} c & 0 & 0 \\ 0 & c+1 & 2 \\ 0 & 0 & c+1 \end{bmatrix}.$$

(c) Da teoria, a transformação linear T será bijetiva se, e só se, a matriz $[T]_\beta^\beta$ for invertível. Logo, T não será bijetiva quando $[T]_\beta^\beta$ não for invertível, e isso ocorre quando $\det([T]_\beta^\beta)=0$, ou seja, quando

$$\begin{vmatrix} c & 0 & 0 \\ 0 & c+1 & 2 \\ 0 & 0 & c+1 \end{vmatrix}=0,$$

donde segue que $c = 0$ ou $c = -1$.

Capítulo 5

Página 199

02. (a) $\lambda_1 = 2$ e $V_{\lambda_1} = [(3,1)]$; $\lambda_2 = 4$ e $V_{\lambda_2} = [(1,1)]$.

(b) $\lambda_1 = 1$ e $V_{\lambda_1} = [(-1,1)]$; $\lambda_2 = 5$ e $V_{\lambda_2} = [(\frac{1}{3},1)]$.

(c) $\lambda_1 = 1$ e $V_{\lambda_1} = [(-1,0,1)]$; $\lambda_2 = 2$ e $V_{\lambda_2} = [(-2,2,1)]$; $\lambda_3 = 3$ e $V_{\lambda_3} = [(-1,2,1)]$.

(d) $\lambda_1 = -2$ e $V_{\lambda_1} = [(1,0,1)]$; $\lambda_2 = 4$ e $V_{\lambda_2} = [(1,1,0);(-1,0,1)]$.

(e) $\lambda_1 = -1$ e $V_{\lambda_1} = [(0,1,0)]$; $\lambda_2 = -2$ e $V_{\lambda_2} = [(-1,0,1)]$; $\lambda_3 = 2$ e $V_{\lambda_3} = [(1,0,1)]$.

03. Se $\lambda = 0$ for um autovalor para $T : V \to V$ e $\vec{v} \neq \vec{0}$ um autovetor associado a $\lambda = 0$, então temos que

$$T(\vec{v}) = 0 \cdot \vec{v} = \vec{0},$$

ou seja, concluímos que $\vec{v} \in \ker T$, com $\vec{v} \neq \vec{0}$. Logo, T não é injetiva e, portanto, T não pode ser inversível.

04. Note que, por propriedades das matrizes transpostas, segue que

$$(A - \lambda I)^t = A^t - (\lambda I)^t = A^t - \lambda I^t,$$

e, como $I^t = I$, segue que

$$(A - \lambda I)^t = A^t - \lambda I,$$

e, como para toda matriz quadrada X vale que $\det X^t = \det X$, juntando este resultado com a igualdade acima, segue que

$$\det(A^t - \lambda I) = \det(A - \lambda I) \qquad (*),$$

e, como o polinômio característico para achar os autovalores de A é dado por

$$p_A(\lambda) = \det(A - \lambda I)$$

e o polinômio característico para achar os autovalores de A^t é dado por

$$p_{A^t}(\lambda) = \det(A^t - \lambda I),$$

pela igualdade (*) concluímos que $p_A(\lambda) = p_{A^t}(\lambda)$, ou seja, A e A^t possuem o mesmo polinômio característico, possuindo, portanto, os mesmos autovalores.

07. (a) $AB = \begin{pmatrix} 1 & 7 & 4 \\ 0 & -2 & 3 \\ 0 & 0 & -3 \end{pmatrix}$; $BA = \begin{pmatrix} 1 & -1 & 3 \\ 0 & -2 & 2 \\ 0 & 0 & -3 \end{pmatrix}$.

(b) AB e BA possuirão os mesmos autovalores: $\lambda_1 = 1$, $\lambda_2 = -2$ e $\lambda_3 = -3$.

(c) AB e BA possuirão autovetores distintos:

para AB: $V_{\lambda_1} = [(1,0,0)]$; $V_{\lambda_2} = [(-\frac{7}{3},1,0)]$ e $V_{\lambda_3} = [(\frac{17}{4},-3,1)]$;

para BA: $V_{\lambda_1} = [(1,0,0)]$; $V_{\lambda_2} = [(\frac{1}{3},1,0)]$ e $V_{\lambda_3} = [(-\frac{5}{4},-2,1)]$.

09. Se $A \sim B$, então existe M invertível tal que $B = MAM^{-1}$. Os polinômios característicos de A e de B são dados, respectivamente, por

$$p_A(\lambda) = \det(A - \lambda I) \quad \text{e} \quad p_B(\lambda) = \det(B - \lambda I).$$

Note que

$$B - \lambda I = MAM^{-1} - \lambda MM^{-1} = M(A - \lambda I)M^{-1},$$

e então

$$p_B(\lambda) = \det(B-\lambda I) = \det M(A-\lambda I)M^{-1} = \det A{\cdot}\det(A-\lambda I){\cdot}\det M^{-1} = \det(A-\lambda I) = p_A(\lambda).$$

Logo, A e B possuem o mesmo polinômio característico.

Sejam $T : V \to V$ operador linear e α e β duas bases quaisquer de V. Considere as matrizes $[T]_\alpha^\alpha$ e $[T]_\beta^\beta$ as matrizes de T nas respectivas bases.

Seja $[I]_\beta^\alpha$ a matriz de mudança da base α para a base β, que sabemos ser invertível. Como $[I]_\alpha^\beta = \left([I]_\beta^\alpha\right)^{-1}$, temos que

$$[T]_\alpha^\alpha = [I]_\beta^\alpha \cdot [T]_\beta^\beta \cdot [I]_\alpha^\beta = [I]_\beta^\alpha \cdot [T]_\beta^\beta \cdot \left([I]_\beta^\alpha\right)^{-1},$$

ou seja, $[T]_\alpha^\alpha \sim [T]_\beta^\beta$, e então possuem mesmo polinômio característico. Logo, possuirão os mesmos autovalores.

Página 210

03. Calculando os autovetores associados à matriz A, vamos obter $\lambda_1 = 1$, $\lambda_2 = 3$ e $\lambda_3 = 3$. Logo, os autovetores associados formarão uma base para V e a matriz diagonal

será

$$D = \begin{pmatrix} 1 & 0 & 0 \\ 0 & 2 & 0 \\ 0 & 0 & 3 \end{pmatrix},$$

e então $A = MDM^{-1}$, onde

$$M = ([\vec{v}_{\lambda_1}]^t, [\vec{v}_{\lambda_2}]^t, [\vec{v}_{\lambda_3}]^t) = \begin{pmatrix} 0 & 1 & 1 \\ -\frac{1}{2} & 0 & \frac{1}{2} \\ 1 & 1 & 1 \end{pmatrix} \quad \text{e} \quad M^{-1} = \begin{pmatrix} -1 & 0 & 1 \\ 2 & -2 & -1 \\ -1 & 2 & 1 \end{pmatrix}.$$

04. Os autovalores serão $\lambda_1 = -1$ e $\lambda_2 = 3$. Os autoespaços serão

$$V_{\lambda_1} = [(\frac{1}{2}, 1, 0); (\frac{1}{2}, 0, 1)] \quad \text{e} \quad V_{\lambda_2} = [(\frac{1}{2}, \frac{1}{2}, 1)].$$

A matriz diagonal D será

$$D = \begin{pmatrix} -11 & 0 & 0 \\ 0 & -1 & 0 \\ 0 & 0 & 3 \end{pmatrix},$$

e M será

$$M = \begin{pmatrix} \frac{1}{2} & \frac{1}{2} & \frac{1}{2} \\ 1 & 0 & \frac{1}{2} \\ 0 & 1 & 1 \end{pmatrix},$$

que é construída tomando os vetores coluna que compõem os autoespaços V_{λ_1} e V_{λ_2}, na ordem em que aparecem.

Capítulo 6

Página 215

04. Dados $p, q, r \in P_2$ e $\lambda \in \mathbb{R}$, temos que:

(a) $\langle p, p\rangle = p(-1)p(-1) + p(0)p(0) + p(1)p(1) = [p(-1)]^2 + [p(0)]^2 + [p(1)]^2 \geq 0$, e

$$\langle p, p\rangle = 0 \Leftrightarrow [p(-1)]^2 + [p(0)]^2 + [p(1)]^2 = 0$$

$$\Leftrightarrow p(-1) = p(0) = p(1) = 0,$$

e, como p é um polinômio de grau ≤ 2, ele deve possuir no máximo duas raízes reais, e, como -1, 0 e 1 seriam raízes, então $p(x) = 0$, $\forall x \in \mathbb{R}$, i.e., $p \equiv 0$.

(b) $\langle p,q\rangle = p(-1)q(-1)+p(0)q(0)+p(1)q(1) = q(-1)p(-1)+q(0)p(0)+q(1)p(1) = \langle q,p\rangle$.

(c) $\langle p+q,r\rangle = (p+q)(-1)r(-1)+(p+q)(0)r(0)+(p+q)(1)r(1) =$

$$= (p(-1)+q(-1))\,r(-1)+(p(0)+q(0))\,r(0)+(p(1)+q(1))\,r(1) =$$

$$= (p(-1)r(-1)+p(0)r(0)+p(1)r(1))+(q(-1)r(-1)+q(0)r(0)+q(1)r(1)) =$$

$$= \langle p,r\rangle + \langle q,r\rangle.$$

(d) $\langle \lambda p,q\rangle = \lambda p(-1)q(-1)+\lambda p(0)q(0)+\lambda p(1)q(1) =$

$$= \lambda(p(-1)q(-1)+p(0)q(0)+p(1)q(1)) = \lambda\langle p,q\rangle.$$

Logo, $\langle\cdot,\cdot\rangle$ dado realmente define um produto interno em P_2.

Página 219

03. $\vec{u}\cdot\vec{v}=0 \Leftrightarrow (k,-2,k)\cdot(k,3,1)=0$, o que equivale a

$$k^2+k-6=0,$$

donde segue que $k=2$ ou $k=-3$.

04.
$$\langle f,g\rangle = \int_{-1}^{1} x\cdot\frac{3x^2-1}{3}dx = \frac{1}{3}\int_{-1}^{1}(3x^3-x)dx = 0.$$

Página 232

05. Seja $V=\mathbb{R}^3$ e tome $\langle\vec{u},\vec{v}\rangle = u_1\cdot v_1+u_2\cdot v_2+u_3\cdot v_3$, i.e., o produto interno sendo o produto escalar. Disso, $||\vec{u}|| = \sqrt{u_1^2+u_2^2+u_3^2}$.

Isto posto, considere $\vec{u}=(1,1,1)$ e $\vec{v}=(\sqrt{\frac{a+b}{a+b+c}},\sqrt{\frac{a+c}{a+b+c}},\sqrt{\frac{b+c}{a+b+c}})$.

Assim, pela desigualdade de Cauchy-Schwarz, tem-se que

$$\langle\vec{u},\vec{v}\rangle \leq |\langle\vec{u},\vec{v}\rangle| \leq ||\vec{u}||\cdot||\vec{v}||,$$

isto é,

$$1\cdot\sqrt{\frac{a+b}{a+b+c}}+1\cdot\sqrt{\frac{a+c}{a+b+c}}+1\cdot\sqrt{\frac{b+c}{a+b+c}} \leq$$

$$\leq \sqrt{1^2+1^1+1^2}\cdot\sqrt{\left(\sqrt{\frac{a+b}{a+b+c}}\right)^2+\left(\sqrt{\frac{a+c}{a+b+c}}\right)^2+\left(\sqrt{\frac{b+c}{a+b+c}}\right)^2} =$$

$$= \sqrt{3}\cdot\sqrt{\frac{a+b}{a+b+c}+\frac{a+c}{a+b+c}+\frac{b+c}{a+b+c}} = \sqrt{3}\cdot\sqrt{\frac{2(a+b+c)}{a+b+c}} = \sqrt{6},$$

ou seja,

$$\sqrt{\frac{a+b}{a+b+c}}+\sqrt{\frac{a+c}{a+b+c}}+\sqrt{\frac{b+c}{a+b+c}} \leq \sqrt{6}.$$

08. Seja $V = C([0,1])$ e tome $\langle f,g\rangle = \int_0^1 f(t)g(t)dt$ o seu produto interno. Então, a norma induzida será

$$||f|| = \langle f,f\rangle^{\frac{1}{2}} = \sqrt{\int_0^1 [f(t)]^2 dt}.$$

Assim, pela Desigualdade de Cauchy-Schwarz,

$$\langle f,g\rangle \leq |\langle f,g\rangle| \leq ||f||\cdot||g||,$$

i.e.,

$$\int_0^1 f(t)g(t)dt \leq \sqrt{\int_0^1 f(t)^2 dt}\cdot\sqrt{\int_0^1 g(t)^2 dt}.$$

Elevando ao quadrado segue o resultado procurado:

$$\left[\int_0^1 f(t)g(t)dt\right]^2 \leq \left(\int_0^1 f(t)^2 dt\right)\cdot\left(\int_0^1 g(t)^2 dt\right).$$

09. Considere o espaço vetorial $V = C([0,\pi])$ e seja $\langle f,g\rangle = \int_0^\pi f(x)g(x)dx$ o seu produto interno. Então,

$$||f|| = \left(\int_0^\pi [f(x)]^2 dx\right)^{\frac{1}{2}},$$

e, com isso, para $f(x) = x^n$ e $g(x) = \operatorname{sen} x$ em $[0,\pi]$; tem-se pela desigualdade de Cauchy-Schwarz $\langle f,g\rangle \leq ||f||\cdot||g||$ que

$$\int_0^\pi f(x)g(x)\,dx \leq \sqrt{\int_0^\pi f(x)^2 dx}\cdot\sqrt{\int_0^\pi g(x)^2 dx},$$

ou seja,

$$\int_0^\pi x^n \operatorname{sen} x\,dx \leq \sqrt{\int_0^\pi (x^n)^2 dx}\cdot\sqrt{\int_0^\pi (\operatorname{sen} x)^2 dx} = \sqrt{\int_0^\pi x^{2n} dx}\cdot\sqrt{\int_0^\pi \operatorname{sen}^2 x\,dx} =$$

$$= \sqrt{\frac{x^{2n+1}}{2n+1}\Big|_0^{\pi}} \cdot \sqrt{\int_0^{\pi} \frac{1-\cos 2x}{2} dx} = \sqrt{\frac{\pi^{2n+1}}{2n+1} - 0} \cdot \sqrt{\frac{1}{2}\int_0^{\pi} dx - \frac{1}{4}\int_0^{\pi} \cos 2x\, 2dx} =$$

$$= \sqrt{\frac{\pi^{2n+1}}{2n+1}} \cdot \sqrt{\frac{\pi}{2} - \frac{1}{4}(\operatorname{sen} 2\pi - \operatorname{sen} 0)} = \sqrt{\frac{\pi^{2n+1}}{2n+1} \cdot \frac{\pi}{2}} = \sqrt{\frac{(\pi^{n+1})^2}{2n+2}} = \frac{\pi}{\sqrt{4n+2}}.$$

11. Tome $V = \mathbb{R}^N$ e considere $\langle \vec{u}, \vec{v} \rangle = u_1 \cdot v_1 + ... + u_N \cdot v_N$ o produto escalar usual. Assim,

$$||\vec{u}|| = \sqrt{u_1^2 + ... + u_N^2}.$$

Tome $\vec{u} = (1, 1, ..., 1)$ e $\vec{v} = (a_1, a_2, ..., a_N)$ vetores em V. Assim, pela desigualdade de Cauchy-Schwarz $\langle \vec{u}, \vec{v} \rangle \leq ||\vec{u}|| \cdot ||\vec{v}||$, vem:

$$1 \cdot a_1 + 1 \cdot a_2 + ... + 1 \cdot a_N \leq \sqrt{1^2 + 1^2 + ... + 1^2} \cdot \sqrt{a_1^2 + a_2^2 + ... + a_N^2},$$

ou seja,

$$a_1 + a_2 + ... + a_N \leq \sqrt{N}\sqrt{a_1^2 + a_2^2 + ... + a_N^2},$$

i.e.,

$$\sum_{i=1}^{N} a_i \leq \sqrt{N}\sqrt{\sum_{i=1}^{N} a_i^2},$$

e então

$$\frac{1}{\sqrt{N}} \sum_{i=1}^{N} a_i \leq \sqrt{\sum_{i=1}^{N} a_i^2}.$$

Elevando ao quadrado, vem:

$$\left(\frac{1}{\sqrt{N}} \sum_{i=1}^{N} a_i\right)^2 \leq \sum_{i=1}^{N} a_i^2.$$

13. Como a norma é induzida do produto interno, temos que

$$||\vec{u} + \vec{v}||^2 = \langle \vec{u} + \vec{v}, \vec{u} + \vec{v} \rangle = \langle \vec{u}, \vec{u} + \vec{v} \rangle + \langle \vec{v}, \vec{u} + \vec{v} \rangle = \langle \vec{u} + \vec{v}, \vec{u} \rangle + \langle \vec{u} + \vec{v}, \vec{v} \rangle =$$

$$= \langle \vec{u}, \vec{u} \rangle + \langle \vec{v}, \vec{u} \rangle + \langle \vec{u}, \vec{v} \rangle + \langle \vec{v}, \vec{v} \rangle = \langle \vec{u}, \vec{u} \rangle + 2\langle \vec{u}, \vec{v} \rangle + \langle \vec{v}, \vec{v} \rangle =$$

$$= ||\vec{u}||^2 + 2\langle \vec{u}, \vec{v} \rangle + ||\vec{v}||^2,$$

e, analogamente,

$$||\vec{u} - \vec{v}||^2 = \langle \vec{u} - \vec{v}, \vec{u} - \vec{v} \rangle = ... = ||\vec{u}||^2 - 2\langle \vec{u}, \vec{v} \rangle + ||\vec{v}||^2.$$

Somando as duas igualdades acima, obtém-se a igualdade solicitada.

19. Escreva

$$\begin{aligned}||\vec{u}-\vec{v}||^2 &= \langle \vec{u}-\vec{v}, \vec{u}-\vec{v}\rangle = \langle \vec{u}-\vec{v}, \vec{u}\rangle + \langle \vec{u}-\vec{v}, -\vec{v}\rangle = \\ &= \langle \vec{u}, \vec{u}\rangle + \langle -\vec{v}, \vec{u}\rangle + \langle \vec{u}, -\vec{v}\rangle + \langle -\vec{v}, -\vec{v}\rangle = \\ &= \langle \vec{u}, \vec{u}\rangle - 2\langle \vec{u}, \vec{v}\rangle + \langle \vec{v}, \vec{v}\rangle.\end{aligned}$$

Como $\vec{u} \perp \vec{v}$ com $||\vec{u}|| = ||\vec{v}|| = 1$, segue que $\langle \vec{u}, \vec{v}\rangle = 0$ e

$$1 = ||\vec{u}|| = \langle \vec{u}, \vec{u}\rangle^{\frac{1}{2}} \Rightarrow \langle \vec{u}, \vec{u}\rangle = 1; \qquad 1 = ||\vec{v}|| = \langle \vec{v}, \vec{v}\rangle^{\frac{1}{2}} \Rightarrow \langle \vec{v}, \vec{v}\rangle = 1,$$

temos que

$$||\vec{u}-\vec{v}||^2 = \langle \vec{u}, \vec{u}\rangle + \langle \vec{v}, \vec{v}\rangle = 1 + 1 = 2 \Rightarrow ||\vec{u}-\vec{v}|| = \sqrt{2}.$$

Apêndice B

Princípio da Indução Matemática

Para provar proposições associadas aos números naturais, usamos um método chamado *Indução Matemática*, elaborado pelo matemático Giuseppe Peano (1858-1932). Normalmente tal princípio é estudado em disciplinas de Aritmética ou Análise na reta. Esse método é usado para provar propriedades às quais teríamos que testar infinitos valores naturais para comprovar se uma dada propriedade envolvendo os naturais é verdadeira ou não. No entanto, não é possível testar infinitos valores para comprovar uma propriedade, apenas a indução, conforme descreveremos, funcionará.

Proposição B.1 *(Primeiro Princípio da Indução Matemática)* Sejam $P(n)$ uma afirmação referente aos números naturais e $a \in \mathbb{N}$ tais que

(i) *$P(n)$ é verdadeira para $n = a$;*

(ii) *se $P(k)$ for verdadeira, então $P(k+1)$ também é verdadeira.*

Então, $P(n)$ é verdadeira, $\forall\, n \geq a$.

Observações.:

(a) O item (i) é chamado de *base da indução.*

(b) No item (ii), a necessidade *"se $P(k)$ for verdadeira ..."* chama-se hipótese da indução, e a suficiência *"... então $P(k+1)$ também é verdadeira"* chama-se tese da indução.

(c) As duas condições (i) e (ii) devem ser satisfeitas. Para entender a utilização desse princípio, pensemos em um jogo "infinito" de peças de dominó enfileiradas onde queremos derrubar todas as infinitas peças. O que queremos dizer com o princípio da indução matemática é que, sabendo-se que (i) derrubamos a primeira peça; e (ii) o cair de uma das peças proporcionará a queda da peça seguinte; concluímos que todas as infinitas peças cairão.

Vamos à demonstração desse princípio.

Demonstração. Seja o conjunto $L = \{x \in \mathbb{N} : x \geq a \text{ e } P(x) \text{ é falsa}\}$.

Precisamos mostrar que $L = \emptyset$. Por absurdo, se $L \neq \emptyset$, então L contém pelo menos um elemento.

Como $L \subset \mathbb{N}$ e $\mathbb{N}$ possui um elemento mínimo, no caso 1, segue que L também possuirá um elemento mínimo.

Seja $m \in L$ tal que $m = \min L$, onde $\min L$ denota o elemento mínimo do conjunto L.

Então, segue que

$$P(m) \text{ é falsa e } m \geq a. \tag{B.1}$$

Pela base da indução (i) concluímos que $P(a)$ é verdadeira, portanto, temos que $m > a$.

Como m é o mínimo de L, segue que $m - 1 \notin L$ e, então, $P(m-1)$ é verdadeira. Mas por (ii), concluímos que $P(m)$ também é verdadeira, o que contradiz (B.1). Absurdo! Logo, concluímos que $L = \emptyset$ e, então, vale o princípio da indução.

□

Apenas como ilustração apresentamos dois exemplos de aplicação desse princípio.

Exemplo 1. Prove que $2^n < n!$, $\forall n > 3$.

Solução.

(i) base da indução: quando $n = 4$ temos que

$$2^4 = 16 < 24 = 4!,$$

logo, vale a base da indução.

(ii) Suponha que a propriedade seja válida para um certo $n = k$, i.e., que vale a hippótese de indução

$$2^k < k!,\ k > 3.$$

Precisamos mostrar que vale para $n = k+1$, ou seja, precisamos mostrar que

$$2^{k+1} < (k+1)!$$

De fato, note que

$$(k+1)! = (k+1) \cdot k!.$$

Como pela hipótese de indução temos que $2^k < k!$, $k > 3$, vamos encontrar a estimativa

$$(k+1)! = (k+1) \cdot k! > (k+1) \cdot 2^k,$$

e como para $k > 3$ tem-se que $k + 1 > 4 > 2$, obteremos

$$(k+1)! > (k+1) \cdot 2^k > 2 \cdot 2^k,$$

ou seja, obtemos a tese da indução:

$$2^{k+1} < (k+1)!.$$

Logo, segue (ii).

De (i) e (ii) segue pelo princípio da indução matemática que

$$n! > 2^n, \forall n > 3.$$

Exemplo 2. Prove por Indução Matemática que

$$\frac{1}{1\cdot 2} + \frac{1}{2\cdot 3} + \frac{1}{3\cdot 4} + ... + \frac{1}{n(n+1)} = \frac{n}{n+1}, \forall n \in \mathbb{N}, n \geq 1.$$

Solução. Vamos verificar que valem (i) e (ii).
(i) Para $n = 1$ temos que vale a igualdade, pois

$$\frac{1}{1\cdot 2} = \frac{1}{2} = \frac{1}{1+1}.$$

Logo, vale a base da indução.

(ii) Suponhamos que a igualdade vale para $n = k$, i.e., que

$$\frac{1}{1\cdot 2} + \frac{1}{2\cdot 3} + \frac{1}{3\cdot 4} + ... + \frac{1}{k(k+1)} = \frac{k}{k+1}, \forall k \geq 1. \qquad \text{(B.2)}$$

Precisamos mostrar que vale para $n = k+1$, ou seja, precisamos encontrar

$$\frac{1}{1\cdot 2} + \frac{1}{2\cdot 3} + \frac{1}{3\cdot 4} + ... + \frac{1}{(k+1)(k+2)} = \frac{k+1}{k+2}.$$

Assim, adicionando o termo $\frac{1}{(k+1)(k+2)}$ em ambos os membros de (B.2) temos

$$\frac{1}{1\cdot 2}+\frac{1}{2\cdot 3}+\frac{1}{3\cdot 4}+...+\frac{1}{k(k+1)}+\frac{1}{(k+1)(k+2)} = \frac{k}{k+1}+\frac{1}{(k+1)(k+2)}$$

$$= \frac{k(k+2)+1}{(k+1)(k+2)} = \frac{k^2+2k+1}{(k+1)(k+2)} = \frac{(k+1)^2}{(k+1)(k+2)} = \frac{k+1}{k+2}.$$

Logo, pelo Princípio da indução Matemática, concluímos o exercício.

□

Exercícios

1. Mostre que $5^{2n} + 7$ é divisível por 8, para qualquer n natural.

2. Prove que $\cos\theta + \cos 3\theta + ... + \cos(2n-1)\theta = \dfrac{\sin 2n\theta}{2\sin\theta}$, para todo $n \geq 1$ e para todo θ tal que $\sin\theta \neq 0$.

3. Usando o Princípio da Indução Matemática, prove que o número de diagonais de um polígono convexo de n lados é dado pela fórmula
$$d_n = \frac{n(n-3)}{2}.$$

4. Prove por indução sobre n que $(1+x)^n \geq 1 + nx$, $\forall n \in \mathbb{N}$ e $\forall x \in \mathbb{R}$, $x \geq -1$. (Essa desigualdade é chamada de Desigualdade de Bernoulli.)

5. Mostre que $a^{2n} - b^{2n}$ é divisível por $a + b$, para qualquer $n \in \mathbb{N}$.

6. Prove por Indução Matemática sobre n a Fórmula do Binômio de Newton: Sejam a, b números reais e $n \in \mathbb{N}$. Temos
$$(a+b)^n = \sum_{p=1}^{n} \binom{n}{p} a^{n-p} b^p.$$

Referências

BOLDRINI, J.L *et al.* *Álgebra linear*. 3a ed. São Paulo: Harbra 1986.

CALLIOLI, C.A. *et al.* *Álgebra linear e aplicações*. 6a ed. São Paulo: Atual editora, 2003.

CARAKUSHANSKY, M.S.; DELAPENHA, G. *Introdução à álgebra linear*. São Paulo: Ed. McGrall-Hill do Brasil, 1976.

COELHO, F.U.; LOURENÇO, M.L. *Um curso de álgebra linear*. São Paulo: Edusp, 2005.

LANG, S. *Álgebra linear*. São Paulo: Editora Edgard Blücher, 1971.

LEON, S. J. *Álgebra linear com aplicações*. 8a ed. Rio de Janeiro: LTC, 2011.

LIMA, E. L. *Álgebra linear*. 8a ed. Rio de Janeiro: IMPA, 2011.Col. Matemática Universitária.

LIPSCHUTZ, S. *Álgebra linear: teoria e problemas*. 3a ed. São Paulo: Pearson Makron Books, 2010. Col. Schaum.

MURDOCH, D.C. *Álgebra linear*. Rio de Janeiro: Livros Técnicos e Científicos Editora, 1972.

SHOKRANIAN, S. *Uma introdução à álgebra linear*. Rio de Janeiro: Ed. Ciência Moderna, 2009.

STEINBRUCH, A.; WINTERLE, P. *Álgebra linear*. São Paulo: Pearson Education do Brasil, 2004.

Índice remissivo